KB197372

숨겨진
세계

숨겨진
세계
THE
HIDDEN
WORLD
보이지 않는 곳에서
세상을 움직이는
곤충들의 비밀스러운 삶
조지 맥개빈
지음
이한음
옮김
알레

프롤로그

나는 생물학자이며 특히 곤충에 푹 빠져 있다. 학계와 방송 양쪽에서 오래 활동해오면서 나는 사람들이 좀 같잖다는 양 '벌레'나 '기어다니고 꿈틀거리는 것들'이라고 부르곤 하는 생물들의 진정한 모습을 많이 알게 되었다. 곤충은 경이로운 존재다. 그리고 우리의 고향인 이 지구가 제 기능을 하는 데 꼭 필요한 존재다. 이들을 얕보고 모욕하는 행위는 곧 우리 자신을 위험에 빠뜨리는 행동이다.

내가 살아오는 동안 과학 기술은 엄청난 발전을 이루었다. 1950년대에 내가 태어날 당시 약 25억 명이었던 인구는 2022년 말 80억 명을 넘어섰다. 이 기간 동안 지구에 일어난 변화는 인류 역사 속 그 어떤 시대보다도 컸다. 현재 나는 우리가 진정으로 중요한 것을 보지 못하고 있는 것은 아닌가 걱정스럽다. 다시 말하면 나는 곤충이 걱정된다. **정말** 중요한 존재이기 때문이다. 곤충은 지금까지 지구에 살았던 동물들 중에서 종이 가장 다양하면서도 풍부한 집단이다. 이 세상을 만든 것은 그들이었고, 이 세상을 유지해온 것도 그들이었다. 그러나 불행하게도 그 친구들은 지금 이 세상에서 너무나 빠르게 사라지고 있다.

이 책에서 나는 곤충에 관한 모든 것을 말하고 싶다. 곤충의 창의적 행동을 분석하고, 곤충이 처한 위험을 살펴보고, 곤충에 관해 일가견이 있는 다른 일곱 학자와의 대화를 통해 곤충을 찬미하는 노래를 부르고자 한다. 나와 함께한 이들은 모두 곤충학자로, 직업상으로도 개인적으로도 이 크고 작은 동물들과 함께하면서 많은 시간을 보내는 곤충을 대변하는 대사이자 교수인 분들이다.

나는 곤충이 얼마나 중요한지, 얼마나 흥미롭고 기이한 존재인지, 왜 지금이 우리 모두가 곤충의 운명에 깊이 관심을 가져야 하는 시점인지를 말하고자 한다.

그 이유는 오직 단 하나, 이 세상을 만들어온 곤충들이 완전히 사라진다면 우리도 사라질 것이 자명하기 때문이다.

조지 맥개빈

2024년 영국 애스콧에서

차례

제3장
피라미드를 짓는 법

제4장
깜짝 만남과 신기한 결합

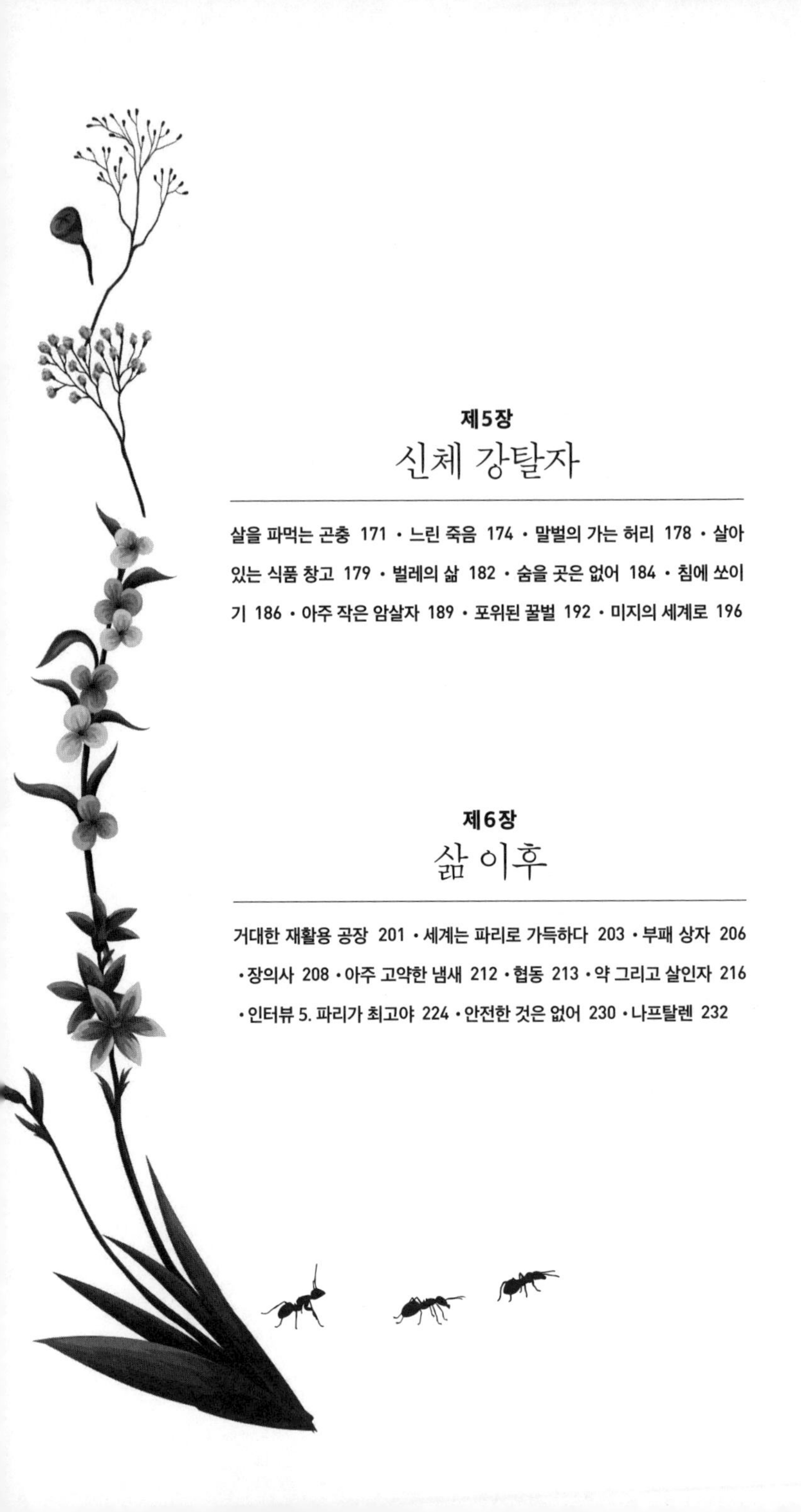

제5장

신체 강탈자

제6장

삶 이후

제1장

파란 초호의 생물들

일러두기

1. 본문의 인명, 지명 등 외래어는 국립국어원 외래어표기법에 따라 표기했습니다.
2. 동물명이나 식물명, 외국어 인명, 단체명 등은 이해를 돕기 위하여 필요한 경우에 따라 원어를 병기했습니다.
3. 향명 병기를 기준으로 하되 향명이 불분명한 경우에는 학명을 병기했습니다.
4. 본문 하단의 각주는 독자의 이해를 돕기 위한 옮긴이 주입니다.
5. 본문에서 언급한 단행본 중 국내에서 번역 출간된 경우 국역본의 제목을 따랐으며, 원서 제목은 병기하지 않았습니다.

작은 세계

우리는 아주 작고 하찮은 암석 행성에서 살고 있다. 지구는 1억 5000만 킬로미터 떨어진 평균 크기의 별인 태양 주위를 돌고 있으며, 태양에서 나온 빛은 약 8분 남짓 걸려서 지구에 다다른다. 이렇게 엄청난 거리에 떨어져 있으면서도 태양은 한눈에 보인다. 아주 크고 태양계 질량의 대부분을 차지하고 있기 때문이다. 태양계의 모든 행성과 달, 소행성 등을 다 더해도 태양 질량의 0.25퍼센트에도 미치지 못하는 것처럼, 곱게 간 밀가루 1톤에 들어 있는 알갱이 한 알같이 우리 태양도 은하 속 수십억 개 별 중 하나에 불과하다.

우리는 극단적인 규모의 것들에 왠지 신비한 분위기를 느끼며, 일상에서 경험해보지 못한 것들을 시각화하는 데 무척 어려움을 겪는다. 하루나 한 해, 한 사람의 생애에 걸쳐서 보고 만지고 순서대로 떠올릴 수 있는 것들은 이해하기 쉽다. 그러나 까마득한 거리나 기간을 생각하려고 하면 어려워지기 시작한다.

빛 오염light pollution이 없는 곳에서 어둠이 깔린 뒤 누워 밤하늘을 올려다보면 흐릿하게 뿌연 띠 같은 것이 보인다. 나는 탄자니아의 음코마지라는 사냥 금지 구역에서 일할 때, 우리 태양계가 속한 우리 은하인 은하수가 펼치는 장관을 처음으로 보았다. 따뜻한 땅바닥에 누워서 수많은 별이 반짝이는 검은 벨벳 같은 하늘을 올려다보자 은하수가 안개처럼 넓게 흐르듯이 어둠을 가로지르고 있었다.

인간은 주변 세계의 복잡성을 이해하고 설명하려는 근본적인 욕구를 지니고 있다. 고대 그리스인들은 은하수를 여신 헤라가 아기인 헤라클레스에게 수유할 때 실수로 흘러나온 젖이라고 상상했다. 힌두 신화는 은하수가 신성한 갠지스강처럼 하늘에 흐르는 강이라고 보았다. 은하수는 밤하늘에서 띠처럼 보이는데, 바로 납작한 원반 모양이기 때문이다. 우리 태양계는 이 은하에 들어 있는 티끌에 해당한다. 은하수는 초당 200킬로미터로 회전하고 있으며, 약 1000~4000억 개의 별로 이루어져 있다. 그중에는 우리 태양계처럼 행성들을 지닌 별도 많을 것이다. 현재 우리는 태양계가 라테를 휘저었을 때 표면에 생기는 줄무늬처럼 은하수의 중심에서 소용돌이치며 뻗어 나온 팔 하나의 중간쯤에 있다는 것을 안다. 은하수는 지름이 20만 광년을 넘으며 중심에는 거대한 블랙홀이 있다. 우리 행성은 은하 규모에서 보면 꽤 하찮으며, 우주 규모에서 보면 아예 없는 것이나 다름없다. 그렇지만 지구는 우리의 고향이며 우리는 다른 수백만 종과 이 행성을 공유하고 있다.

아프리카에서의 그 고요한 밤에 펼쳐지던 상념은 갑자기 가까이에서 크게 부스럭거리는 소리가 나는 바람에 끊겼다. 그 순간 천체에 관한 생각은 사라지고 무언가가 나를 공격할지도 모른다는 두려움이 찾아왔다. 가까이 있는 랜드로버에 들어가면 안전하겠지만 그곳까지 가려다가 내 존재를 드러낼 수도 있었다. 나는 어떻게 해야 할지 고심하면서 꼼짝도 하지 않은 채 누워 있었다. 이윽고 소리를 낸 것이 땅늑대aardwolf임이 드러났다. 하이에나의 일종인 이 작은 동물이 먹이를 찾아 덤불 아래에서 움직이고 있었다. 식충동물인 땅늑대는 특히 흰개미를 좋아하는데, 하룻밤에 25만 마리까지 먹기도 한다.

이런 아주 작은 동물들을 떠올리니 내 상념은 다시 지구로 돌아왔다. 흰개미는 지구에서 가장 성공한 동물 집단인 곤충에 속하며, 들려주고 싶은 전설적인 이야기가 있는 종이기도 하다. 인류는 방대한 우주에 비해 지구가 얼마나 작고 하찮은지를 간과했다. 그러나 작은 동물들이 얼마나 중요한지도 간과하는 경향이 있다. 흰개미는 우리 세계를 구성하는 필수 요소이며, 곤충은 오래전에 지구를 정복했다. 곤충은 육지에 출현한 최초의 동물에 속하며 하늘을 난 최초의 동물이기도 했다. 곤충은 단순하지만 다재다능한 체제body plan 덕분에 지구의 모든 서식지에 자리를 잡을 수 있었고, 그 수는 엄청나게 불어났다. 곤충의 총생물량은 모든 사람과 가축의 생물량을 더한 것보다 적어도 열 배나 많다. 곤충에 의존하지 않는 육상 생태계나 민물 생태계는 상상조차 하기 어렵다. 그러니 이 세계는 결코 우리의 것이 아니다. 우리는 곤충이 조성하고 유지시켜 온 지구에 새로이 출현한 존재일 뿐이다.

탁월한 여섯 개의 다리

곤충은 절지동물문(Arthropoda)이라는 규모가 아주 큰 동물 집단에 속한다. 절지동물arthropoda은 단단한 겉뼈대로 덮이고 관절로 연결된 다리를 여러 쌍 지닌 동물을 가리키며, 크게 네 집단으로 나뉜다. 노래기와 지네처럼 몸이 길쭉하고 많은 다리 쌍을 지닌 집단은 흙과 썩어가는 나무, 돌 밑에서 찾을 수 있다. 또 친숙한 거미뿐만 아니라 진드기, 응애, 통거미, 전갈 같은 다리가 여덟 개인 종들의 집단도 있다. 세 번째 집단은 새우, 게, 바닷가재, 가재, 크릴, 따개비를 포함한 갑각류로, 주로 바다에 살지만 민물에 사는 종류도 있고 쥐며느리처럼 육지에 사는 종도 소수 있다. 네 번째이자 현격한 차이로 가장 큰 집단이자 모든 절지동물 중에서 가장 성공한 집단인 곤충강(Insecta)은 모든 동물종의 4분의 3을 차지하는 동시에 알려진 모든 종의 절반을 넘는다. 여기서 잠시 멈추고 이 사실이 어떤 의미를 갖는지 생각해볼 가치가 있다.

곤충을 모른다면 과연 자신이 동물학자라고 말할 수 있을까? 곤충이 압도적인 수준으로 수가 많음에도 학계의 주목을 받고 보전 활동이 집중되는 쪽은 척추동물종(어류, 조류, 양서류, 파충류 그리고 땅돼지에서 얼룩말까지 또 박쥐에서 대왕고래에 이르기까지 온갖 짐승들로 이루어진 포유류)이다. 우리는 작물을 먹어 치우고 질병을 전파하는 곤충을 겁내고 박멸하고자 애쓰며 다른 대다수 곤충은 그냥 무시한다.

나는 많은 이가 곤충을 그다지 좋아하지 않는다는 것을 안다.

벌이나 나비는 그럭저럭 참고 대한다고 해도 파리, 딱정벌레, 말벌에는 질색하곤 한다. 그래서 대중 강연을 할 때면 나는 몇몇 동물의 사진을 한 화면에 띄우곤 한다. 뒤영벌, 말벌, 파리 두 종류, 딱정벌레, 때로는 머릿니도 보여준다. 또 새끼 부시베이비bushbaby의 사진도 옆에 작게 띄운다. 커다란 둥근 눈을 지닌 부시베이비는 아주 유순해 보인다. 작은 손으로 사람의 손가락을 감고서 매달려 있는 모습이다. 그러면 화면의 다른 부분은 완전히 텅 비어 있는 양, 청중의 시선은 거역할 수 없이 오로지 부시베이비 쪽으로 향한다. 나는 말을 잠깐 멈추고 단체로 "와, 귀여워" 하는 감탄사가 나오는 것을 지켜보곤 한다. 이 슬라이드를 여러 해 동안 사용했는데, "와aww" 라는 감탄사가 터져 나오지 **않은** 사례는 단 한 번도 없었기에 나는 이 슬라이드에 '와 인자aww factor'라는 이름을 붙였다.

모든 척추동물종은 그 수를 다 더해도 현재 살고 있는 모든 종의 3퍼센트에도 미치지 못한다. 곤충에 비하면 그리 대단하지 않은 동물 집단이라는 결론을 어렵지 않게 내릴 수 있다. 그럼에도 등뼈를 지닌 동물은 인류의 마음속에서 아주 특별한 자리를 차지하는 듯하다. 아무리 많은 곤충을 들이대도 귀여운 부시베이비가 이기리라는 것을 쉽게 알아챌 수 있다. 아무튼 부시베이비는 우리와 마찬가지로 영장류다. 뇌가 크고, 두 눈이 앞을 향해 있고, 아주 작은 손톱이 붙은 움켜쥐는 손을 지니고 있다. 우리는 본능적으로 생물학적 가족에게 끌리기 마련이다.

나는 청중에게 새끼 부시베이비가 분명 귀엽긴 하지만 생물들의 방대한 생태학적 체계에서 보면 별 필요 없이 남아도는 생물이라고 말하곤 하는데, 그러면 그 즉시 강연장의 분위기가 싹 바뀌는 것을 피부로 느끼게 된다. **이제는 대왕판다가 그저 대나무를 낭비하는 존재라고 말할 겁니까?** 여기에서 나는 그저 벌, 파리, 딱정벌레가 없다면 세상은 전혀 알아볼 수 없는 곳으로 변할 것이라고 짚고 넘어간다. 꽃식물은 꽃가루받이가 이루어지지 않을 것이고, 썩어가는 물질과 배설물은 재순환되지 않을 것이고, 부시베이비를 포함한 수많은 동물은 먹을 것을 구하지 못하게 될 것이다. 지구의 생태적 균형 전체는 극도로 많은 수의 곤충에 철저히 의존하며, 정말로 아주 오랜 기간 동안 이렇게 유지되어 왔다. 곤충이 없다면 부시베이비도 없다. 당신도 없다. 당연히 나도 없다.

캘리포니아콘도르california condor의 사례는 우리가 바로 눈앞에서 벌어지는 일조차 알아차리기 어렵다는 점을 잘 보여준다. 20세기에 밀렵, 납 중독, 서식지 파괴가 겹치면서 북아메리카에서 가장 큰 새인 캘리포니아콘도르는 장래가 몹시 불확실한 상황에 처했다. 1987년 야생에 겨우 22마리가 남아 있는 멸종이 불가피한 상황에서 대담한 보전 계획이 실행되었다. 이 위엄 있는 새는 구할 가치가 있었다. 정부는 야생에 남은 개체들을 모두 생포하여 포획 번식 사업을 시행하기로 결정했다. 생포한 새들을 아주 잘 돌보는 이 과정에는 기생충을 제거하는 일까지 포함되었다. 살충제를 뿌려서 몸에 있는 이를 모두 제거하는 바람에 1963년 학계에 처음 보고된 조류에 서식하는 독특한 이 한 종이 영원히 사라졌다. 피부에서 탈락하는 각질과 깃털 부스러기를 먹는 이가 캘리포니아콘도르에게 불편을 끼쳤다는 증거는 어디에도 없었다. 척추동물종이 멸종 위기에 처하면 대중의 관심과 연구 노력이 쏟아지지만, 곤충은 아주 희귀해지거나 멸종 위기에 처하더라도 그냥 잊히고 만다. 지금 우리는 정말로 중요한 존재들에 초점을 맞출 시기에 와 있다. 무엇보다 곤충이 작다고 해서 중요하지 않은 존재라는 말이 결코 맞지 않다는 것을 알아야 할 때다.

어린 시절

내가 정확히 언제 곤충을 사랑하게 되었는지는 콕 찍어서 말하기 어렵다. 어릴 때 나는 글래스고에 있는 할머니 댁 뜰에서 한해살이풀인 한련 위를 꿈틀거리며 돌아다니는 검정색과 노랑색이 섞인 독특한 나비 애벌레들을 지켜보곤 했다. 나는 애벌레가 잎을 게걸스럽게 갉아먹다가 이윽고 번데기를 거쳐서 큰배추흰나비가 될 때까지 관찰했다. 덤불 아래에서 언제나 흥미로운 무언가를 찾아내곤 했고, 그 뒤로 죽 내 눈은 작은 동물들의 짧은 삶을 지켜보는 쪽으로 향했다. 초등학생 시절 어떤 선생님은 놀라운 선견지명으로 내가 무슨 일을 하고 있든 간에 파리만 지나가면 그쪽으로 정신이 팔리는 학생이라고 생활 기록부에 적어두셨다. 나는 지금도 파리나 곤충이 보이면 정신이 팔리곤 하며, 내가 자연 세계에 속한 것에 흥미를 갖지 않는 일은 상상도 할 수 없는 일이라고 기꺼이 말한다.

내가 초등학생이던 1960년대에는 BBC에서 학생용 방송 프로그램을 많이 방영해주곤 했다. 그중 〈만물은 어떻게 시작되었나How Things Began〉라는 제목의 선사 시대와 고대 역사를 다룬 시리즈물이 있었다. 조지와 앨리스라는 두 아이가 5억여 년 전의 캄브리아기 바다에 어떤 생물이 살았는지를 발견하는 이야기가 나오는 에피소드도 있었는데, 타임머신을 이용한 것이 틀림없었다. 다른 에피소드에서는 3억 5900만~2억 9900만 년 전 석탄기 습지 숲의 생물들이 등장한다거나, 그 나무들의 잔해가 어떻게 오늘날 우리가 쓰는 석탄이 되었는지를 알려주기도 했다. 제작진은 드라마 같은 방식으로 이야기를 생생하게 보여주고자 했고, 나는 조지와 앨리스가 쓰러진 나무 뒤에 웅크린 채 머리 위에서 맴돌고 있는 거대한 잠자리들을 지켜보던 장면이 기억에 남았다. 얼마나 경이롭게 다가왔는지 그 뒤로 몇 년 동안 주방 스토브에 넣을 석탄을 가져올 때면 동물들이 우글거리고 증기가 자욱해 장관 그 자체이던 석탄기 숲으로 깊숙이 들어가는 상상을 펼치곤 했다. 화석이 대단히 중요하다는 사실을 깨달은 것은 한참 뒤였다. 우리가 출현하기 훨씬 전의 생태계가 어떤 모습이었고 어떤 기능을 했는지를 상상할 수 있도록 화석은 지구의 역사를 아주 상세히 기록하고 있었기 때문이다. 굳이 타임머신은 필요하지 않았다.

종은 얼마나 될까

나는 1950년대 중반에 태어났다. 우주 시대, 제트기의 시대, 분자 생물학의 시대가 시작될 즈음이었다. 자라면서 나는 전 세계로 방송되던 달 착륙 장면을 지켜보고 우주 탐사선이 광활한 우주로 날아가는 광경도 시청했다. 그 뒤로 컴퓨터는 크기가 줄어들고 성능이 향상되면서 현재는 어디에나 있는 필수 불가결한 물품이 되었다. 의학도 엄청나게 발전했다. 장기 이식도 흔히 이루어지고, 면역요법은 암 치료에 혁신을 가져왔으며, 인간 복제도 머지않아 이루어질지 모른다. 내 생애 동안에 인류는 세계를 관찰하는 새로운 방법들도 창안해왔다. 그 스펙트럼의 한쪽 끝에서는 거대한 기계가 물질을 구성하는 무한히 작은 아원자 입자의 존재를 증명하고, 반대쪽 끝에서는 우주 망원경이 천문학적으로 먼 거리를 내다보면서 우주의 경계를 상상하고 빅뱅이 남긴 잔광을 살펴볼 수 있도록 했다. 그러나 이 모든 엄청난 발전에도 불구하고 우리는 여전히 한 가지 근본적인 물음에는 답하지 못하고 있다. 지구에는 과연 얼마나 많은 종이 살고 있는 것일까?

이 질문에 답하려는 의미 있는 시도를 처음으로 한 사람은 스미소니언협회Smithsonian Institution 소속 곤충학자 테리 어윈Terry Erwin이었다. 그는 한 가지 좋은 방법을 떠올렸다. 약효가 빠른 살충제를 우림의 나무에 분무한 다음 떨어지는 생물들을 살펴보면 몇 종이 사는지 대략 알 수 있지 않을까? 살충제를 나무 꼭대기에 분무하기 위해서는 밧줄을 타고 임관까지 기어올라야 했다. 그러고는 가열 연무기라는 휴대용 장치를 작동시켰다. 떨어지는 동물들을 모으기 위해서 나무 밑에는 커다란 천이나 깔때기 모양의 포집기를 설치했다. 어윈은 파나마의 우림에서 종들을 하나하나 수거하면서 대규모 채집을 시작했다. 그는 이 나무 한 종에 딱정벌레(그의 전공 분야)가 무려 1,200종이나 산다는 것을 발견했다. 그는 채집한 딱정벌레들 중에서 약 163종만이 그 나무에만 사는 전문종이라고 판단했다. 더 나아가 그는 대략적 확대 추정extrapolation을 시행했다. 열대우림에 자라는 나무가 약 5만 종이고 곤충 중에서 딱정벌레가 약 40퍼센트를 차지할 가능성이 높다는 사실을 토대로, 그는 지금까지 계산된 지구의 딱정벌레 종수 추정값들이 심하게 과소평가되었을 가능성이 매우 높으며 약 3000만 종이 있을 것이라는 결론을 내렸다. 이 결론은 상당한 논쟁을 불러일으켰다.

머지않아 전 세계의 곤충학자들은 가열 연무기와 송풍 분무기로 무장한 채 무수한 곤충들을 살해하는 일에 나섰고, 얼마나 많은 종이 있을지 나름의 추정값을 내놓았다. 무려 1억 종이라는 결괏값도 나오긴 했지만, 시간이 흐르면서 값은 점점 낮아졌고 현재는 절지동물의 종수가 800~1200만 사이라는 것이 다수의 견해다. 그러나 최근 현재 살고 있는 생물이 1조 종에 달한다는 주장도 나왔다. 이는 우리가 기재한 종은 그중 겨우 1,000분의 1에 불과한 셈인데, '가난한 이의 우림'이라고 불리곤 하는 토양에 놀라울 정도로 다양하면서도 연구가 덜 된 세균을 비롯한 미생물들이 우글거린다는 사실이 알려지면서 나온 숫자다. 대다수 세균이 배양이 어렵다는 점도 생물들의 다양성을 파악하기 어렵게 만드는 요인이며, 더 나아가 세균종이라는 단어가 내포한 뜻이 무엇인지도 정확히 말할 수 없다는 점 때문에 상황은 더욱 복잡하다. 게다가 곤충만 따진다고 해도 몇 종이나 되는지 정확히 파악하려면 아직 갈 길이 멀어도 너무 멀다.

1980년대에 창안된 '생물 다양성biodiversity'이라는 용어는 그 뒤로 꽤 널리 쓰이는 유행어가 되었다. 생물학자에게 이 단어는 유전자와 종 수준에서 생태계에 이르기까지 생물학적 변이의 총합을 의미하지만, 대다수 사람에게는 그저 종 풍부도species richness를 가리킨다. 즉, 특정 지역이나 서식지에 몇 종이 사느냐는 뜻이다. 그러나 다양성의 척도에는 종의 수뿐만 아니라 각 종의 개체수도 포함되어야 한다. 두 정원이 있다고 하자. 한쪽은 잘 정돈된 잔디밭과 식물 화분 몇 개만이 놓여 있고, 다른 쪽은 관리하지 않아서 잡초가 무성하다. 30분 동안 양쪽 정원을 대충 훑어 표본 100점을 채집했다고 해보자. 야생 정원에서는 열 종에 속한 개체들이 열 마리씩 채집되었고, 사람의 손을 탄 정원에서도 열 종을 채집했지만(야생 정원에서 발견한 종들과 똑같을 필요는 없다) 91마리는 같은 종이고, 나머지 아홉 마리는 각각 서로 다른 종이었다. 양쪽 정원의 종수는 같지만 야생의 잡초 정원에 다양성이 높다고 볼 수 있는데, 채집한 표본이 서로 다른 종일 확률이 정돈된 정원보다 훨씬 높기 때문이다. 정돈된 정원에서는 이미 채집한 종에 속한 표본을 다시 채집할 확률이 높다. 사람들이 대개 그저 종수만을 따지고 싶어 하는 이유는 충분히 짐작 가능하다. 단순하면서도 이해하기 쉬우니까. 어쨌든 적은 종 대 많은 종이라는 비교는 의미하는 바가 분명하게 있다.

곤충이 우리 행성의 생태에 얼마나 중요한 역할을 하는지를 알고 싶다면 먼저 곤충이 어디에서 왔고 어떻게 그간의 놀라운 성공을 거두었는지를 이해할 필요가 있다.

처음에

지구의 역사를 이해하는 데 큰 걸림돌이 되는 것 중 하나는 인간의 시간 규모에서 일어나는 사건과 행성의 시간 규모에서 일어나는 사건이 크게 어긋난다는 점이다. 지구의 나이는 우주 나이의 3분의 1로 약 45억 년이다. 45억 년을 길이 45미터 운동장이라고 치면 넓게 한 발짝 내디뎌 1미터를 나아가면 1억 년이 흐르는 셈이고, 내 새끼손가락 손톱 길이인 1센티미터는 100만 년에 해당한다. 초기 지구는 엄청난 양의 먼지와 가스가 천천히 뭉쳐서 형성되었다. 이제 우리는 운동장 한쪽 끝에서 출발할 준비가 된 셈이다. 연대표에 따라 운동장을 걸어서 45억 년 떨어진 반대편 끝까지 가다 보면 몇몇 중요한 사건들을 마주치게 된다. 처음 5억 년은 말 그대로 지옥 같았다. 지구의 많은 부분은 여전히 뜨겁게 녹아 있는 상태였고, 소행성이 끊임없이 쏟아지고 있었다. 또 이 어린 지구에 작은 행성만

한 천체가 충돌해 엄청난 양의 에너지가 분출되면서 양쪽에서 거대한 덩어리들이 우주로 튕겨나가는 사건도 일어났다. 튀어나간 덩어리들은 지구의 중력에 이끌려서 뭉쳐 달이 되었고, 생겨난 달은 그 뒤로 죽 지구를 안정시키고 지구에서 벌어지는 일들에 영향을 미쳐왔다. 시간이 흐르면서 이윽고 혼란이 잦아들었다. 지표면은 식어갔고 액체 물이 형성되었다. 이렇게 황폐하면서 험악한 조건이 수억 년 동안 지속되었음에도 지구에서 생명이 탄생하는 데는 그리 오랜 시간이 걸리지 않았다.

물론 애초에 생명이 출현할 수 있었던 이유는 지구의 궤도가 거주 가능한 영역habitable zone이라고 알려진 곳에 있었기 때문이다. 화성(영하 28도)처럼 너무 추울 만큼 태양에서 멀리 떨어져 있지도 않고, 금성(471도로 납을 녹이는 온도보다 더 높다)처럼 너무 뜨거울 만큼 태양에 가까이 있지도 않다. 여기에는 '골디락스 효과goldilocks effect'라는 이름이 붙어 있다.《골디락스와 곰 세 마리》라는 동화에 나오듯이 우리 행성이 너무 덥지도 춥지도 않은 적당히 딱 맞는 위치에 있기 때문이다. 이 좀 우연한 행운 덕분에 지구의 물은 있는 곳에 따라서 기체, 액체, 고체 세 가지 상태로 존재할 수 있었다. 지구가 식기 시작한 직후부터 바다가 형성되었는데, 여기에는 젊은 태양계 여기저기를 날아다니고 있었지만 실제 행성을 형성하지는 못한 혜성을 비롯한 얼음을 많이 지닌 천체 등 외계에서 온 물도 추가되었을 것이다. 유기 분자를 포함한 일부 생명체의 화학적 구성요소 중 일부가 우주에서 혜성과 소행성에 실려 왔을 수도 있다. 지금까지 이 천체에서 찾아낸 생물과 관련된 분자는 140가지가 넘는다. 게다가 운석의 잔해에서 단백질의 구성단위인 아미노산들도 발견되었다. 연구자들은 심우주deep space의 조건을 모사한 실험에서 세포막과 아주 흡사해 보이는 작은 구조를 만들어내기도 했다. 막 형성은 세포 안에서 일어나야 하는 모든 화학 반응을 담아서 외부와 격리시키는 중요한 단계에 해당한다.

산소의 증가

생물학적으로 보자면 운동장 끝에서 걷기 시작해서 5~6미터를 나아갈 때까지는 별 다른 일이 일어나지 않았다. 그러다가 이제 생명이 화석 기록에 나타나기 시작한다. 단세포 생물이 출현했지만 대기에 산소가 풍부해진 것은 운동장을 절반쯤 갔을 때다. 이 일은 약 25억 년 전에 일어났는데, 남세균cyanobacteria이라고 가장 잘 알려진 광합성 생물이 처음으로 출현한 덕분이었다. 이 고대의 미생물은 얕은 바다에 살며 태양의 에너지를 포획해서 자신의 먹이를 만드는 생화학적 비법을 진화시켰다. 이들이 노폐물로 뿜어낸 산소는 세계를 완전히 바꾸었다. 남세균은 바닥 같은 곳에 다닥다닥 붙어서 얇은 깔개 같은 층을 이루고, 떠다니는 알갱이들과 결합해 다시 바닥을 만들면서 층층이 쌓여 자라기도 했다. 이들이 뿜어내는 산소는 대기에 점점 쌓여갔고, 기존의 혐기성 미생물들에게 이 산소는 극독이나 다름없었다. 대기 산소가 점점 증가함에 따라서 혐기성 미생물들은 구석구석 산소가 적은 피신처로 숨어들어야 했다. 현재 다세포 생물 중에서 혐기성인 것은 극히 드물다. 그들은 심해 서식지에서만 살아가며 수소를 에너지원으로 삼는다. 우리가 아는 한 태양의 에너지를 포획하는 비법은 단 한 차례 출현했고, 현재 우리 곁에 살고 있는 나무를 비롯해서 광합성을 하는 모든 식물들은 이 남세균의 후손이다.

산소가 대기에 풍부해지기까지는 꽤 시간이 걸렸다. 처음에는 산소가 생산되자마자 다양한 암석 및 광물과의 화학적 반응으로 제거되었기 때문이다. 그러나 수백만 년이 흐르면서 산소가 점점 더 많이 대기에 남아 쌓이기 시작했다. 일부 산소는 상층 대기에서 오존으로 변했고, 그 결과 지구 역사상 처음으로 자외선의 해로운 효과가 대폭 줄어들게 되었다.

세포가 하나인 것보다는 많은 게 낫다

지구의 생명은 약 6억 년 전까지, 즉 운동장 반대편까지 겨우 여섯 걸음밖에 남지 않았을 때까지 대체로 작은 미생물로 남아 있었다. 그러다가 복잡한 다세포 생물이 출현했다. 이 부드러운 몸을 지닌 생물들은 화석으로 잘 남지 않았으며, 사실 오늘날 존재하는 그 어떤 생물과도 닮지 않았다. 몸마디가 있는 지렁이 비슷한 생물도 있었고 고사리 잎처럼 생긴 것도 있었고 둥글거나 타원형인 것들도 있었다. 모두 일종의 여과 섭식자filter feeder였을 수도 있다.

복잡한 생물은 다양한 종류의 세포로 이루어진다. 여러 번 진화한 다세포성多細胞性은 여러 이점을 지닌다. 우선 다세포 생물은 훨씬 더 커질 수 있으며, 서로 다른 세포들에 저마다 다른 기능을 맡김으로써 규모의 경제를 갖출 수 있다. 분업 자체는 더욱더 전문적으로 이어진다. 다세포 포식자는 포식 능력도 뛰어날 것이며, 이윽고 먹이도 비슷한 양상으로 대응하게 될 것이다. 그러나 다세포성은 무엇보다도 세포 사이의 의사소통과 협력에 의존한다. 신경 세포가 신경 세포이기를 그만두거나 창자 세포가 다른 어딘가로 가서 개척자로 살아가겠다고 결정한다 해도 잘될 리가 만무하다. 그리고 모든 세포는 자신이 필요 없어질 때가 언제인지를 당연히 알아야 한다. 즉, 세포는 때가 되면 스스로 죽음을 택해야 한다. 암은 세포의 엄격한 조절 능력이 붕괴하고 공익을 위해 봉사하던 세포가 홀로 살길을 찾아 나서는 양 독립 행위자처럼 행동하기 시작할 때 어떤 일이 벌어지는지를 잘 보여주는 사례다. 3년 전쯤 내 오른쪽 발꿈치의 피부 세포 하나에도 돌연변이가 나타났다. 그 세포는 마구 증식하기 시작했다. 자신이 죽어야 할 때를 알지 못했기 때문이다. 다행스럽게도 유전학 덕분에 그 돌연변이가 정확히 무엇인지를 찾아낼 수 있었고 여러 약물로 변이 세포들의 대사 경로를 차단할 수 있었다. 과학과 인간의 상상력에 만세삼창을! 내가 태어난 해만 해도 DNA의 구조와 기능이 거의 밝혀지지 않았다는 점을 생각하면 정말 놀라운 속도의 발전이지 않은가.

초기의 다세포 생물 중에는 방사 대칭radial symmetry인 종류도 있었다. 즉, 해파리와 말미잘처럼 몸이 중심축을 기준으로 사방으로 반복되는 형태로 배치되어 있었다. 이 체제는 해양 환경에 아주 적합하며, 이런 동물들은 이리저리 떠다니면서 우연히 걸리는 먹이를 잡거나 한 자리에 붙박인 채 지나가는 먹이를 포획한다. 그러나 훨씬 더 나은 체제가 있었다. 오늘날 지렁이부터 코끼리까지, 또 뒤영벌과 새에 이르기까지 대다수 동물에게서 볼 수 있는 것으로 바로 수직면을 따라 좌우 대칭bilateral symmetry을 이루는 형태다. 화석에 처음으로 등장한 좌우 대칭 동물은 나중에 주류가 된다. 앞과 뒤가 명확히 정의되면 동물의 이동 방향도 명확해진다. 몸의 앞부분에는 앞쪽 환경의 다양한 측면들을 파악할 많은 감각 기관이 갖추어졌고, 입은 마주치는 먹이가 무엇이든 간에 먹기 좋도록 알맞은 곳에 자리를 잡았다. 이 모든 감각 입력을 처리하는 신경 조직도 앞쪽에 집중되었고, 서서히 몸의 다양한 부위들은 저마다 다른 일을 맡는 쪽으로 분화가 일어났다. 이런저런 작은 변형을 통해서 다양한 팔다리가 생겨나며 추진력을 제공했고, 먹이를 모으고 가공하는 데 쓰이는 다양한 부속지들도 갖추어졌다. 그렇게 해서 마침내 진화라는 끝없이 만지작거리고 다듬을 수 있는 하나의 패턴이 세상의 주류로 자리를 잡았다.

파란 초호의 생물들

운동장 연대표의 반대쪽 끝에서 5.5미터 떨어진 곳까지 오면(5억 5000만 년 전) 정말로 흥미로운 일이 벌어지기 시작한다. 바다가 온갖 다양한 생물들로 들어찬다. 캄브리아기 대폭발이라고 불리는 이 시기에 오늘날 살고 있는 모든 종의 조상들이 화석 기록에 비교적 갑작스럽게 출현했다. 우리가 지구 역사 중 최근 약 5억 년에 관하여 가장 많이 알고 있는 주된 이유는 많은 종이 탄산칼슘으로 신체 부위를 보강할 방법을 개발한 덕분이다. 아마 포식 정도가 높아진 데 따른 대응일 것이다. 그 결과 잔해가 화석으로 남겨지는 일이 훨씬 쉬워졌고, 덕분에 우리는 당시 어떤 일이 벌어졌는지를 상세히 파악할 수 있게 되었다. 절지동물의 이야기도 사실상 여기서부터 시작된다.

흔히 생물학의 빅뱅이라고도 불리는 캄브리아기 동물상의 갑작스러운 출현은 전 세계에서 좀 특이한 화석 퇴적층이 발견된 덕분에 더욱 명확히 드러났다. 동물의 아주 세세한 부분까지 관찰할 수 있을 만큼 화석들이 아주 잘 보존된 지층으로, 이런 퇴적층은 고운 퇴적물이 갑작스럽게 쏟아지자 생물들이 순식간에 묻히면서 형성되었을 것이다. 조건이 딱 들어맞으면, 즉 산소가 없어서 더 이상 부패가 일어나지 못하면 묻힌 생물은 오랜 기간 그대로 존속하면서 퇴적층에 자국을 남기는데 퇴적암이 형성될 때 찍힌 자국도 고스란히 남는다. 퇴적물의 입자가 고울수록 화석도 더 세밀한 부분까지 보존될 것이다. 디지털 이미지의 해상도가 높아지는 것과 비슷하다. 이런 특수한 화석들은 과거의 한순간을 찍은 스냅 사진과 같아서 상상력을 좀 보태면 따뜻한 캄브리아기 바다에서 헤엄치면서 다양한 삼엽충을 비롯해 갖가지 기이한 절지동물들을 구경하는 모습도 떠올리게 한다.

이때까지 모든 생물은 바다에 살고 있었다. 그러나 운동장 끝에서 4.75미터 지점인 곳까지 가면(4억 7500만 년 전) 최초의 육상식물이 출현한다. 파란 초호에서 기어 나온 몇몇 동물들이 그 뒤를 따랐다. 이 동물들은 육상동물이 되었고, (지질학적 시간으로 볼 때) 얼마 지나지 않아서 하늘을 날기 시작했다. 이런 최초의 육상 절지동물들은 바다에서 갑자기 기어 나와 육지에서 살기로 작심한 것이 아니라, 아마 처음에는 해조류가 깔개처럼 뒤덮고 있는 곳이나 바위를 뒤덮은 세균막 같은 늘 축축하게 젖어 있는 해안 지역의 서식지 가장자리를 돌아다니면서 생활하다가 아주 서서히 물 바깥의 환경에 적응하면서 출현했을 것이다. 전 세계에서는 발자국 화석과 흔적 화석이 많이 발견되는데, 이는 절지동물이 해안선을 따라 걸은 발자국이라고 해석되어 왔다. 두 발이 찍은 두 줄로 나란히 뻗어 있는 자취와 그 한가운데로 아마 꽁무니가 땅에 닿곤 하면서 생겼을 점선 같은 자국들이다. 그들이 서서히 육지에 자리를 잡을 때 조류와 다른 종들이 함께 올라왔을 수도 있다. 초기 절지동물은 육상식물이 출현한 뒤에 육지로 올라왔다는 것이 일반적인 견해지만 거의 동시에 올라왔을 수도 있다. 청소동물, 초식동물, 포식자로 이루어진 초기 먹이 사슬이 이미 구성되어 있었음을 시사하는 화석도 조금 있기 때문이다. 정확히 언제였든 간에 바다에서 나와 육지로 올라온 초기 절지동물은 아마 자신을 잡아먹으려고 기다리고 있는 다른 종들로 가득한 해양 환경을 벗어나기 위해서 걸었을 것이다. 그들은 짠 물웅덩이 사이를 여기저기 돌아다니는 양서 생활을 했을 수도 있다. 의심할 여지없이 작고 빨리 번식하는 동물이었을 그들은 오늘날 우리가 알고 있는 곤충의 선조다.

물론 우리 연대표에는 멸종 사건들도 있었다. 운동장 끝에서 2.5미터 떨어졌을 때(약 2억 5000만 년 전)는 고생대 마지막 시대인 페름기를 끝장낸 것 같은 아주 큰 규모의 대멸종 사건도 있었다. 당시 화산 분출로 대량의 이산화탄소가 대기로 뿜어지면서 대규모 기후 교란이 일어나는 바람에 지구 생물의 대다수가 사라졌다. 현재 살고 있는 모든 종은 이런 멸종 사건들에서 살아남은 조상들의 후손이다.

지구에 살았던 육상동물 중 가장 컸던 공룡은 1억 3500만 년 동안 지상을 지배했는데, 약 6600만 년 전에 지름이 적어도 10킬로미터에 달하는 소행성이 지구에 충돌하면서 멸종했다. 이 충돌로 지름 180킬로미터의 구덩이가 생겼고, 거대한 해일이 일어났으며, 숲이 불타오르고, 지구 전체로 충격파가 퍼지면서 곳곳에 지진과 화산을 일으켰다. 산성비가 쏟아지고 태양이 가려지면서 전 세계 생태계가 붕괴하고 동식물의 4분의 3이 멸종했다. 커다란 동물들은 불행을 맞이했지만 반대로 작은 종들은 살아남았다. 나는 땃

쥐처럼 생긴 작은 동물이 태양보다 1,000배는 더 환하게 타오르는 거대한 불덩어리를 보고 깜짝 놀라서 땅속 굴로 쪼르르 숨는 모습을 상상하곤 한다. 그들이 살아남지 못했다면 인류도 존재하지 못했을 것이다.

이제 우리는 길이 45미터의 운동장의 끝까지 거의 다 왔다. 살진 엄지손가락의 너비에 해당하는 마지막 3센티미터를 남겨두었을 때(300만 년 전) 두 발로 서서 걷는 인류종이 처음으로 출현했다. 해부학적으로 볼 때, 현생 인류는 작은 동전 두께만큼의 거리인 마지막 2밀리미터를 남겨두었을 때 출현했다. 바로 우리를 말한다. 우리는 정말로 새내기다. 인류 역사 기록 전체는 고작 5,000년에 불과하며 운동장 연대표로 따지면 잎사귀 두께의 절반밖에 되지 않는 거리다.

우리는 지구에서 생명이 출현한 일이 가능성이 희박한 행운처럼 오직 단 한 번 일어난 사건이라고 상상할지도 모르겠다. 하지만 반대로 생명은 아주 흔하게 존재할지도 모른다. 우리 은하에 있는 별 중에 물이 존재할 수 있는 거주 가능한 영역 내에서 궤도를 도는 암석 행성이 많으면 4퍼센트에 달할 것이라는 주장이 나와 있다. 여기에다가 우주에 있는 약 2조 개의 은하를 곱한다면 우주의 무수히 많은 곳에 생명이 존재할 것이라는 결론을 피할 수 없다.

곤충이 지구에 이토록 풍부한 데는 몇 가지 이유가 있다. 곤충은 융통성이 높고 가볍고 방수가 되는 겉뼈대로 덮여 있다. 겉뼈대는 몸을 보호하고 마르지 않게 해준다. 그리고 대개 몸집이 작기 때문에 곤충은 같은 생태 공간이라도 훨씬 많은 개체가 살아갈 수 있다. 또 체액으로 차 있는 몸에서 일어나는 생화학적 변동으로부터 중요한 신경계를 효과적으로 보호하는 혈액뇌장벽blood-brain barrier을 갖춘 탁월한 신경계가 있다. 그리고 엄청난 번식 능력도 자랑한다. 그러나 경이로운 수준의 다양성을 보이긴 해도 곤충은 전반적인 체제가 놀라울 만치 비슷하다. 몸 안팎 모두 그렇다. 5억 년 이상된 고대의 곤충 청사진은 탁월하다는 것이 드러났고, 그 뒤로 진화는 이를 이렇게 저렇게 조금씩 변형시키며 수많은 형태를 계속해서 창안해왔지만 결국 기본 형태는 동일하다. 머리, 가슴, 배 세 부분으로 이루어진 몸을 토대로 삼는다. 아주 다양한 환경에서 살아갈 수 있으면서 스스로를 유지하는 것은 물론이고 증식까지 가능한 소형 기계를 만들라는 과제를 맡는다면 우리는 곤충처럼 생긴 형태를 내놓을 수밖에 없을 것이다.

야생생물은 잘 살았노라

데이비드 애튼버러 경

데이비드 애튼버러 경Sir David Attenborough은 오랜 세월 지구 생명의 역사를 사람들에게 알리는 일에 몰두해왔으며, 나는 오래전부터 그의 활동에 자극을 받아왔다. 우리는 동물과 인간 할 것 없이 지구 생명에 곤충이 얼마나 중요한 역할을 하는지 그리고 생명의 미래를 지켜내려면 어떻게 해야 하는지를 놓고 이야기를 나누었다.

애튼버러는 모르는 사람이 없을 정도로 유명한 사람이다. 옥스퍼드대학교에서 생물학을 공부하겠다고 지원한 이들의 면접관으로 일하던 시절, 나는 생물학에 관심을 갖게 된 계기가 무엇이냐는 질문으로 분위기를 환기시키곤 했다. 그들은 두말할 것 없이 데이비드 애튼버러 경이 제작한 다큐멘터리나 작품을 언급하곤 했다. 그럴 때면 머릿속에 처음으로 오래 남았던 자연사 프로그램이 저절로 떠오르곤 했다. 바로 그의 목소리가 담긴 짧은 영상물이었다. 곤충이 아니라 짝짓기를 하는 거미 한 쌍의 이야기를 다룬 내용이었다. 나는 작은 흑백 텔레비전 앞에 앉아서 눈앞에 펼쳐지는 드라마에 푹 빠져들었다. 수컷은 교미 기관인 한 쌍의 더듬이다리에 정액을 가득 채운 채, 몸집이 훨씬 큰 암컷에게 조심스럽게 다가갔다. 진화를 통해 정해진 정교한 구애 행동을 펼쳐야만 수컷은 암컷에게 잡아먹히지 않은 채 짝짓기에 성공할 수 있을 터였다. 정말로 손에 땀을 쥐는 순간이었다. 40년쯤 뒤에 나는 애튼버러 경의 BBC 텔레비전 시리즈 〈덤불 속의 생명Life in the Undergrowth〉의 수석 과학자문위원을 맡았고, 그 뒤로 몇 차례 더 그와 만날 기회가 있었다. 영웅을 만나는 일에는 실망만 남을 수 있으니 만나지 않는 편이 좋다는 말을 흔히 하지만, 나는 그 뒤로 애튼버러 경과 만날 때마다 기쁨과 영감을 얻는 큰 즐거움을 얻었다고 말하곤 했다. 나는 어린 시절의 그도 동물에 푹 빠졌는지, 특히 곤충에 매료되었는지 궁금했다. 그래서 그가 가장 관심을 가졌던 대상이 곤충이 아닌 화석이었다는 말을 듣고서는 좀 놀랐다.

"저는 영국 중부 지방에서 자랐어요. 암모나이트와 린초넬라rhynchonella라는 작은 생물의 화석이 가득한 멋진 어란상 석회암oolitic limestone이 잔뜩 있는 곳이죠. 린초넬라는 크기가 개암나무 열매만 하고 두 껍데기 사이에 들쭉날쭉한 턱이 드러나 있는 작은 동물이에요. 저는 그것들을 채집하기 시작해서 나름의 컬렉션을 만들었어요. 그리고 똑같은 것과 다른 것을 구별하는 일을 시작했지요. 차이점이 무엇이고, 뭐가 흔하고 흔하지 않은지 그리고 그 이유는 무엇인지 알아내려고 애쓰면서 그 일에 푹 빠졌어요. 하지만 어릴 때도 그랬던 것은 아니에요. 그땐 그저 많이 모으고 이것과 저것의 차이점을 찾아보는 일에서 재미를 느꼈으니까요. 그래서 여름 방학이면 매일 자전거를 타고 레스터셔카운티의 그레이트 이스턴으로 가곤 했답니다."

애튼버러 경은 행운아였다. 알맞은 시대에 알맞은 곳에 살았으니까.

"버려진 채석장이 많이 있었어요. 그리고 석회암 같은 부드럽고 침식이 잘 되는 암석은 일단 드러나면 풍화가 아주 빨리 일어나거든요. 그러면 암석 표면에 작은 개암 같은 것이 드러나죠. 망치로 한 번 톡 두드리면 떼어낼 수 있어요. 하지만 지금은 그럴 수 없을 거예요. 여러 해가 지나고 그 채석장에 가보니 식물들로 잔뜩 뒤덮여서 더 이상 그런 암석을 찾을 수가 없더라고요."

이윽고 그는 꽤 많은 화석을 모았다고 했다. 그래서 나는 아직도 갖고 있는지 물었다.

"안타깝게도 아니요. 아버지가 레스터에 있는 한 대학교 학장이셨는데, 제가 십 대 때 그 대학에 지질학과가 개설되었어요. 그래서 그곳에 전부 기증했죠. 학생들을 가르치는 데 썼겠죠. 아니면 내버렸든지요!"

나는 그들이 간직하고 있기를 진심으로 바랐다.

케임브리지대학교에서 학위를 받은 애튼버러 경은 동물학과 식물학을 공부하고 싶었지만 두 분야 모두 미래가 없고 지질학이 공부할 만하다는 부모님의 설득과 압력에서 완전히 자유롭지 못했다고 했다. 어쨌거나 그는 이미 고생물학 지식을 꽤 갖추고 있었고, 경력을 좀 쌓는다면 석유업계로도 얼마든지 진출할 수 있었다. 그러나 그는 미화석microfossil을 활용해 암석의 연대를 정확히 측정하는 방법을 배울 수 있다는 점은 마음에 들었지만 반드시 배워야만 하는 광물학, X선 결정학 같은 과목들에는 전혀 흥미가 없었다고 했다.

1947년 동물학과 식물학을 전공하고 졸업한 뒤로 해군에서 복무한 그는 무엇을 해야 할지 고심했다. 다시 학교로 돌아가고 싶은 마음은 들지 않았던 터라 돈을 벌기로 결심했다. 특유의 자기 비하적인 태도로 졸업장이 대수냐는 생각이었지만 이왕이면 졸업장을 쓸 만한 곳이길 바랐다고 한다.

"학습 교재 출판사의 과학 도서 편집자로 취직했지만 일에 전혀 흥미를 느끼지 못했어요. 쉼표를 찍고, 때로는 쉼표 빼는 일을 하면서 시간을 보냈습니다. 그러던 어느 날 〈타임스〉에서 라디오 프로듀서를 구한다는 공고를 보고 지원했어요. 물론 결과는 불합격이었죠. 그런데 2주 뒤 BBC로부터 북런던에서 새롭게 일을 시작하려고 하는데 혹시 알고 있냐는 편지를 받지 않았겠어요? 연봉은 좀 적겠지만 관심이 있는지 물었고, 그 '일'이란 바로 텔레비전 프로그램을 제작하는 일이었죠. 안 할 이유가 없잖아요. 마침 하고 있는 일도 너무 지루했거든요. 그래서 지원했고 그 뒤로 죽 일을 하게 된 거죠."

나는 그와 〈덤불 속의 생명〉에 관해 이야기하고 싶었다. 곤충을 비롯한 무척추동물들을 다룬 5부작 프로그램이었다. 그는 이미 〈지구의 생명Life on Earth〉, 〈생명의 시련The Trials of Life〉, 〈식물의 사생활The Private Life of Plants〉 등 큰 성공을 거두고 상을 수상한 다큐멘터리들도 많이 제작했다. 이와 별개로 나는 시청자들이 다큐멘터리에 별 관심이 없지 않을까 싶어 걱정한 적이 있을지 궁금했다. 대체로 사람들은 곤충과 거미에 흥미를 느끼지 못하니까.

“조류와 포유류가 실제로 시청자들에게 더 인기가 있다는 데 동의해요. 하지만 육상 무척추동물을 아예 무시하기란 불가능하거든요. 아시다시피 가장 중요한 동물 집단이기 때문이죠. 제가 고심한 부분은 시리즈의 제목을 어떻게 정하는가였어요. 거미와 지렁이 같은 곤충을 비롯해 여러 많은 동물도 나올 테니 〈곤충의 삶〉이라고 부를 수는 없었거든요. 고민을 거듭하던 어느 날 밤 문득 해답이 머릿속에 떠올랐고 ‘유레카’의 순간이 찾아왔죠.”

그의 말을 들으면서 나는 그가 욕조에서 벌떡 일어나며 ‘찾았다!’ 하고 소리치는 장면을 상상했다.

“제작진이 그 시리즈를 2년 동안 찍고 있는 사이 프로그램 제목에 조언하는 일을 하는 위원회가 보낸 쪽지를 보고서 좀 놀랐습니다. 시장 조사를 진행한 위원회가 ‘덤불undergrowth’이라는 단어가 불쾌한 의미를 함축할 수 있다고 판단한 것이죠. ‘속옷underwear’처럼 말이에요. 저를 비롯한 책임자들이 회의를 열어 논의하면 어떻겠냐는 의견을 전했지만, 그들은 그저 알겠다고 대답만 한 채 무시했고요. 훨씬 뒤에 마침내 프로그램이 완성되고 〈라디오 타임스〉에 광고를 내보내려 하자 프로그램 제목 위원회로부터 다시 쪽지가 왔어요. 위원회는 오래 고심한 끝에 〈다리가 많은 동물들의 삶〉이라는 제목이 좋겠다고 제안했고요."

다행히도 애튼버러 경과 제작진은 〈덤불 속의 생명〉이란 제목을 고수했고, 나는 그 작품이 정말 경이로웠다고 본다. 무척추동물의 삶을 실제로 대중 앞에 보여준 최초의 프로그램이었다. 그들은 다른 어떤 동물들보다도 지구 생태계의 기능에 중요한 역할을 하고 있고, 20년이 지난 지금도 여전히 우리는 같은 말을 세상에 전파하기 위해 애쓰는 중이다. 나는 마지막 회가 끝날 즈음에 그가 한 말을 지금도 기억한다.

> 우리를 비롯한 척추동물들이 모두 하룻밤 사이에 사라진다고 해도 나머지 세계는 잘 돌아갈 것이다. 그러나 무척추동물들이 사라진다면 육상 생태계는 무너질 것이다. 흙은 더 이상 비옥하지 않을 것이다. 많은 식물은 더 이상 꽃가루를 옮기지 못할 것이다. 많은 동물, 양서류, 파충류, 조류, 포유류는 아무것도 먹지 못할 것이다. 그리고 밭과 목초지는 똥과 사체로 뒤덮일 것이다. 우리가 땅 위에서 어디를 향해 가든 간에 이 작은 동물들은 우리 발 몇 센티미터 거리 안에 자리하고 있다. 그럼에도 우리는 이들에게 전혀 관심을 기울이지 않을 때가 많다. 우리는 그들을 잊어서는 안 된다.

나는 그가 우리와 자연 세계의 연결이 끊어졌다고 생각하는지도 궁금했다. 그는 그렇다고 고개를 끄덕였다.

"우리가 엄청난 도시화를 이루어온 탓에 자연 세계와 단절되었다는 점이 우려되기도 합니다. 무엇보다 제가 새의 노래에 무지하다거나 영국의 시골에 관해 아는 것보다 보르네오섬의 자연사를 더 잘 알고 있다는 사실처럼 저의 한계도 분명하게 인정하고요."

그러나 나와 마찬가지로 애튼버러 경도 아이들에게 가능한 한 일찍 그 사실을 깨닫게 하는 일이 중요하다고 굳게 믿고 있었다. 그는 들판에서 다섯 살짜리 대자와 무언가를 찾아내던 경험에 관해 이야기해주기도 했다.

"우리가 함께 돌 밑을 살피고 있을 때 아이는 '와, 보물이다. 민달팽이야!'라고 환호성을 질렀어요. 그 말이 딱 맞았습니다. 아이는 많은 질문을 하더라고요. '얘도 볼 수 있어요? 앞쪽에 삐죽 튀어나온 건 뭐예요? 뭘 먹어요? 어떻게 움직여요?' 하고요."

아마 애튼버러 경은 자신 역시 그런 발견에 즐거워하던 날들을 떠올렸을 것이다. 그는 아무런 편견 없는 네댓 살의 순수한 눈이 정말 귀하다고 믿었다.

애튼버러에게도 대규모 장기 정글 탐사에서 목숨을 잃을까 봐 두려웠던 경험이 있을까? 그는 자신이나 촬영팀이 동물에게 가까이 다가갔을 때, 그들이 보낸 신호를 알아차리지 못했을 때가 어떤 위험을 느낀 유일한 순간이라고 말했다.

"구석기 시대 초부터 유전되어 온 본능의 일부죠. 우리는 동물이 화가 났는지 아닌지 알아차려야 했으니까요."

그의 설명을 들으면서 나는 그가 고릴라와 어울릴 때 보여준 일련의 유명한 행동들을 떠올렸다. 무리의 우두머리 고릴라가 팔을 한 번 휘두르는 것만으로도 그의 생애는 그 자리에서 끝날 수도 있었다.

"하지만 저는 그 만남을 꽤 낙관적으로 봤어요. 위험 신호를 알아차리기 쉬운 편이며, 조심성 있게 그리고 제멋대로만 행동하지 않는다면 아무 문제도 생기지 않을 것이니까요."

하지만 자칫 잘못된 행동이라도 했다가는 재앙이 닥칠지도 모를 상황이지 않은가. 나는 그냥 그 거대한 수컷 고릴라가 자신의 옆에 앉은 사람이 누구인지 알아봤을 것이라고 생각하고 싶다.

70년 동안 자연사를 알리는 일을 해온 애튼버러는 세계가 달라지고 있음을 느낀다고 했다. 그는 해마다 50~70통가량의 편지를 받는데, 대개 10대와 20대 초의 젊은이들이 보낸 것이라고 했다. 주소에 달랑 '애튼버러, 런던'이라고 적힌 편지들도 있다고 했다. 놀랍지 않은가?

"대중 매체는 모든 것을 바꾸었어요. 전 세계 사람들은 인류가 세상에 저질러온 끔찍한 일들과 멸종 가능성을 이해하고 있죠."

이제 사람들은 위험을 인식하고 이를 막기 위해 무언가 행동하려 애쓰고 있다. 애튼버러는 우리가 어떻게 행동하면 좋을지 명확하게 이야기해주었다.

"식품, 연료, 가스, 전기, 공간, 플라스틱, 종이를 낭비하지 않는 거죠. 아끼는 생활을 통해 균형 회복을 돕는 겁니다. 물론 인구 증가가 엄청난 문제인 만큼 국제적인 시각에서도 세계를 바라봐야겠죠. 모두 모여서 이렇게 말해야 해요. '모든 나라가 받아들일 수 있고, 모든 나라가 혜택을 볼 수 있는 계획을 세워야 합니다. 그래야 우리 행성에 가해지는 위협들을 실질적으로 멈출 수 있어요.' 따라서 낭비를 줄이는 한편, 관련 회의에 참석해서 국제 협정을 마련하기 위해 애쓰는 정치가들을 지지해야 합니다."

나는 애튼버러 경에게 텔레비전이 막 보급되던 초창기에는 현실을 있는 그대로 보여주지 않으려던 경향이 있었다고 말했다. 당시에는 불쾌한 것들은 모두 빼고 편집한 자연의 모습만을 보여주곤 했다. 내가 대양의 현재 상태를 언급하자 그는 어느 누구도 소유하지 않은 이런 국제 공유지에서 지독한 수준으로 남획이 일어나고 있지만, 해결책을 찾을 수 있을 것이라고 낙관했다.

"논쟁을 멈추고 어떤 합의를 이끌어내야 해요."

그는 긍정적인 어조로 말했고, 그 말을 들으니 고래 사냥을 중지하기로 합의한 때가 떠올랐다. 그는 여전히 허점들이 존재하지만 협정 덕분에 현재 대양에서 살아가는 고래의 개체수가 많아진 것이라고 인정했다.

"50년 전, 아니 30년 전만 하더라도 대왕고래를 촬영하고 싶어도 불가능했을 거예요."

대왕고래는 오직 작은 새우처럼 생긴 동물인 크릴만 먹는다. 크릴의 생물량은 약 4조 톤으로 추정되는데, 그중 절반 이상이 해양동물들에게 먹힌다고 본다. 현재 우리는 50만 톤에 못 미치는 양을 어류와 반려동물의 사료로 쓰고 있지만, 인류의 식량 자원으로 쓰이기 위해 산업 규모로 잡기 시작한다면 대왕고래를 비롯한 많은 종은 멸종 위기에 처하게 될 것이다.

지구의 3분의 1을 야생으로 남겨두자는 탄복할 만한 목표는 어떠한가? 누구 소유의 땅을 야생 환경으로 유지할 것인지, 그에 따른 보상은 어떻게 될 것인지에 관한 논쟁이 벌어질 것이다. 우리는 아주 복잡할 것이라는 데 동의했다. 우리는 열대우림의 경이로움과 그 안에 얼마나 많은 종이 살고 있을지도 이야기했다. 애튼버러 경은 우리가 결코 지구의 모든 생물종을 집계할 수는 없겠지만 굳이 그렇게까지 할 필요도 없다고 말했다. 어쩌면 우리는 가능한 한 많은 서식지가 온전히 그리고 안전하게 유지되도록 보전만 하면 될지도 몰랐다.

"아마존 우림을 없앤다면 세계의 기후 양상이 완전히 붕괴되고 지구 전체에 그 파장이 미칠 겁니다. 국제 협정이 필요하다는 사실을 인식해야 해요."

애튼버러 경은 이미 협정의 토대는 마련되어 있다고 생각했다.

"그리고 우리 중 일부는 대가를 지불해야 해요. 선진국일수록 저개발 국가에서 착취를 통해 얻은 것들이 많으니까요. 더는 되풀이해서는 안 됩니다."

생물학자가 얻을 수 있는 가장 큰 영예는 생물종에 자신의 이름이 붙는 것이다. 내 이름도 곤충 대여섯 종에 붙어 있긴 한데, 애튼버러 경의 이름은 40여 가지 동식물종에 붙어 있다. 그는 아주 기쁜 표정으로 멸종한 플리오사우루스과(Pliosauridae)의 한 속에 자신의 이름을 따 애튼버로사우루스(*Attenborosaurus*)라는 이름이 붙었다고 말했다. 한때 열대 바다였던 지금의 영국 남부 해안에서 헤엄치던 동물이었다.

애튼버러 경은 분류학자가 대단히 중요하다는 점을 강조했다.

"누군가가 와서 '이 자주색으로 반짝이는 딱정벌레는 신종인가요?'라고 물으면 이 질문에 답해줄 사람을 어디에서 찾아야 할까요? 동물학 연구실이겠죠. 그런데 그런 연구자는 동물 자체보다 더 희귀해요!"

데이비드 애튼버러 경의 말에는 무게가 있고 많은 사람이 귀를 기울인다. 그는 자신의 생애와 자신이 이룬 것들에 관해 어떻게 생각하고 있을까?

"저처럼 운이 좋은 사람도 세상에 없다는 생각이 들어요. 과학의 관점에서 보자면 저는 완전히 시대에 뒤떨어진 사람이거든요. 어떤 의미에서는 이 꽃 저 꽃을 기웃거리는 나비 같다고 할 수 있을까요. 그냥 겉만 훑으면서요. 저는 스스로를 잘 인식하고 있어요. 그러나 피상적일지라도 폭넓은 경험을 하는 나름의 기능이 있었다면 그 자체로 이미 훌륭한 것 아닐까요. 열두 살의 저는 제가 원하는 곳이라면 그곳이 이 세상 어디든 가서 일하는 삶을 살게 될 거라고는 상상조차 하지 못했어요. 고비 사막에도 가보고 싶었지만 그곳에는 동물이 너무 적었지만요. 아무튼 저는 다양한 자연계에서 어떤 일이 일어나고 있는지 관심을 기울이는 것이 대단히 중요하다고 느낍니다. 여기에 제가 조금이라도 기여했다면, 이 놀라운 기회를 누렸다는 점이 조금은 정당화될 수 있겠죠. 더할 나위 없이 감사할 따름입니다."

애튼버러 경은 정말로 행운아였지만 그의 프로그램을 시청하고, 그가 보여준 자연계의 경이에 감명받은 수많은 이도 마찬가지일 것이다.

다음 제2장에서는 곤충의 청사진을 자세히 들여다보며 가장 놀라운 성공을 거둔 작은 생물들, 지금까지 출현한 생물들 가운데 가장 오래 존속하면서 가장 다양한 집단을 이룬 존재들을 알아보자.

제2장

탁월한 몸

자연의 설계

곤충의 놀라운 다양성과 그 경이로운 성공은 오로지 비교 불가능한 설계 덕분에 가능하다. 나는 다른 어떤 설계자나 창조자를 시사하지 않으면서도 자연선택natural selection을 통한 진화의 지속적이고 널리 퍼져 있는 힘을 설명하는 하나의 단어가 있으면 정말 좋겠다고 생각한다. 진화는 수백만 년에 걸쳐 궁극적인 생존자를 다듬어 내놓아 왔는데, 곤충보다 적응력이 뛰어나고 재주가 많은 동물은 도저히 상상하기 어렵다.

곤충의 조상들 중에는 몸마디와 다리가 더 많은 종도 물론 많았지만, 머리를 제외하고 어느 특정한 신체 부위가 독특하게 분화한 경우는 전혀 없었다. 이런 배치의 문제는 효율성과 직접적인 관계가 있으며, 오늘날 살아남은 곤충종이 지네나 노래기보다 100배 더 많은 것도 어느 정도는 이런 이유 때문이다. 시간이 흐르면서 신체 부위들의 배치는 생존에 더 유리한 방향으로 진화했으며, 몸마디들은 서로 모여 특정한 기능을 갖춘 신체 부위를 구성했다. 이런 융합을 통해 각 몸마디 집합은 특정한 일을 전담하는 부위로까지 발달할 수 있었다. 그리고 진화는 고대의 곤충 체제 청사진을 수억 년 동안 변형하고 다듬으면서 머리, 가슴, 배라는 세 신체 부분을 기본으로 하는 수많은 종들을 낳았다.

곤충의 머리는 사령부다. 몸마디 여섯 개가 융합되어 생기며, 빛을 모으는 단위들이 많이 모여 생긴 겹눈과 홑눈이라는 2차 빛 감지 기관, 더듬이가 한 쌍씩 붙어 있다. 또 입에 해당하는 구기口器도 있는데, 종마다 액체를 빨아먹거나 고체 먹이를 씹을 수 있도록 다양하게 변형되어 있다. 가슴은 세 개의 마디로 이루어져 있는데 곤충의 발전소에 해당한다. 가슴의 각 몸마디에는 다리가 한 쌍씩 달려 있으며, 뒤쪽 두 몸마디에는 대개 날개도 한 쌍씩 붙어 있다. 배는 대개 11개 몸마디로 이루어지며, 소화계와 생식 기관이 들어 있다. 이것이 전부다! 머리, 다리와 날개가 달린 가슴 그리고 배. 압축적이고 쉽게 변형 가능한 배치다.

곤충의 장기는 다목적 화학 물질의 운반 체계 역할을 하는 피림프haemolymph라는 혈장 비슷한 체액에 잠겨 있다. 이 절지동물판 혈액은 등 표면을 따라 앞뒤로 뻗어나가고 양 끝이 열린 개방형 관 모양의 심장을 통해 몸 뒤쪽에서 앞쪽으로 뿜어진다.

곤충의 소화계는 다른 많은 동물의 것과 꽤 비슷하다. 즉, 하나의 관으로 이루어져 있다. 창자의 앞쪽 끝에는 먹이를 짓이기고 저장하는 특수한 부위가 있다. 가운데창자(중장)는 효소를 분비하고 영양소를 흡수하는 일을 하는 주된 영역이다. 뒤창자(후장)는 노폐물을 내보낸다.

모든 동물이 그렇듯이 곤충도 살아가고 성장하려면 탄수화물,

지방, 단백질, 비타민이 필요하다. 식물성 먹이, 특히 수액은 단백질 함량이 아주 낮으므로 수액을 빨아먹는 곤충은 필요한 영양소를 얻기 위해서 많은 양을 마셔야 한다. 초식성 곤충은 식성 역시 매우 까다로울 수 있으며, 대부분은 한 가지 식물이나 서로 아주 가까운 친척인 몇몇 식물종만을 먹는다. 사막메뚜기desert locust는 예외다. 지구에서 가장 심각한 피해를 입히는 곤충 중 하나로 잘 알려진 사막메뚜기는 수십 억 마리가 떼를 지어 다니면서 작물을 게걸스럽게 먹어 치우기로 유명하다. 이렇듯 무엇이든 닥치는 대로 먹어 치운다는 그들도 실제로는 식성이 좀 까다로운 편이다. 즉, 대식가라기보다 미식가다. 이들의 섭식 행동을 연구해보니 오히려 먹이 섭취량을 아주 잘 조절하며(우리 자신보다 훨씬 훌륭하게) 매 순간 자신에게 필요한 영양소가 무엇인지에 따라 지방, 탄수화물, 특히 단백질 섭취량을 조절한다.

곤충학자 스티브 심프슨Steve Simpson만큼 곤충의 대사를 잘 아는 사람은 없다. 그래서 그에게 사막메뚜기의 섭식 습성을 살펴본 획기적인 연구에 관해 들려달라고 부탁했다.

메뚜기에게서 얻는 삶의 교훈

스티브 심프슨 교수

내가 스티브 심프슨을 안 지는 35년이 넘었다. 우리는 옥스퍼드대학교 자연사박물관 동료이자 친구 사이다. 1984년 나는 박물관에 직원으로 들어와서 호프 곤충 표본hope entomological collections을 관리했고, 그는 2년 뒤 학예사로 들어왔다. 그 시절은 내 인생에서 가장 행복했던 시기에 속한다.

심프슨은 평생을 곤충의 생리와 행동을 연구하면서 보냈다. 그와 연구진은 메뚜기를 모형 생물로 삼아 모든 동물에게 적용되는 몇 가지 기초 영양 규칙을 발견했다. 그는 탁월한 연구자이자 교사인 동시에 연구 책임자였고, 그의 옆에서 동료로 일할 때 나는 정말로 특권을 지닌 듯한 느낌까지 받았다.

곤충 연구가 얼마나 중요하고 또 필요한지 잘 설명할 수 있는 사람을 꼽으라면 단연코 심프슨이지만, 나는 과학적 내용을 다루기에 앞서 인터뷰를 통해 호주에서 보낸 그의 어린 시절 이야기부터 듣고 싶었다.

"저는 타고난 곤충학자라고 생각해요. 세 살 때 대모님이 물어보셨거든요. '커서 뭐가 되고 싶니?' 저는 대답했죠. '곤충학자요.' 어릴 때 벌써 '곤충학'이라는 단어를 발음할 수 있었던 거죠! 시드니 외곽의 부시에서 자란 어머니는 제가 어린 시절에도 곤충과 자연 세계를 무척 좋아하셨고, 영국인이던 아버지에게도 같이 가보자며 끌고 나가시곤 했어요. 영국 중서부에서 자란 아버지는 곤충을, 아니 적어도 바퀴벌레보다 큰 곤충은 본 적이 없었다고 하시더라고요. 어머니는 늦봄이나 초여름 저녁이면 으레 아버지를 끌고 나가셔서 우리 집 앞뜰 땅속에서 나와 나무줄기를 기어오르는 호주매미(*Cyclochila australasiae*)를 채집하곤 하셨죠. 부모님은 조심스럽게 채집한 매미들을 제 방 커튼에 매달아 두셨고요. 아침이면 눈을 뜨자마자 멋진 초록색의 커다란 매미들이 커튼에 붙어 있는 광경을 보곤 했답니다. 당시에도 그랬지만 저는 지금도 매미를 무척 좋아해요."

심프슨은 자신의 어린 시절과 비교해봤을 때 지금은 매미의 수가 확연히 적어졌다고 말했다. 나는 지난 수십 년 사이에 호주에서 곤충의 조성이 어떻게 달라졌는지도 알고 싶었다.

"매미 이야기는 좀 미묘해요. 매미의 수는 계절에 따라 달라지거든요. 땅속에서 발달 시기가 서로 들어맞으면 다른 해보다 더 많이 나오는 해도 있어요. 어릴 때 우리 동네 아이들은 종마다 서로 다른 가격을 매겼어요. 색깔과 무늬가 다르거나 종이 다른 매미는 다른 매미와 교환할 때 더 높이 쳐주었죠. 어떤 검은 종은 정말로 희귀했는데, 한 마리가 호주매미 열 마리의 가치를 지니기도 했어요. 지금은 초록색 매미보다 검은색 매미가 훨씬 많죠.

도시 환경에서도 종들의 상대적 빈도에 변화가 일어났는데, 함께 일어난 변화들도 몇 가지 더 있었습니다. 호주의 도시 서식지에는 예전보다 새들이 훨씬 더 많아졌어요. 주변 시골에서 도시 환경으로 옮겨왔기 때문이죠. 곤충의 수는 전반적으로 줄어들었지만 개체수가 더 늘어난 종도 있긴 해요."

심프슨은 자신이 어릴 때 곤충에 얼마나 푹 빠졌는지, 특히 호주대왕메뚜기(*Valanga irregularis*)를 처음 보았을 때 느낀 경이로움을 자세히 이야기해주었다. 이 인상적이었다던 곤충은 호주에서 가장 큰 메뚜기다.

"저는 멜버른에서 자라다가 아홉 살 때 아열대 기후인 브리즈번으로 이사했어요. 이사한 집은 유리창에 가림막이 전혀 없었고, 식탁 위쪽에 전등이 있었어요. 그래서 저녁 식사를 할 때면 온갖 것들이 유리창에 달라붙곤 했고, 그중엔 엄청나게 큰 것들도 있어서 아버지는 움찔하곤 하셨어요!

저는 메뚜기를 정말로 좋아했어요. 물론 지금도 마찬가지지만요. 당시 채집하던 메뚜기들은 모두 꽤나 작았어요. 그런데 다시 퀸즐랜드로 되돌아간 이후 어느 날 뒤뜰로 나갔다가 호주대왕메뚜기를 본 거예요. 제가 꽤 오랜 시간 연구한 아프리카의 사막메뚜기와 친척지간인 아주 커다란 종이죠. 마치 공룡을 보는 것 같았어요. 믿어지지가 않더라고요. 슬며시 다가가서 잡아보려고 했지만 떨리는 손이 가까이 가자 폴짝 뛰어 옆집 뜰로 날아가 버리더라고요. 정말로 너무나 아쉬웠죠. 그래서 혹시나 더 있을까 해서 찾으러 나섰어요. 이 메뚜기는 약충若蟲 시기에 사막메뚜기처럼 밝은 색깔을 띤 채로 우리가 조성한 열대 정원에서 자라는 식물들을 먹거든요. 우리 형제는 여기저기를 돌아다니면서 그것들을 채집했어요. 뜨거운 태양 아래에서 몇 시간씩 돌아다니다가 형이 일사병에 걸린 적도 있을 정도였다니까요."

나는 호주인이 영국인보다 곤충을 편하게 대한다고 생각하는지도 궁금해 물었다. 영국 사람들은 대개 가까이에서 꽃등에나 꿀벌이 날아다닐 때는 별 신경을 쓰지 않지만, 나는 거대한 메뚜기가 나타난다면 그들이 서둘러 집에 들어가 분사용 살충제를 꺼내 가지고 나오는 모습을 상상하곤 한다.

"호주인이 영국인보다 마당의 야생생물을 훨씬 더 편하게 대하죠. 온갖 별난 곤충이 돌아다니고 지역 특성상 일부 흥미를 불러일으키는 것들도 있고요.

브리즈번의 우리 집 뜰에 많이 살던 동물 하나가 더 있는데 바로 사탕수수두꺼비cane toad였어요. 중앙아메리카에서 온 이 소름끼치는 양서류는 원래 사탕수수를 해치우는 사탕수수딱정벌레cane beetle를 방제하려고 북퀸즐랜드에 들여온 종이었어요. 생물학적 방제 용도로 천적 역할을 할 것이라고 생각했던 거죠. 선인장명나방(*Cactoblastis cactorum*)을 들여와서 호주의 넓은 지역을 뒤덮었던 부채선인장prickly pear을 제거하는 데 큰 성공을 거둔 사례가 있었기에 곤충을 이용한 생물 방제의 놀라운 성공 사례에 힘입어 사람들은 '아주 쉽지!'라고 생각하고서 사탕수수두꺼비를 들인 거죠. 물론 밤에 집 밖을 나서면 맨발에 두꺼비가 밟힐 정도로 지구에서 가장 심각한 해를 끼치는 침입종 중 하나가 되었지만요."

어릴 때 곤충을 좋아했다고 해서 꼭 그 분야로 진로를 정하는 것은 아니지만 심프슨은 곤충 연구 분야에 진출하는 것은 물론이고 중요한 연구 성과까지 이루어냈다.

"아마 예상하지 못했겠지만 곤충 연구는 인류에게 유행하는 비만의 원인을 근본적으로 이해해내는 데 기여했어요. 이 말이 이상하게 들리겠지만 사실입니다. 저는 동물, 특히 곤충이 언제 그리고 무엇을 먹어야 할지를 어떻게 아는지 정말로 궁금했어요. 저의 학사 학위 논문은 꼬마구리금파리(*Phaenicia cuprina*)의 발생 과정을 살펴본 것이었어요. 이 종은 평범한 파리에서 한 단계 더 나아가 살아 있는 양을 감염하는 쪽으로 진화했어요. 양의 겨드랑이 털 깊숙한 곳에 알을 낳아요. 때가 되면 작은 구더기들이 한꺼번에 부화해서 양의 피부를 갉아먹고 곧 양의 몸에 병터가 생기죠. 한마디로 살아 있는 양을 먹는 거예요."

이 끔찍한 질병을 구더기 감염증fly strike이라고 하는데, 호주에서는 목양업 전체를 위협할 만큼 심각한 문제가 되었다. 심프슨은 구더기의 섭식 행동을 관찰하면서 구더기가 무엇을 골라 먹는지를 상세히 조사했다. 나중에 그는 런던으로 가서 메뚜기의 섭식 행동을 살펴보는 일을 박사 논문 과제로 택했다.

"영국에서 한 연구도 본질적으로 동일했지만 연구 대상이 달랐어요. 메뚜기였죠. 메뚜기과(Acrididae)에 속한 동물들은 모두 한 가지 놀라운 능력을 갖고 있어요. 서로 모이게 되면 말 그대로 행동, 모습, 색깔이 완전히 달라져요. 그전까지는 혼자 돌아다니기를 좋아하다가 무리를 지어 몰려다니는 습성을 갖게 되죠. 단독 생활에서 무리 생활로의 이 전환이 작물을 파괴하는 메뚜기 문제의 핵심에 놓여 있어요. 인구 열 명 중 한 명꼴로 이 파괴적인 행위에 시달리고 있습니다.

어떤 동물을 정해서 그 식욕 체계appetite system를 파악하려고 할 때, 메뚜기는 너무 게걸스럽게 먹어대니까 영양학적 연구 대상이 아니라고 아예 제쳐두자고 생각할 수도 있어요. 메뚜기 1000억 마리가 런던 인구가 먹을 만큼의 식량을 일주일 사이에 다 먹어 치울 것이라는 점을 생각하면 맞죠. 그러나 메뚜기 한 마리 한 마리는 자신의 영양 상태에 따라 절묘하게 먹이를 골라 먹을 수 있어요. 한마디로 언제 무엇을 먹어야 할지를 알아요. 저는 그 문제를 박사 연구 과제로 삼았는데, 바셀린 관장제를 집어넣어서 곧은창자에 있는 수용체를 싹 비우는 것부터 메뚜기의 행동 단서를 하나하나 살피고 섭식 리듬을 세세하게 분석하는 것에 이르기까지 온갖 일을 했죠. 이어서 저는 더 복잡한 동물의 섭식 신경생리학도 살펴보았어요. 옥스퍼드대학교의 실험심리학과에서 원숭이를 연구하기 시작했습니다. 하지만 곧 생물이 어떻게 영양학적 결정을 내리는지에 관한 근본적인 답을 구하려면 메뚜기의 섭식 체계로 돌아가야 한다는 것을 깨달았어요. 바로 그때부터 식욕의 토대를 밝혀내는 일을 진정으로 시작한 셈이지요.

메뚜기 같은 곤충들은 단순히 허기나 포만감을 느끼는 것이 아니에요. 영양소별로 식욕을 느껴요. 이 사실을 먼저 알아냈고, 이어서 각각의 식욕을 담당하는 메커니즘이 무엇인지를 이해하려고 시도했습니다. 이 실험 결과가 대단히 중요하다는 것이 드러났죠. 함께 박사 과정을 밟고 있던 데이비드 로벤하이머David Raubenheimer와 메뚜기 섭식 연구를 토대로 영양을 바라보는 새로운 관점을 개발했어요. 메뚜기 같은 곤충뿐만 아니라 사람을 포함한 모든 동물이 영양소별로 각각 식욕을 지닌다는 발견으로 이어졌습니다.

우리는 이 식욕들을 맞붙이면, 즉 식욕들이 서로 경쟁하도록 환경을 조성하면 단백질이 주된 식욕이 된다는 것을 발견했죠. 자연의 먹이 환경에서는 지방, 탄수화물, 단백질의 식욕이 **협력해서** 생물이 균형 잡힌 식사를 하도록 돕지만, 불균형적 영양 환경에서는 그렇지 않다는 것이 드러났어요. 현대 인류의 식량 환경이 바로 그렇죠. 이런 상황에서는 식욕끼리 경쟁할 수밖에 없고 그럴 때면 단백질 식욕이 우위를 점하고 지배해요."

납득이 간다. 우리가 성장하고 번식하려면 단백질을 먹어야 하기 때문이다.

"우리에게 단백질이 필요한 이유는 단백질에 질소가 들어 있어서랍니다. 질소는 새로운 조직을 만들고 유지하고 번식하는 등 생명에 중요한 모든 일을 하는 데 필수적인 원소죠. 열량과 질소(덧붙여 다른 모든 미량의 영양소)는 우리를 포함한 모든 동물이 지닌 식욕 체계의 핵심 요소예요. 더 나아가 우리는 아마도 사람이 섭취하는 식품에 든 단백질이 묽어진 것이 총열량의 과다 섭취를 가져온 원인일 것이라는 주장까지 내놓았고요. 지난 약 50년 동안 초가공 식품이라는 형태로 고도로 가공된 지방과 탄수화물을 대량으로 우리 식품에 집어넣은 결과로써요. 이런 과잉 섭취는 결국 비만을 비롯한 현대의 온갖 문제로 이어지게 되었고요."

심프슨은 기본적으로 인간인 우리가 구미가 당기고 맛도 좋은 성분들이 들어 있지만 단백질 함량은 부족한 현대의 온갖 가공식품에 둘러싸여 있다고 주장한다. 우리 뇌는 단백질을 충분히 섭취하지 않고 있다고 몸에 계속 말한다. 그래서 뇌는 하루 적정 단백질 섭취량에 도달하기 위해서 (단백질이 부족한 음식을) 더욱 많이 먹게 한다. 그 결과 몸은 더욱 안 좋아진다. 심프슨은 실제로는 지방과 탄수화물만 들어 있지만 단백질 같은 맛이 나도록 만든 고도로 가공된 식품도 있다고 설명했다.

"바비큐 맛 감자칩은 고단백 식품이 주는 감각적 단서들을 모두 갖추고 있고, 우리가 단백질과 으레 연관 짓는 모든 맛을 지녀요. 그래서 몸이 단백질을 원할 때면 그것을 먹게끔 하죠. 그런데 감자칩에 단백질은 전혀 들어 있지 않아요. 그러면 단백질 식욕은 이렇게 말할 거예요. '먹은 게 없잖아. 더 먹어!' 단백질 목표량을 채우겠다고 열량을 계속 섭취하게 되는 겁니다. 이 개념을 '단백질 지렛대 가설protein leverage hypothesis'이라고 하는데, 건강에 관한 심오한 의미를 함축한 이 가설은 2005년 발표된 이래로 인류 전체에 걸친 비만 유행병의 출현과 지속 양상에 부합된다는 것이 입증되어 왔습니다. 그런데 이게 메뚜기가 언제 무엇을 먹는지를 관찰해서 얻은 결과라는 거예요."

심프슨은 어떤 답을 알아내고 싶다면, 그것도 빨리 알아내고 싶다면 굳이 털로 덮인 커다란 동물에 초점을 맞출 필요 없이 곤충을 모형 생물model organism로 삼는 것이 정말로 좋은 생각임을 보여주었다. 우리는 식품 산업과 그 업계가 어떤 식으로 행동하며 소비자를 조종하는지를 이야기했다. 나는 우리가 너무나 쉽게 사기당한다는 사실에 좀 짜증이 난다고 말했다. 음, '사기'라는 단어는 좀 틀렸을 수도 있겠다. 식품업계는 심프슨과 연구진이 발견한 것을 몰랐을 수도 있으니까. 그러나 그들은 무엇이 잘 팔리는지를 분명히 잘 알고 있고 기꺼이 같은 식품들을 더욱 더 많이 생산해내고 있다. 인류의 건강을 걸고 그 대가로 돈을 벌고 있었다.

"이런 식품은 도저히 거부할 수 없도록 어렵고 복잡하게 잘 고안된 것들입니다. 고도로 가공된 식품 중 상당수에서 접하는 지방, 당, 염류의 조합은 어린 날의 제가 브리즈번의 뒤뜰에서 커다란 메뚜기와 맞닥뜨렸을 때와 똑같은 방식으로 경이로운 자극을 줘요. 저는 호주대왕메뚜기를 보고 정말로 짜릿한 기분을 느꼈는데 음식도 동일한 경험을 줄 수 있다는 거죠. 자연 세계에 먹히기 위해 진화한 먹이는 거의 없었습니다. 오히려 정반대죠. 즉, 먹이는 **잡아먹히지 않으려고** 애써요. 그래서 아주 빨리 달아나거나 독이나 가시를 지니게 되죠. 물론 아주 드물지만 **먹히는** 쪽으로 진화한 생물도 있긴 해요. 꽃은 오로지 꽃가루받이 곤충에게 먹힌다는 목적으로만 진화했을 거예요. 관련된 당사자들에게는 환상적일 만큼 생산적인 관계죠. 반면에 초가공식품은 영양소의 허기가 아니라 수익의 허기를 거부하지 못하도록, 즉 전혀 다른 이유로 먹히도록 고안되었습니다."

대략 10년 전 심프슨은 옥스퍼드대학교를 떠나 시드니로 왔다. 지금은 학제간 연구 기관인 찰스퍼킨스센터Charles Perkins Center의 소장으로 있다. 그는 자신이 어떻게 여기로 오게 되었는지 이야기해주었다.

"10년 전에 제가 시드니대학교에 찰스퍼킨스센터를 세웠어요. 비만과 대사 질환의 세계적인 유행을 이해하고 바로잡겠다는 목표를 지닌 학제간 연구 기관이죠. 그리고 그 해답은 메뚜기에서 유래한 것이고요. 센터에서는 다양한 분야의 연구자들을 모아 함께 일하려고 노력해요. 이 거대하면서도 복잡한 문제를 해결하려면 예술, 인문학, 사회과학, 물리과학, 생명과학, 의학 등 모든 분야의 사람들이 함께해야만 했습니다. 그런데 과학을 포함한 다양한 학문 분야는 각자의 '언어'로 다르게 말하기 때문에 소통이 쉽지 않거든요. 그래서 우리는 메뚜기가 무리를 짓는 이유를 이해하고자 할 때 발견한 바로 그 원리들을 토대로 연구 기관을 세웠어요. 연구자든 무리를 지은 메뚜기든 간에 많은 존재가 서로 상호작용할 때, 체계만 올바르게 구축되어 있다면 그 상호작용으로부터 비범한 것이 출현한다는 개념에 착안한 거죠. 제가 메뚜기를 연구할 때 처음 발견한 바로 그 원리들 말입니다.

메뚜기의 무리 짓는 습성을 이해하겠다고 뛰어든 것은 메뚜기 무리를 방제하는 데 썼던 주요 화학 물질인 디엘드린dieldrin이 생태계에 심각한 피해를 입힌다는 것이 알려지며 1980년대에 전 세계에서 사용이 금지되었다는 사실에 자극을 받아서였습니다.

그 뒤에 유엔이 그 유명한 사막메뚜기의 대발생을 예측하고 관리하고 통제할 더 나은 방법을 찾는 연구를 지원하고 나섰어요. 우리는 곧 사막메뚜기가 밀집될 때 한 형태에서 다른 형태로 전환하는 메커니즘뿐만 아니라, 이것이 집단 이주 행동의 출현에 어떤 의미를 지니는지도 발견했어요. 무리 속 각각의 메뚜기가 어떤 단순한 국부적 상호작용 규칙에 따른다는 것도 알아냈고요.

사실 메뚜기는 서로를 피하려고 해요. 하지만 가까이 밀집되는 상황에 처하게 되면 특정한 거리 내에 있는 개체들끼리 서로 보조를 맞추어 함께 움직이는 양상을 띠게 됩니다. 이 단순한 행동이 바로 갑작스럽게 대규모 집단 이동을 일으켜요. 수백만 마리가 마치 한마음이라도 된 양 함께 행군을 시작하죠. 이 날개 달린 성충들은 어떤 지도자의 인도를 받고 함께 떼를 지어 날아가는 것이 아니에요. 그 행동은 그냥 국부적 상호작용에서 나오는 창발적 특성이에요.

마찬가지로 한 학과나 학부처럼 전형적인 학계 환경 내에서는 볼 수 없는 방식으로 사람들을 모아둔다면 특이한 일이 벌어질 거예요. 어떤 일이 일어날지 예측할 수는 없지만 새롭고 또 기존 방식으로는 발견하지 못했던 새로운 것을 발견하게 될 겁니다. 곤충학자가 행동학자나 생리학자 또는 다른 어떤 분야의 학자와 결코 상호작용을 하지 않는다면 결국 우물 안에 갇히겠지요. 학과가 특정한 관심사에만 매달려서는 안 되는 이유입니다. 그러면 모두가 내부만을 바라보면서 몹시 폐쇄적인 양상으로 치달을 테니까요."

심프슨의 종합적 접근법은 많은 이에게 한 우물만 파지 말고 외부와 협력하도록 자극한다. 그리고 이 접근법은 곤충의 행동을 하나의 체계로 여기고 관찰한 결과였다. 나는 그에게 우리가 유전학, 생리학, 행동학 측면에서 많은 것을 배운 또 다른 동물 집단이 있는지도 물어보았다.

"행동을 이해하는 데 쓰이는 근본 원리 중에는 곤충 연구를 통해 나온 것들이 있어요. 카를 폰 프리슈Karl von Frisch가 꿀벌의 집단 행동을 연구한 것도 그렇고 니콜라스 틴베르헌Niko Tinbergen이 말벌의 공간 지각 능력과 동물들이 자신이 있는 곳을 파악해서 길을 찾는 능력을 연구한 결과도 그렇죠. 유전학과 생리학의 근본 원리들도 그래요. 지금도 분자생물학과 인간의 질병 발병 과정에 관한 이해는 맨 처음 곤충을 통해 얻은 획기적인 발견에 깊이 의존하고 있으니까요.

이런 중요한 발견들은 아주 근본적인 수준에서 보면 인간이 파리와 똑같다는 사실에서 나옵니다. 사람은 분자생물학적으로 초파리와 공통점이 아주 많아요. 그 말은 곧 초파리과(Drosophilidae) 같은 단순한 생물에게서 일어나는 과정들을 탐구해 얻은 지식을 사람을 이해하는 쪽으로도 적용할 수 있다는 뜻입니다. 센터에는 비범한 친구가 한 명 있어요. 그는 여러 인류 집단을 대상으로 대규모 유전자 선별 검사를 진행해서 특정한 질병과 관련이 있을 법한 후보 유전자들을 찾은 다음 초파리에게로 돌아가요. 현대 분자유전학 기술로 초파리에게도 있는 같은 유전자나 상동 유전자를 조작하죠. 그런 다음 포유동물을 대상으로 임상 연구를 진행합니다. 유전 요법이든 약물이든 생활 습관 개선이든 간에 새로운 개입 방안이 효과가 있는지 알아보는 거죠. 따라서 곤충의 체계, 사람의 체계, 임상 결과 사이에 상호작용 또는 대화가 이루어져요. 곤충은 새로운 발견이라는 무대의 중심에 있으며, 현대 생물학의 상당 부분에 토대를 제공할 뿐만 아니라 영감도 계속 안겨주고 있습니다.”

여섯 가지 초능력

곤충이 어떻게 성공을 거두었는지를 이해하려면 여러 주요 특징들을 살펴볼 필요가 있다. 곤충은 여섯 가지 초능력에 힘입어서 번창했다. 절지동물이므로 몸은 보호하는 겉뼈대로 덮여 있고, 대개 몸집이 작아서 큰 종들보다 더 잘 살아남는다. 건조한 육지에 올라올 때 적합했던 효율적인 신경계와 환경을 감지하는 탁월한 능력도 지닌다. 이윽고 비행 능력까지 갖춤으로써 궁극적인 이주 개척자이자 탈출 묘기 전문가가 된다. 마지막으로 유달리 빠른 속도로 번식하고 불어난다.

탁월한 갑옷

곤충 중에는 정말로 환상적인 모습을 한 것들도 있다. 너무나 기이해서 사실상 어떻게 그리고 왜 그런 모습을 하게 되었는지 상상하기 어려울 때도 많다. 운 좋게도 나는 가장 기이해 보이는 곤충들 중 일부를 직접 본 적이 있는데, 런던에서 시카고로 갔다가 마이애미를 거쳐 벨리즈의 국제공항까지 세 번 비행기를 타는 길고 지루한 여행을 할 때였다. 공항에서 네 시간을 운전한 뒤 치키불국립공원Chiquibul National Park 내 산림보전구역의 한가운데에 있는 라스케바스현장조사기지Las Cuevas Research Station에 도착했다. 벨리즈에서 가장 넓은 보전구역이다. 그때는 2001년 8월이었고, 내가 그곳으로 향한 것은 수액을 빨아먹는 곤충인 뿔매미(*Orthobelus flavipes*)를 찾기 위해서였다. 매미와 꽃매미의 친척인 이 곤충이 그토록 특별한 이유는 진정한 위장의 대가이기 때문이다.

나는 그보다 몇 년 전, 당시 근무하던 옥스퍼드대학교 자연사 박물관의 곤충 표본에서 뿔매미를 처음 보았다. 반질반질한 마호가니 표본장의 서랍 12개 중 여섯 개에 뿔매미가 들어 있었다. 나는 첫 번째 서랍을 열고서 그 안에 핀으로 꽂혀 있는 표본들을 살펴보았다. 뿔매미들이 아주 작은 탓에 양안 실체 현미경으로 자세히 들여다보고자 표본을 서랍째 연구실로 들고 왔다. 그날 오후 내내 서랍에서 표본을 하나하나 꺼내어 살펴보면서 정말로 즐거운 시간을 보냈다. 표본들은 아주 오랜 시간 관리되지 않은 것이 분명했다. 서랍 바닥의 코르크에 꽉 끼인 채 뽑히지 않는 핀들이 있었기 때문이다. 표본들은 대부분 19세기와 20세기에 채집된 듯했고, 지난 50년 사이에 채집된 표본은 몇 점에 불과했다.

이 뿔매미들 중에는 식물의 굵은 가시처럼 보이는 것도 있고 씨처럼 보이는 것도 있었지만, 내가 가장 흥미롭게 본 표본은 개미와 모양새가 좀 비슷한 종류였다. 뿔매미는 약 3,500종이 있으며 남아메리카에서 유달리 다양하게 진화했다. 그중에는 곤충 세계에서 가장 기이한 모습을 띠고 있는 종류들도 있다. 일부 곤충의 몇몇 신체 부위는 잎이나 잔가지처럼 보이기도 하지만, 뿔매미의 위장술에 쓰이는 기이하면서 경이로운 변형 부위는 딱 한 곳뿐이다. 바로 가슴을 이루는 첫 번째 몸마디의 등쪽 표면으로서 이 부위가 아주 커지고 변형되었다. 일부 종은 긴 뿔처럼 뻗어 나온 뒤 수평으로 여러 갈래로 갈라지는 긴 돌기를 가지고 있으며, 돌기 끝에는 각각 작은 구슬이 달려 있다. 표면 전체가 턱을 쩍 벌린 개미 모양을 하고 있는 종류도 있다. 뿔매미 자체보다 훨씬 더 커 보이곤 하는 이런 정교한 구조는 뿔매미의 몸을 숨기는 것 말고는 다른 어떤 기능도 하지 않는 듯하다. 이런 구조는 꽤 부피가 있지만 속이 비어 있어서 가볍다. 그런 것을 만들어서 달고 다니는 데 드는 에너지라는 관점에서 볼 때, 그런 구조는 뿔매미가 얼마나 많은 비용을 치르든 간에 부담을 감수할 만큼 상당한 혜택을 제공하는 것이 틀림없다. 뿔매미는 박물관 서랍에 줄지어 꽂혀 있는 모습일 때는 눈에 확 들어오지만, 그늘이 드리운 우림 서식지에서는 눈에 잘 띄지 않아서 찾기가 어렵다. 이 휴대용 위장 수단 덕분에 이들은 굶주린 새들의 눈을 피할 수 있지만 반대로 이런 특징은 자기 종의 짝을 찾는 용도로 쓰일지도 모른다.

현미경으로 그 별난 모습들을 들여다보고 있던 나는 장식 하나 없던 평범한 뿔매미가 무슨 이유로 이런 기기묘묘한 동물로 진화한 것일까 궁금했다. 뿔매미 조상들의 집단을 상상해보자. 그들은 작고 별 특징 없는 동물이었다. 그러다가 우연히 어느 한 마리에게서 돌연변이로 첫 번째 가슴마디의 등쪽에 작은 가시 같은 돌기가 생겨난다. 모습이 좀 이상하다 보니 이 대상에 관해 아는 게 없던 새를 비롯한 낮에 활동하는 포식자들은 이 개체를 피하곤 했을 수도 있다. 이 개체는 정상적으로 보이는 뿔매미보다 오래 살면서 자식을 좀 더 많이 낳는다. 포식은 강력한 선택압selective pressure인 만큼 수백 세대를 거치는 동안 작은 가시는 점점 커지고, 1,000세대가 채 지나기 전에 온갖 모양으로 발달하며 점점 더 먹을 수 없는 것처럼 보이는 단계들로 나아가곤 한다. 이런 탁월한 몸은 생존을 위한 중요 열쇠 중 하나를 잘 보여주는 예가 된다. "포식자의 다음 먹잇감처럼 보이지 말라."

절지동물을 정의하는 또 다른 특징은 안과 밖을 나누는 덮개다. 이 덮개는 큐티클cuticle이라고 부르며 키틴chitin이라는 성분으로 이루어진다. 큐티클은 곤충의 몸 바깥 전체를 덮고 있으며 안쪽으로도 뻗어 있다. 앞창자, 뒤창자, 심지어 공기가 들어가는 통로인 기관계의 주요 가지들의 벽도 이룬다. 키틴 분자는 단백질로 이루어진 바탕질에 끼워져서 단단한 복합 재료를 구성한다. 추가로 더 단단하게 감싸서 보호해야 할 중요한 부위도 있는데, 그런 부위에서는 큐티클의 바깥층이 더 단단해지기도 한다. 이 경화는 단백질 사슬들이 화학적으로 서로 교차 결합되는 돌이킬 수 없는 과정을 통해 이루어진다. 그렇게 나온 물질은 딱정벌레의 가장 단단한 굳은 날개elytron뿐만 아니라 단단한 목재부터 일부 금속까지 자를 수 있는 턱과 발톱을 만든다. 다리와 몸마디 사이의 관절처럼 부드럽고 유연한 상태로 남아 있어야 하는 부위는 부드럽고 나긋나긋하다. 육상생물의 주요 문제 중 하나는 햇빛과 바람에 노출될 때 몸이 마를 수 있다는 점이다. 건조함에 맞서기 위해서 곤충 큐티클의 가장 바깥층은 얇은 왁스층으로 덮여서 방수 처리가 되어 있다.

그러나 곤충의 큐티클은 단순한 갑옷과는 뚜렷한 차이가 있다. 어느 정도 자가 수복이 가능하며, 무엇보다 가장 중요한 점은 몸속 근육이 달라붙는 고정점을 제공하는 겉뼈대라는 것이다. 또 큐티클은 바이러스, 세균, 균류의 공격에 맞서 생물학전을 펼칠 때 곤충을 보호하며, 항균 단백질을 생산함으로써 이 병원체에 면역 반응을 일으킬 수도 있다. 현대 과학은 튼튼하면서 가벼운 온갖 복합 재료를 개발했지만, 지금까지 만들어낸 그 어떤 것도 다재다능함과 효능 양쪽 면에서 곤충의 큐티클에 훨씬 못 미친다.

물론 단단한 겉뼈대로 몸을 감싸는 방식은 나름의 문제를 안고 있다. 척추동물은 자랄 때 몸속의 뼈대도 함께 자란다. 뼈대가 바깥에 있는 동물의 가장 큰 문제점은 성장하려면 때때로 그 뼈대를 새로 만들어야 한다는 것이다. 평생에 탈피를 서너 번만 하는 곤충도 있는 반면, 50번 이상 하는 곤충도 있다. 몸을 보호하는 기능을 하는 큐티클을 벗는 탈피 과정 중에는 새 큐티클이 굳어 단단해지는 얼마 동안 위험을 감수할 수밖에 없다.

물가에 앉아서 시간을 보내본 적이 있다면 다 자란 잠자리 약충이 식물 줄기를 타고 천천히 기어오른 뒤에 허물을 벗기 시작하는 모습을 본 적이 있을 것이다. 곤충이 탈피를 거쳐서 성충 단계로 들어서는 광경을 처음 본 사람이라면 너무나도 신기하고 신비하게 느껴질 수 있다. 나는 이 놀라운 과정에 매료되거나 푹 빠진 적이 없는 사람을 본 적이 없다. 절지동물이 처음 육지로 올라온 이래로 셀 수 없이 반복되어 온 이 과정은 자연 세계의 진정한 경이 중 하나다.

탈피가 시작될 때 기존 큐티클의 안쪽 표면에 달라붙어 있던 표피의 세포들이 떨어진다. 표피의 표면적은 세포들이 분열하면서 계속 넓어지는데 이때는 쪼그라드는 듯하다. 표피의 표면적 역시 굉장히 중요한데, 표피에서 분비되어 새로 형성될 큐티클의 표면적을 결정하기 때문이다. 이제 효소들의 혼합물인 특수한 체액이 표피와 기존 큐티클 사이의 공간으로 분비된다. 큐티클은 소화되어 흡수되고, 이 체액에도 견디는 큐티클의 가장 단단한 부위는 결국 벗겨지며 떨어져 나간다. 표피 세포가 새로운 큐티클을 분비해서 몸을 감싸면 기존 큐티클을 벗는 과정이 일어나고, 곤충은 새 큐티클의 면적을 넓힌 뒤에 단단해지기를 기다린다.

크기가 중요하다

곤충은 왜 대체로 크기가 작을까? 고양이만 한 바퀴나 개만 한 쇠똥구리는 왜 없을까? 둘 다 없어서 다행이라는 생각이 들 수도 있다. 몇몇 크기가 가장 큰 곤충은 가장 작은 척추동물을 잡아먹을 수 있긴 하지만, 곤충이 커질 수 없는 데는 몇 가지 타당한 역학적, 생물학적 이유들이 있다.

모든 생물의 크기 범위는 8차수에 걸쳐 있다. 가장 작은 세균의 세포는 크기가 약 100만 분의 0.3밀리미터로 가장 가느다란 거미줄의 10분의 1배 보다도 작다. 반면 지금까지 살았던 동물 중 가장 큰 것은 대왕고래로 길이가 약 30미터에 달한다. 이 범위의 한가운데에 놓인 것은 평균 길이가 약 3밀리미터인 곤충이다. 물론 평균인 3밀리미터보다 크거나 작은 곤충도 많다. 아프리카 숲에 사는 골리앗왕꽃무지goliath beetle는 길이가 110밀리미터까지 자랄 수 있다. 사람의 손바닥에 올리면 거의 꽉 찰 정도이며, 몸무게 역시 60~100그램으로 작은 새보다도 무겁다. 몇몇 나비와 나방은 날개폭이 아주 크지만(최대 280밀리미터) 몸은 작다. 세계에서 몸길이가 가장 긴 곤충종은 동남아시아에 사는 대벌레로 약 320밀리미터에 달한다. 사람의 아래팔 길이와 비슷하다. 가장 작은 곤충은 다른 곤충의 알 속에 자신의 알을 낳는 기생성 말벌종이다. 날개도 나 있지만 이 작은 곤충은 머리에서 꼬리까지의 길이가 0.2밀리미터에 불과하다. 아메바 같은 몇몇 단세포 생물의 겨우 절반에 불과한 크기다. 현존하는 가장 작은 딱정벌레 중 하나는 깃털처럼 생긴 아주 작은 날개를 지닌 종인데, 골리앗왕꽃무지의 발톱 끝에도 쉽게 균형을 잡고 앉아 있을 수 있을 것이다. 이 넓은 크기 범위에도 불구하고 동일한 체제를 쓸 수 있기에 곤충은 그 어떤 동물도 따라올 수 없는 융통성을 발휘한다.

나는 이곳저곳을 돌아다니며 인상적일 정도로 큰 곤충들을 보곤 했는데, 그중에는 내 손가락을 물어뜯으려고 한 녀석도 있었다. 몇 년 전 동아프리카로 야외 조사를 나갔을 때, 처음 보는 사람이라면 누구나 지구에서 가장 작은 곤충이라고 여길 법한 진정으로 작은 말벌을 채집했다. 야외에서는 그 길이를 정확히 측정할 수 없었음에도 나는 사실을 확인하기도 전에 한 기자에게 내 발견을 언급하는 초보자 같은 실수를 저질렀다. 옥스퍼드로 돌아오자 몇몇 지역지와 전국지의 기자들이 그 말벌을 보고 싶다고 전화를 해왔다. 나는 채집한 많은 표본 중에서 그 표본이 어디에 있는지를 찾아내는 데 시간이 좀 걸릴 것이라고 토로해야 했다. 한 전국지는 다음 날 실험복을 입고 안경을 쓴 머리가 좀 벗겨진 과학자가 텅 빈 플라스크를 든 채 당혹스러운 표정을 짓고 있는 시사만화와 함께 기사를 실기도 했다. 사진에 관한 설명은 이렇게 적혀 있었다. "제가 세계에서 가장 작은 곤충을 발견했습니다. 맙소사, 어디 갔지?"

길이가 1밀리미터도 안 되는 곤충도 멀쩡히 살아갈 수 있다는 것은 곤충의 기본 청사진이 얼마나 큰 성공을 거두었는지를 보여주는 환상적인 사례다. 내가 채집한 이 작은 말벌은 사바나에서 다음 사냥감을 찾기 위해 어슬렁거리는 모습을 종종 보이는 커다란 대모벌(*Cyphononyx dorsalis*)과 동일한 방식으로 작동하는 정확히 같은 기관들을 갖추고 있다. 대모벌은 이 작은 말벌보다 몸무게가 1,000배는 더 나가지만 동일한 부품들로 이루어져 있으며, 두 종 모두 세상을 움직이는 동일한 생태 기계의 일부다.

곤충이 언제나 지금처럼 작았던 것은 아니다. 석탄기 후기에 지금보다 훨씬 큰 다양한 절지동물들이 살았다는 증거는 화석으로 많이 남아 있다. 공포 영화 제작자들이 상상하는 괴물만큼의 크기는 아닐지라도 우리 눈에는 정말 거대해 보일 것이다. 몸길이가 2미터를 넘는 납작하고 거대한 노래기도 있었다. 길이가 6센티미터인 좀도 있었다. 이런 것들이 만약 욕실에서 돌아다니다 발견된다면 화들짝 놀랄 법하다. 하늘에서는 날개폭이 75센티미터에 달하는 거대한 원시적인 잠자리가 날아다녔고, 축축한 덤불 사이로는 커다란 바퀴 같은 동물이 쪼르르 돌아다녔다. 그런데 지금은 왜 그렇게 커다란 곤충이 살지 않는 것일까?

대기의 산소량이 설명을 뒷받침하는 한 가지 근거가 될 수 있다. 현재 대기에서 산소의 비율은 약 21퍼센트지만, 석탄기에는 엄청난 숲이 펼쳐져 있었던 덕분에 무려 35퍼센트에나 달했다. 곤충은 단순 확산simple diffusion을 토대로 한 기체 교환 체계를 지닌다. 몸에 줄줄이 숨구멍spiracle이 나 있으며, 이 숨구멍은 기관계라는 공기로 채워진 관들로 이루어진 미로 같은 체계와 연결되어 있다. 기관계의 관들은 점점 작아지면서 온몸으로 뻗어나간다. 나비 애벌레와 마주칠 기회가 있다면 한번 자세히 들여다보자. 몸 마디마다 양쪽 옆구리에 나 있는 검은 숨구멍이 보일 것이다. 기관계에서 가장 가느다란 가지들은 개별 세포와 긴밀하게 접촉하고 있으며, 바로 이 부위를 통해 세포에서 이산화탄소가 확산되어 나오고 산소가 확산되어 들어간다. 몸집이 크면 클수록 산소가 몸속 세포로까지 확산되어 들어가기는 어려워지지만, 대기 산소 농도만 높다면 곤충은 커질 수 있다.

또 한 가지 설명은 커다란 크기가 방어 전략으로서 진화했을 수도 있다는 것이다. 석탄기는 곤충의 세상이었다. 다른 곤충에게 먹히지 않으려면 잡아먹으려는 곤충보다 커지는 것이 한 가지 방법이었다. 그러려면 포식자도 더욱 커져야 했을 것이고, 이런 식으로 서로 몸집을 키우는 진화적 군비 경쟁이 벌어졌을 것이다. 그런데 이 과정이 계속 진행되다가 어느 시점에 이르면, 다른 요인들이 관여해서 문제를 일으키기 시작했을 것이다. 석탄기 말기에 가까워지자 파충류 같은 척추동물 포식자들이 많이 출현했고, 그들은 곤충이 최대로 커질 수 있는 것보다도 훨씬 크기를 키울 수 있었다. 즉, 몸집을 키우는 것이 도리어 좋은 방안이 되지 못하는 크기가 있는데, 척추동물은 그보다 더 커질 수 있었다는 뜻이다. 어쨌든 간에 기후가 계속 바뀌고 있었고, 무성한 숲 중 상당수는 사라지고 훨씬 건조한 경관으로 대체되었다.

인간은 아주 큰 동물이며, 우리는 직관적으로 그리고 쓰디쓴 경험을 통해 자신이 할 수 없는 것들이 있음을 안다. 우리는 장치의 도움 없이는 날 수 없으며, 높은 곳에서 뛰어내린다면 심각한 부상이나 죽음의 위험을 각오해야 한다. 따라서 곤충의 세계를 진정으로 이해하려면, 물리적 환경이 곤충에게 어떻게 영향을 미쳤는지를 상상해볼 필요가 있다. 지구에 산다면 우리는 중력에서 벗어날 수 없으며, 지구 중력은 떨어지는 물체를 초당 9.8미터의 속도로 가속한다. 중력은 상수지만 그 효과는 떨어지는 물체의 크기에 따라서 달라진다. 질량의 차이에 상관없이 모든 물체는 동일한 속도로 가속되지만, 큰 물체일수록 공기 저항도 강해진다. 물체는 저항

하는 힘인 항력을 받기 때문에 힘의 균형이 이루어지는 종단 속도까지만 가속되고 더 이상은 가속되지 않는다. 낙하하는 물체의 종단 속도는 앞쪽 표면적과 질량의 비에 비례하는 만큼 1킬로그램의 쇠공은 1킬로그램의 쇠판보다 종단 속도가 훨씬 크고, 지름 1센티미터의 돌은 지름 1센티미터의 스펀지보다 더욱 큰 종단 속도에 이를 것이다.

1926년 영국 과학자 J. B. S. 홀데인J. B. S. Haldane은 '올바른 크기에 관하여On Being the Right Size'라는 글에서 떨어지는 동물에게 크기가 어떤 효과를 미치는지를 요약했다. 그는 특유의 예리함을 드러냈다. "생쥐를 깊이 300미터의 수직 갱도에 떨어뜨릴 때, 바닥이 꽤 부드럽기만 하다면 생쥐는 바닥에 떨어져도 그저 조금 충격을 받을 뿐 멀쩡히 걸어서 사라진다. 반면에 쥐는 죽고, 사람은 뼈가 산산이 부서지고, 말은 핏덩이로 흩뿌려질 것이다." 모두 표면적 대 부피의 비와 관련이 있다. 쉽게 말해 크기가 클수록 바닥에 세게 부딪친다. 이 효과가 어떻게 작용하는지 알고 싶다면 높은 곳에서 완두콩과 멜론을 딱딱한 표면에 떨어뜨려서 어떤 일이 벌어지는지 보면 된다. 나도 강의를 하다가 실제로 시연해본 적이 있는데, 멜론을 옆쪽으로 뉘어 드는 대신에 꼭지를 쥐고서 떨어뜨린 바람에 바닥에 닿은 순간 강단 앞줄에 앉아 있던 이들에게 파편이 다 튀고 말았다. 반대로 완두콩은 멀쩡했다. 중력과 동물의 크기 사이의 관계는 왜 에뮤와 타조가 날 수 없고, 코끼리가 높이 뛸 수 없고, 곤충이 아무리 높은 곳에서 떨어져도 다치지 않는지를 설명한다.

이런 물리 법칙이 있음에도 불구하고 사람은 온갖 터무니없는 것들을 믿는다. 우리는 "벼룩의 몸길이가 15센티미터라면 성 바오로 대성당 같은 높은 건물도 뛰어넘을 수 있다" 같은 말들을 흔히 듣곤 한다. 그러나 크기의 확대는 그런 식으로 이루어지는 것이 아니다. 15센티미터 길이의 벼룩은 우리가 아는 벼룩보다 높이 뛰기는커녕 더 낮게 뛸 것이다. 커다란 벼룩은 훨씬 무거울 것이고, 표면적이 넓을수록 공기 저항에도 영향을 더 받을 것이며, 근력의 상당 부분은 그저 중력을 극복하는 데 쓰이게 될 것이다. 벼룩이 비교적 인상적인 높이로 뛸 수 있는 이유는 에너지를 충분히 모아두었다가 뛰어오르는 데 쓰기 때문이다. 벼룩은 이 저장한 에너지를 빠르게 방출함으로써 작은 체중을 1,000분의 1초 사이에 초속 1미터가 넘는 속도로 가속할 수 있다. 이런 메커니즘을 갖추었음에도 도약 거리는 10~20센티미터에 불과하다. 벼룩 발사 메커니즘의 인상적인 점은 이런 작은 곤충이 자기 몸길이의 약 45배까지 뛸 수 있는 반면, 더 커다란 동물은 멀리 뛸 수 있기는 해도 그 거리가 자기 몸길이의 겨우 몇 배에 불과하다는 것이다.

곤충 같은 작은 동물이 지닌 또 다른 장점은 커다란 동물보다 상대적으로 힘이 더 세다는 것이다. 곤충의 근육 단면적은 자신이 지탱하는 체중에 비해 큰 편이다. 나는 내 체중과 비슷한 무게의 짐을 (짧은 거리만큼) 운반할 수 있는 (아니 있었던) 반면, 개미는 자기 체중의 몇 배나 되는 짐을 운반할 수 있다.

작기 때문에 나오는 결과들에는 또 무엇이 있을까? 세계는 작은 동물에게는 훨씬 세밀한 환경이며 살아갈 곳도 더욱 많이 제공한다. 곤충은 더 큰 동물보다 점유할 수 있는 생태적 지위가 훨씬 많다. 미소서식지microhabitat가 곤충에게 중요한 이유는 더 있다. 작은 규모에서 보면 환경 조건은 아주 다양하며, 어떤 서식지든 간에 이용할 수 있는 다양한 환경 조건이 있을 것이다. 나무 근처나 돌 밑, 땅속 굴에서는 더 시원하고 습한 미소서식지를 찾을 수 있다. 가장 뜨거운 지역이라고 해도 조금만 이동하면 살아갈 만한 곳을 찾게 된다. 이처럼 곤충 같은 작은 동물은 환경에서 국지적으로 형성되는 열적 차이를 훨씬 잘 활용할 수 있다. 반면에 코끼리는 나뭇잎 앞면에서 뒷면으로 자리를 바꾸는 것만으로는 기온이 50도인 곳에서 훨씬 견딜 만한 30도인 곳으로 옮겨가는 것이 불가능하다.

경이로운 배선

곤충의 신경계는 몸속에서 일어나는 일뿐만 아니라 몸 바깥의 환경에 관한 정보도 제공한다. 곤충의 중추 신경계는 머릿속 등쪽에 놓인 뇌 그리고 뇌와 양쪽으로 연결되어 있으며 식도 바로 밑에 놓인 식도하신경절suboesphageal ganglion이라는 커다란 배쪽 신경 조직 덩어리로 이루어진다. 식도하신경절로부터 한 쌍의 신경삭nerve cord이 체강의 아래쪽으로 뻗어나가 가슴과 배에 줄줄이 늘어서 있는 신경절들과 이어져 있다.

뇌, 신경절, 신경삭, 주요 말초 신경은 신경 아교 세포glial cell라는 지지하는 역할을 하는 코르셋 같은 세포층으로 감싸여 있다. 절연재 역할을 하는 층인 신경 아교 세포는 신경 세포를 감싸서 절연시키고, 뇌, 신경절, 주된 신경 가지의 주변에서 치밀하게 연결되어 혈뇌 장벽blood-brain barrier이라는 층을 형성한다. 이 말은 신경계가 나머지 체액과 완전히 분리되어 있어서 언제나 효율적으로 제 기능을 할 수 있다는 뜻이다. 신경 세포는 전류를 생성함으로써 몸의 나머지 부위들과 정보를 주고받는데, 전류의 생성은 신경 세포의 나트륨, 칼륨을 비롯한 이온들의 농도가 정확히 제어됨으로써 이루어진다. 따라서 신경계에는 대중탕이 아닌 전용 욕조가 필요하다.

절연재 없는 현대 세계를 상상해보자. 회로에 합선이 일어나지 않도록 피복 없는 맨 전선을 거의 불가능할 정도로 조심스럽게 설치해야 할 것이다. 신경 아교 세포의 절연 특성이 없다면, 곤충의 신경계를 이루는 약 100만 개의 신경 세포들 사이를 오가야 할 전기 신호는 심각한 혼란에 빠질 것이다. 이런 혈뇌 장벽은 거미 등 다른 육상 절지동물들에게도 있지만 곤충의 것이 대단히 효율적이며, 그들이 최초로 그리고 성공적으로 육지에 자리를 잡을 수 있도록 기여한 중요한 요인이었다.

초감각

항공 정찰, 도청기, 카메라로 대량의 정보를 수집하는 정보기관의 중앙 컴퓨터처럼 곤충의 중추 신경계는 온몸의 수많은 감각 수용체로부터 정보를 받는다. 흙 속에 살거나 동굴에 적응해서 시력을 아예 잃은 종들을 제외하고 곤충 성체의 주된 시각 기관은 한 쌍의 겹눈이다. 겹눈은 낱눈이라는 빛 감지 단위 기관들이 모인 것으로 일부 개미는 겹눈이라고도 할 수 없는 낱눈 한두 개로 이루어진 눈을 갖고 있는 반면, 잠자리의 겹눈은 10,000개가 넘는 낱눈으로 이루어져 있다. 낱눈은 투명한 렌즈와 그 아래에 놓인 빛 감지 세포로 이루어져 있다. 낮에 날아다니는 곤충의 겹눈 전체에 맺히는 상은 각각의 낱눈에 맺히는 광도light intensity가 제각각인 광점들의 모자이크다. 낱눈이 많을수록 시야는 선명해질 것이다. 밤이나 어스름이 깔릴 때 날아다니는 곤충의 눈은 내부 구조가 좀 다르고, 선명하게 식별하는 대신 빛을 모으는 능력을 강화하는 쪽으로 진화했다. 색각은 모든 곤충목에서 출현했으며, 많은 곤충은 특정 방향으로만 진동하는 빛인 편광polarised light도 감지할 수 있다. 편광은 길을 찾고 시간을 파악하는 데 중요한 단서를 제공한다.

놀라운 공중 사냥꾼인 잠자리 같은 곤충에게는 눈이 정말로 중요하다. 그래서 그들의 눈은 아주 커졌으며, 얼굴 표면적의 대부분을 차지하기도 한다. 일부 하루살이 종은 수컷의 겹눈이 두 영역으로 나뉘는데, 아래쪽 영역은 평범한 겹눈처럼 보이는 반면 위쪽 영역은 모든 낱눈이 뭉툭한 버섯대 같은 줄기에 달려서 위쪽을 향하고 있다. 그래서 수컷은 떼를 지어 혼인 비행을 할 때 위쪽에 있는 암컷도 찾을 수 있다. 물맴이(*Gyrinus japonicus*)의 눈은 완전히 양분되어 있어서 윗부분은 수면 위를 보고 아랫부분은 수면 아래를 본다.

뛰어난 시력에 깊이 의존하는 또 다른 유형의 곤충은 말파리(*Gasterophilus intestinalis*)인데, 피를 빠는 이들에게는 좋은 시력이 성공의 열쇠다. 나는 말파리가 어떻게 말을 알아보는지에 관한 다큐멘터리를 찍을 때 이들의 섭식 전략을 처음으로 자세히 살펴보았다. 나는 말파리 한 마리를 채집병에 생포한 뒤, 매크로 카메라로 찍을 준비를 하고서 뚜껑을 열어 병 입구를 아래팔에 갖다댔다. 말파리는 즉시 칼날 같은 턱으로 내 피부를 째고서 열심히 피를 빨기 시작했다. 말파리의 눈에는 소와 말 같은 크고 짙은 색의 대상을 배경과 뚜렷이 대비시키는 편광 필터가 들어 있다. 그래서 색깔이 옅은 말은 눈에 잘 띄지 않아 쉽게 알아보지 못한다. 덕분에 덜 물릴지도 모르나 대신 햇볕에 타서 화상을 입기 쉽다. 얼룩말에 왜 얼룩무늬가 있는지에도 비슷한 설명이 나와 있다. 피를 빠는 파리가 줄무늬에는 앉으려 하지 않기 때문이다. 그러나 줄무늬가 정확히 왜 파리의 시각 체계를 교란하는지는 아직 알려진 게 없다.

곤충은 우리가 볼 수 없는 것을 볼 수 있고, 그 반대도 마찬가지다. 대체로 곤충은 색깔 스펙트럼에서 빨간색 쪽보다 파란색 쪽을 더 잘 보며, 일부 집단은 자외선까지도 볼 수 있다. 벌을 비롯한 일부 곤충들이 자외선을 본다는 사실은 잘 알려져 있으며, 꽃가루 매개자와 공진화coevolution해온 꽃들에는 꿀샘 유도선nectar guide이라는 독특한 무늬가 나 있곤 한다. 이런 무늬는 자외선으로 비출 때만 우리 눈에 보여서 야행성 곤충을 연구하는 생물학자는 곤충이 스펙트럼의 빨간색 쪽 끝을 볼 수 없다는 사실을 이용해서 곤충의 정상적인 행동 패턴을 방해하지 않는 적색광을 써서 그들을 관찰을 한다. 또 쇠똥구리는 달을 이용해서 방향을 찾는다는 것이 드러났고, 별들의 배치로부터 방향 단서를 얻을 가능성도 있다. 그러니 천체를 바라보는 존재는 우리만이 아닌 듯하다.

곤충은 세상을 우리와 다르게 볼 뿐만 아니라 소리를 듣는 방식도 다르다. 큐티클의 표면은 진동에 반응하는 다양한 종류의 털로 뒤덮여 있으며, 바람이 가장 부드럽게 스쳐 가는 것까지 느낄 수 있다. 곤충은 몸의 다양한 부위에 고막 기관tympanal organ이라는 특수한 청각 기관을 갖추고 있으며, 종에 따라서 100헤르츠(사람이 들을 수 있는 가장 낮은 주파수)보다 낮은 소리부터 240킬로헤르츠(박쥐가 들을 수 있는 것보다 더 높은 주파수)보다 높은 소리까지 들을 수 있다. 큐티클에는 겉뼈대에 가해지는 압력을 감지하는 변형 감지기도 있으며, 근육과 소화계가 늘어나는 것을 감지하는 체내 수용기도 있다. 또 구기, 더듬이, 발, 외부 생식기를 비롯한 여러 부위에 화학물질을 감지하는 화학 수용기도 있다. 송나라의 재판관이자 의사, 과학자인 송자宋慈가 1247년에 쓴 책에는 법의곤충학을 적용하여 살인 사건을 해결한 최초의 사례 기록이라고 볼 수 있는 이야기가 실려 있다. 한 마을 주민이 벼를 수확할 때 쓰는 낫에 찔려 죽었는데, 동네 사람들은 모두 자신이 한 일이 아니라고 발뺌했다. 형리는 모든 주민에게 쓰던 낫을 가져오도록 하고는 공터에 죽 늘어놓았다. 머지않아 쉬파리flesh fly들이 날아와 낫 하나에 모여들기 시작했다. 살인자는 낫을 닦았겠지만 파리를 끌어들일 만큼의 피가 약간 남아 있었던 것이다. 그렇게 사건은 해결되었다. 파리의 감각이 얼마나 예민한지 직접 보고 싶다면 생선 껍질 조각을 해가 드는 곳에 놓아두기만 하면 된다. 곧 몰려들 것이다.

또 곤충은 주로 더듬이에 들어 있는 감각 기관을 통해서 공중에 떠도는 화학 물질의 '냄새'도 맡을 수 있다. 많은 나방 수컷은 더듬이가 깃털 같은 모양인데 암컷이 뿜어내는 성적 냄새 물질(페로몬)을 감지하는 수용체가 잔뜩 들어 있다. 이 수용체는 페로몬 분자가 몇 개만 있어도 감지할 만큼 아주 예민하다. 페로몬 분자를 감지한 수컷은 흘러오는 방향으로 거슬러 올라가서 짝 후보를 찾아낸다.

많은 곤충은 온도와 습도 감지기도 지니며, 자기장을 감지할 수 있는 종도 있다. 몇몇 비단벌레는 적외선을 볼 수도 있다. 이들은 적외선으로 막 불에 탄 나무를 찾아서는 그곳에 알을 낳는다. 이처럼 곤충의 재주 많은 몸은 정확히 자신에게 필요한 것을 찾아내고 위험을 피할 수 있는 능력에 사용하고도 남을 정도로 많은 것을 갖추고 있다.

경이로운 날개

곤충이 세계를 정복할 수 있도록 해준 비행 능력은 가볍고 단단한 큐티클이 없었다면 아예 불가능했을 것이다. 처음 뭍으로 올라온 절지동물이 정확히 어떤 종류인지를 놓고 논란이 있을 수는 있지만 처음으로 하늘을 난 동물이 곤충이었다는 점에는 의문의 여지가 없다. 곤충의 날개는 약 3억 년 전 석탄기에 출현했지만, 어떻게 진화했는지를 놓고는 몇 가지 추측이 있다. 곤충은 이미 존재하는 팔다리에서 날개가 진화한 새나 박쥐 등 다른 비행 동물들과 비교했을 때 뚜렷한 차이가 있다. 곤충의 날개는 가슴에서 완전히 새로운 구조가 자라나서 생긴 것일까? 아니면 앞서 존재하던 다른 어떤 구조가 변형된 것일까? 갑각류와 곤충의 공통 조상은 다리의 밑마디가 원래 두 개 더 있었다고 여겨진다. 형태학과 유전학 연구를 토대로 연구자들은 대체로 이 고대의 납작한 마디가 몸마디 양옆으로 융합되었을 것이라고 본다. 그리고 시간이 흐르면서 현재의 날개가 달린 위치로 옮겨졌다. 진화는 완전히 새로운 무언가를 사용할 준비가 된 형태로 만들어내는 것이 아니라 기존의 것을 조금씩 개조해서 용도를 바꾸는 방식을 쓴다.

비행 능력 덕분에 곤충은 퍼지고, 새로운 서식지에 정착하고, 적으로부터 달아날 수 있었다. 작은 몸집과 결합된 비행 능력을 이용해서 쉽게 돌아다닐 수 있게 되었다. 진딧물은 바람에 휩쓸려 하늘 높이 뛰어올랐다가 수백 또는 수천 킬로미터를 떠갈 수도 있게 되었다. 공격에 대처하기 위해 공중으로 활공하는 것으로 시작되었을 단순한 행동이 허공에 점점 더 오래 체류하는 쪽으로 나아가기는 어렵지 않았을 것이며, 위험을 피해서 더 오래 더 멀리 공중에 떠 있는 것이 대단한 선택 이점selective advantage을 제공한다는 점은 명백하다.

작은 동물은 비교적 날기 쉽다. 몸집이 클수록 날아오르는 데 필요한 힘을 충분히 내기가 더욱 힘들기 때문이다. 그러나 너무 작아도 몇 가지 어려운 문제에 처할 수 있는데, 날개를 훨씬 빠르게 쳐야 한다는 것도 그중 하나다. 잠자리 같은 곤충은 일련의 신경 신호를 비행 근육에 보내어 날개를 젓는다. 한 근육 집합은 날개를 위로 올리고, 다른 근육 집합은 날개를 아래로 내리는 방식이다. 그러나 신경 신호가 전달될 수 있는 속도에는 한계가 있다. 긴 날개를 지닌 커다란 곤충은 비행 근육을 날개 밑동에 직접 붙일 수 있고, 그러면 신경 신호의 속도로도 날개를 충분히 빨리 칠 수 있다. 말파리 같은 곤충은 날개가 더 작기에 신경 세포가 발화할 수 있는 속도보다 훨씬 더 빠른 속도로 날개를 쳐야 한다. 그래서 이들은 비행 근육이 날개 밑동에 직접 연결되어 있는 대신 탄성이 매우 좋은 상자처럼 생긴 가슴을 통해 신경과 간접적으로 연결되어 있다. 가슴을 위아래로 당겨서 조이면 가슴에 붙어 있는 날개가 위로 올라가고, 앞뒤로 당겨서 조이면 날개가 내려간다. 한편 날개를 칠 때마다 매번 굳이 근육 신경을 발화시킬 필요가 없는 더 산뜻한 비법을 획득한 종도 있다. 근육이 늘어나면 그에 반응해서 빠르게 수축이 일어나는 방식이다. 따라서 매번 근육을 수축시키기 위해 신경 신호를 보낼 필요가 없다. 대신 한쪽에 놓인 근육이 수축할 때 반대쪽에 놓인 근육은 간접적으로 늘어나며, 그 결과 양쪽에서 수축이 번갈아 일어남으로써 가슴이 빠르게 주기적으로 조여졌다 부풀고 가슴에 붙어 있는 날개는 자동적으로 위아래로 빠르게 움직인다. 우아한 진화 공학이 빚어낸 놀라운 메커니즘이다.

어떤 물리학자가 항공역학 법칙에 따르면 뒤영벌은 날 수 없어야 한다고 쓴 떠도는 괴담을 들어보았을지도 모르겠다. 물론 뒤영벌은 아주 잘 날아다닌다. 그렇다면 어떻게 된 일일까? 항공기와 헬기에 잘 들어맞는 항공역학 법칙은 곤충이 어떻게 떠 있는지를 기술할 때는 들어맞지 않는다는 것이 밝혀졌다. 문제는 곤충이 나는 정확한 메커니즘을 찾아내는 데 달려 있었다. 벌이 날갯짓을 할 때면 날개의 윗면을 따라 소용돌이들이 생겨난다. 이 소용돌이는 아주 작은 태풍에 비유되어 왔으며, 누구나 알다시피 태풍의 중심은 기압이 낮다. 따라서 날개 윗면에 생기는 이 소용돌이는 벌에게 필요한 양력을 생성한다.

고속 촬영과 컴퓨터 분석을 통해서 연구자들은 깨알벌레, 총채벌레, 아주 작은 총채벌 같은 가장 작은 비행 곤충들이 전혀 새로운 방식으로 떠 있다는 것을 밝혀냈다. 아주 작은 곤충들은 주변의 공기를 비교적 더 끈적거린다고 느꼈겠지만 그래도 효율적으로 날아야 했다. 그 결과 가장 작은 곤충은 가느다란 막대에 가느다란 털들이 술처럼 붙어 있는 듯한 날개를 갖게 되었고, 더 큰 곤충에게서는 볼 수 없는 방식으로 난다. 덕분에 몸이 세 배 더 큰 곤충에 못지 않은 속도로 날아다니는 게 가능하다.

꽃등에가 이리 휙 저리 휙 나는 모습을 지켜볼 때면, 즉 어느 쪽으로든 방향을 쉽게 바꿀 수 있고 시시때때로 바뀌는 바람 조건에 상관없이 공중에 떠 있을 수 있는 능력을 볼 때면, 경이로운 수준의 비행의 대가임을 알아차리게 된다. 우리는 곤충이 어떻게 비행을 제어하는지를 여전히 잘 모르지만 탐색과 정찰 임무용 소형 항공기를 만들 가장 좋은 방법을 찾아내기 위해 곤충을 대상으로 많은 연구가 이루어지고 있는 것은 당연하다. 미래에는 이런 개발의 토대가 된 동물보다 이롭지 않은 것들이 머리 위에서 윙윙거리며 날고 있을지도 모르겠다.

놀라운 번식 속도

곤충이 아주 잘하는 일 중 하나는 번식이다. 이를 한살이가 비교적 짧다는 점과 결부시키면 곤충이 느리게 번식하는 종보다 훨씬 빨리 진화할 수 있다는 의미가 된다.

곤충이 계속해서 번식할 수 있다면 어떻게 될까? 곤충학자는 경이로운 사실을 꺼내놓고 사람들의 입을 쩍 벌어지게 만드는 일을 좋아한다. 집파리 한 쌍의 후손들이 번식을 계속한다면 1년 사이에 개체수가 지구 표면을 14미터 높이로 뒤덮을 수 있을 만큼 불어난다는 계산 결과가 그 예다. 실험실에서 흔히 쓰이는 초파리는 더욱 오싹한 추정값을 들려준다. 널리 떠도는 이야기 중에 하나를 골라 이야기하자면 이렇다. 초파리 한 쌍이 1년 동안 번식하고 그 후손들이 살아남아서 마찬가지로 최대 속도로 번식을 이어간다면, 초파리의 수는 1×10^{41}배로 늘어난다는 것이다. 말이 나온 김에 덧붙이자면, 이만큼의 초파리를 공으로 뭉치면 지구와 태양 사이에 딱 맞게 끼워질 것이다.

얼마나 꽉 뭉치느냐에 따라 달라지겠지만, 초파리가 이렇게 마구 불어나도록 놔두고 싶지 않다고 생각하면서도 나는 대강 계산을 해보기로 결심했다. 나는 몇 년 동안 콩바구미 두 종과 그 기생충을 살펴보는 연구 과제에 손을 보탠 적이 있다. 이 작은 딱정벌레목(Coleoptera)은 동부콩의 바깥에 알을 낳는다. 부화한 애벌레는 구멍을 뚫고 콩 안으로 들어가서, 콩을 먹으며 자라다가 성체가 되어 밖으로 나온다. 나는 콩바구미 한 쌍이 약 3주마다 알을 80개가량 낳을 수 있다고 추정했다. 이론상 2세대에는 콩바구미가 3,200마리로 늘어날 것이고, 먹이가 충분하다고 가정한다면 3세대에는 12만 8,000마리가 될 것이다. 겨우 432일이면 18세대에 이를 텐데 그 수는 1.4×10^{29}마리로 늘어날 것이다. 지구의 부피에 맞먹는 양이다.

여기에서 여러분은 이렇게 물을 것이다. 그렇다면 세상이 왜 곤충으로 뒤덮이지 않는 것일까요? 곤충의 폭발적인 증가는 조건이 딱 맞을 때 일어날 수 있지만, 일반적으로 곤충의 수는 안 좋은 날씨, 질병, 포식, 먹이 부족 같은 다양한 요인들에 좌우된다. 그래도 많은 곤충이 경이로운 번식 잠재력을 지닌다는 데는 의문의 여지가 없으며, 그들은 기회만 생긴다면 증식할 것이다.

우리가 사는 세계와 곤충이 사는 세계를 비교해보면 전혀 다르다는 것을 알게 된다. 곤충이 어떻게 살아가는지를 이해하고 싶다면 곤충의 규모에서 생각할 필요가 있다. 다음 장에서는 곤충 한 마리를 둘러싼 작은 규모에서 생태계라는 훨씬 큰 규모로 나아갈 것이다. 곤충은 세계의 생태계에서 대단히 중요한 존재임과 동시에 생태계의 토대다. 나는 여기에서 더 나아가 이 세상을 움직이는 것이 사실은 곤충이라고까지 말하고 싶다.

제3장

피라미드를 짓는 법

살아 있는 실험실

옥스퍼드가 내려다보이는 두 언덕에 자리한 위덤 숲Wytham Woods은 내게 특별한 곳이다. 나는 긴 세월 동안 옥스퍼드대학교 자연사박물관과 그 숲 사이를 수없이 오가곤 했다. 위덤 마을 뒤쪽으로 난 좁은 사유지 도로를 따라 올라가면 공용 주차장이 나온다. 잠긴 문을 따고 들어가면 바로 위덤 숲이다. 위덤 숲은 면적이 424만 제곱미터로 오래된 숲과 더 최근에 생긴 숲뿐만 아니라 풀밭, 덤불 지대도 포함하고 있다. 다 그렇지 않냐고 생각할지도 모르겠지만, 위덤 숲이 특별한 이유는 이곳이 지구의 그 어떤 지역보다도 많은 생물학자가 관찰하고 기록하고 측정하고 실험한 곳이기 때문이다. 모든 의미에서 살아 있는 실험실인 이 숲에서 어떤 연구 과제도 이루어진 적이 없는 곳은 단 1제곱센티미터도 없을 것이라고 마음속으로 상상하곤 한다. 20세기 후반기에 생태학이라는 건축물의 상당 부분은 위덤 숲에서 이루어진 선구적 연구를 통해 구축되었다. 위덤 마을의 묘지에 묻힌 이들도 한두 명 있는데, 나는 삶을 마감하기에 괜찮은 곳이라고 본다.

수십 년 동안 집중적으로 연구가 이루어졌으니 위덤 숲에 사는 모든 종을 하나하나 잘 알겠구나 싶겠지만 그 생각은 틀렸다. 한 번은 학부생 야외 실습 과목을 가르치던 중에 두 학생에게 썩어가는 자작나무의 한 부위를 해부해서 어떤 생물들이 사는지 알아오라는 과제를 낸 적이 있었다. 그들은 오후 내내 꼼꼼히 조사한 뒤에 나를 불러 찾아낸 것들을 보여주었다. 쥐며느리와 노래기가 많았고, 민달팽이도 일부 있었고, 곤충의 애벌레도 많이 살고 있었다. 그들이 가방을 챙겨서 옥스퍼드로 돌아갈 버스를 타려고 준비할 때, 나는 그들이 더 찾아낸 것이 있는지 다시 한번 살펴보았다. 이번에는 그들이 잡은 것들이 담긴 알코올 접시를 현미경으로 들여다보았다. 그런데 놀랍게도 내가 모르는 옅은 색깔의 날개 없는 혹파리gall midge 하나가 눈에 들어왔다. 박물관에 돌아온 나는 그 표본을 잘 포장해서 영국 최고의 혹파리 전문가에게 보냈다. 몇 주 뒤에 답이 돌아왔다. 학생들이 발견한 것은 브리오니아속(*Bryomyia*)의 아직 기재되지 않은 혹파리 수컷이었다. 나는 정말로 놀랐다. 지금껏 이 작은 파리를 본 사람이 아무도 없었다니! 영국은 물론이고 과학계 전체에 나타난 새로운 종이었다. 그토록 오랜 세월 동안 어떻게 보고되지 않았을까? 더군다나 온갖 연구가 이루어진 위덤 숲에서 말이다.

나는 우연히 발견했지만 두번 다시 보지 못한 이 작은 파리가 계속 생각났다. 희귀한 이유는 무엇일까? 유럽의 다른 어느 지역에서도 살았겠지만, 영국은 살기 적합한 서식지 범위의 가장 끝자락이었던 것일까? 어느 종의 먹이일까? 세균이나 곰팡이 병 때문에 이렇게 희귀해진 것일까? 모두 생태학의 핵심에 놓여 있는 의문들로, 이렇듯 생태학은 종의 분포와 풍부도를 조절하는 요인들을 이해하려고 애쓴다. 이번 장에서 그것들을 살펴보기로 하자.

곤충의 생태

영어의 '에코eco'라는 접두사, 즉 '생태'라는 말은 생태 친화적eco-friendly, 생태 관광ecotourism, 생태 전사eco-warrior처럼 오늘날 흔히 접할 수 있는데, '생태학적ecological'이란 단어를 줄인 말이다. 영어 단어 생태학ecology은 '집'을 뜻하는 고대 그리스어 오이코스oikos에서 유래했으며, 1866년 독일 과학자 에른스트 헤켈Ernst Haeckel이 처음 사용했다. 생물들 그리고 생물들이 다른 생물들이나 물리적 환경과 맺는 관계를 연구하는 학문이란 뜻이다. 그러나 '생태학적'이라는 단어는 최근 들어서 환경과 관련이 있거나 다른 제품들보다 환경에 해를 덜 끼치는 제품을 가리키는 의미로 쓰여왔다. 의미가 점점 모호해진 셈이다.

특정한 지역에 어떤 종이 사는지 잘 안다고 해서 생태학자라고 말할 수는 없다. 그 명칭을 얻으려면 훨씬 더 많은 것을 알아야 한다. 각 종이 어떻게 살아가고 어떻게 죽으며, 무엇을 필요로 하고 필요로 하지 않는지도 알아야 한다. 한마디로 자연 세계의 각 요소들이 어떻게 움직이는지를 정확히 밝혀낼 줄 알아야 한다. 그리고 곤충을 살피는 일에 많은 시간을 쏟아야 한다.

곤충이 생태계에 미치는 영향은 이루 말할 수 없을 만큼 엄청나다. 그 이유는 곤충이 세계의 먹이라서 먹이 사슬 자체가 곤충에 의존하기 때문이다. 우리는 꽃가루를 옮기는 곤충, 특히 벌에게 의존하고 있으며, 이는 우리가 먹는 식품의 약 3분의 1에 해당한다. 파리와 딱정벌레는 사체를 먹어 치워서 재순환시키는 동물들이며, 매일 지표면에 쌓이는 엄청난 양의 배설물도 처리한다. 아프리카 야생동물을 이야기하다가 '초식동물'이라는 단어를 접하면 아마 으레 곧바로 누wildebeest, 코끼리, 얼룩말이 떠오를 것이다. 그런데 코를 킁킁거리면서 돌아다니는 이 거대한 발굽동물들이 '뜯어 먹는' 식물의 양이 수십억 마리의 곤충들이 작은 턱으로 뜯어 먹는 양의 10분의 1밖에 안 된다고 말하면 아마 놀랄 것이다.

육식동물은 어떨까? 아마 사자를 떠올릴지도 모르겠다. 그러나 여기에서도 곤충은 모든 육식성 척추동물을 더한 것보다 훨씬 더 많은 동물 살을 먹어 치운다. 개미만 해도 건조한 초원이든 푹푹 찌는 정글이든 우리 뒤뜰이든 모든 서식지를 돌아다니는 주된 육식 종이다. 자연 세계는 다리가 여섯 개인 작은 종들이 지배하고 조절한다. 생태계 전체가 원활히 돌아가는 데 필요한 근본적인 과정들을 수행하는 것이 바로 이들이다. 곤충이 없었다면 아이아이aye-aye, 천산갑, 큰개미핥기, 가시두더지 등 세계에서 가장 기이한 포유동물들은 결코 진화하지 못했을 것이고 인류 역시 마찬가지였을 것이다.

수가 엄청나게 많을 뿐만 아니라 식물, 균류, 다른 동물과 드넓게 상호작용을 하는 곤충은 자연 세계의 작동 메커니즘에서 큰 부분을 차지한다. 한 생태계에 속한 종들의 군집은 일종의 피라미드를 이룬다고 볼 수 있다. 식물은 이 피라미드의 넓은 바닥층을 이루고, 그 위에 좀 더 폭이 좁은 초식동물로 이루어진 층이 있다. 또 그 위에는 육식동물이 이루는 더 작은 층이 있다. 초식동물이 자신의 먹이인 식물보다 많을 수는 없으며, 육식동물도 자신의 먹이인 초식동물보다 많을 수는 없다. 튼튼한 생태 피라미드는 바닥부터 쌓여 올라간다. 이 내용은 대학에서 생태학 입문 강의를 들을 때만 중요한 것이 아니다. 우리 인류가 지구 생태계의 중요한 일부라는 사실과 이 피라미드에 어떤 영향을 미쳐왔는지를 이해하는 과정이야말로 우리가 계속 생존해나가는 데 도움을 줄 수 있기 때문이다.

구성 요소들의 이름

그러나 생태계를 살펴보려면 먼저 자신이 누구이며 무엇을 대하고 있는지부터 알아야 한다. 수학자는 수학이 기초 과학이라고 말하곤 한다. 그러나 내 생각은 좀 다르다. 무언가를 세려면 먼저 자신이 무엇을 세는지부터 알아야 한다. 사과와 배의 차이 또는 양과 염소의 차이를 알 수 있어야 한다. 나는 '가장 오래된 전문 분야' 같은 것이 있다면 틀림없이 분류학이라고 말하곤 한다. 바로 생물을 기재하고 동정同定하고 분류하는 분야다. 분류학이 좀 무미건조하고 케케묵은 과목이라고 생각할지도 모르겠지만, 분류학은 모든 과학 탐구의 주춧돌이자 우리가 무언가를 찾고자 할 때 가장 첫 번째로 하는 질문과도 일맥상통한다. “이게 뭐지?” 자신이 발견한 것을 남이 발견한 것과 비교할 수 있으려면 자신이 살펴보고 있는 대상이 어떤 종인지를 아는 것이 매우 중요하기 때문이다.

생물량과 에너지

일단 자신이 세고자 하는 것이 무엇인지를 알았다면 이제는 세는 일을 시작할 필요가 있다. 생태계가 어떻게 돌아가는지를 이해하려면 측정을 해야 한다. 생물 각각의 수를 셀 수도 있지만 훨씬 유용한 것은 생물량biomass, 즉 식물이나 곤충, 새 같은 생체 물질의 총량이다. 피라미드의 바닥층에는 분명 많은 식물의 생물량이 필요하다. 식물이 광합성을 통해 가두어서 먹이로 전환한 에너지는 많은 육상 먹이 사슬의 출발점이기 때문이다. 피라미드의 다음 층에 있는 초식동물의 생물량은 그보다 적으며, 그 아래층에 있는 식물 중 일부를 먹이로 삼는다. 그 위에 놓인 층들은 모두 육식동물로 이루어지며, 각 층은 아래층에 있는 동물들을 먹이로 삼는다. 피라미드의 꼭대기에는 최상위 포식자라는 딱 맞는 이름이 붙은 동물들이 있고, 이들의 생물량은 상대적으로 적다. 바로 먹이 사슬의 정점에 있는 종들이다. 직관적으로 볼 때 치타가 너무 많으면서 가젤이 너무 적은 것도, 먹을 풀보다 가젤이 너무 많아지는 것도 불가능하다. 일어날 수 없는 일이다.

우리는 피라미드의 각 층을 단계라고 부른다. 식물은 1단계, 초식동물은 2단계, 육식동물은 3단계 이상을 차지한다. 전체적으로 이용할 수 있는 에너지의 양은 한정되어 있으며, 단계가 올라갈수록 이용 가능한 에너지의 양은 점점 줄어든다. 식물은 기껏해야 태양 에너지의 2퍼센트만을 수확해서 먹이로 전환한다. 초식동물이 이 저장된 에너지를 먹으면, 그중 겨우 약 10퍼센트만이 초식동물의 생물량을 만드는 데 쓰인다. 나머지는 초식동물의 대사를 추진하는 데 쓰이며 일부는 열로 사라진다. 다음 단계에서도 같은 일이 벌어진다. 즉, 에너지의 겨우 10퍼센트만이 먹이 사슬의 다음 단계로 전달된다. 이렇게 단계를 거칠수록 가용 에너지가 줄어드는 것이 생태계가 겨우 4~5단계로 이루어지는 이유 중 하나다.

곤충은 두 번째와 세 번째 단계의 상당 부분을 채운다. 앞서 말했듯이 곤충은 식물의 주된 소비자이자 지구에서 가장 번식력이 뛰어난 육식동물이다. 그리고 피라미드의 상위 단계에 있는 많은 동물은 곤충을 게걸스럽게 먹어 치운다. 영국 박쥐 중에서 가장 작은 종조차 하룻밤에 곤충 수천 마리를 먹을 수 있다. 박새는 연구자들이 위덤 숲에서 집중 조사한 종인데, 한 둥지에서 자라는 박새 새끼들은 둥지를 떠날 때까지 엄청난 양의 곤충을 먹는 것으로 알려져 있다. 나는 영국의 박쥐들이 한 해에 수십억 마리의 곤충을 먹는다고 장담한다. 곤충이 없다면 복잡한 생태계가 과연 어떻게 진화할 수 있었을지 상상하기도 어렵다.

우리 발밑에서

아마 누구나 한 번쯤 배양 접시에서 자라는 세균 덩어리를 본 적이 있을 것이다. 바닷말인 홍조류에서 추출한 우무라는 젤리 같은 물질에 배양한다. 아주 까다로워서 우무에 특정한 영양소를 섞어야만 자랄 수 있는 세균도 있다. 그렇다면 생명의 피라미드를 지탱하는 것은 과연 무엇일까? 물론 물과 공기도 대단히 중요하지만 지의류와 이끼로 뒤덮인 오래된 나무들로 이루어진 낙엽수림, 난초와 덩굴로 뒤덮인 축축한 열대림, 동물들이 떼 지어 몰려다니면서 풀을 뜯는 사바나는 이 한 가지가 없었다면 존재할 수 없었을 것이다. 배양 접시의 세균처럼 지구 생명의 다양성 중 상당 부분을 지탱하는 녹색식물도 생장 배지growth medium가 필요하다. 바로 흙, 즉 토양이다. 토양은 아주 풍부한 듯 보이지만 그렇지 않다. 지각의 평균 두께는 15~20킬로미터지만 부피로 따지면 지구 부피의 1퍼센트에도 미치지 못한다. 지각은 축구공을 감싼 얇은 포장 비닐에 비유할 수 있다. 그리고 육지의 곳곳을 덮고 있는 토양은 그 비닐 위에 묽은 수채화 물감을 한 번 쓱 문지른 것에 불과하다.

다음에 숲이나 정원, 밭에 가볼 일이 있다면 몸을 구부려서 흙을 조금 집어 들어 자세히 살펴보자. 냄새도 맡아보자. 더러울 것 같다고? 결코 그렇지 않다. 흙은 우리의 존속에 대단히 중요하며, 흙이 없다면 대다수 종의 존속은 불확실해질 것이다. 흙은 식물을 지탱하게 하고 식물에 필요한 물질을 공급하며 민물의 흐름과 질을 조절한다. 종의 번성에도 중요하고 탄소의 핵심 저장소 역할도 한다. 그런데 우리는 흙을 실제로 얼마나 잘 알고 있을까? "우리 중에 발밑의 흙을 천체의 운동보다 더 잘 알고 있다"라고 말할 수 있는 사람이 과연 있을까? 혹시 데이비드 애튼버러 경이라면? 레이철 카슨Rachel Carson, 프랭클린 루스벨트Franklin Roosevelt나 알도 레오폴드Aldo Leopold는 가능할까? 이들은 모두 흙에 관한 지혜가 담긴 말을 한 것으로 유명하지만 16세기 레오나르도 다빈치도 마찬가지였다. 그리고 이들이 한 말은 당시나 지금이나 모두 옳다. 흙은 우리가 결코 만들어낼 수 없는 매우 중요한 천연자원이지만 모두 관심을 기울이지 않고 있다.

흙의 형성은 산맥이 바람과 비에 무자비하게 깎여나가면서 시작되는데 복잡한 물리적, 화학적 과정들과 서서히 이루어지는 유기물의 축적을 통해 진행된다. 가장 위층인 겉흙(표토)은 대개 두께가 3~25센티미터로 유기물과 미생물의 농도가 가장 높고 생명 활동의 대부분이 이루어지는 곳이다. 깊이 2.5센티미터의 겉흙이 만들어지려면 500~1,000년이 걸리곤 하는데 농경이 출현한 이래로 겉흙은 꾸준히 침식되고 나빠져 왔다. 정기적으로 갈아 엎어지고 자연력에 노출되면서 흙은 쉽게 쓸려나가 물에 실려 바다로 나아가는 편도 여행을 시작한다. 이 여행은 해저 깊숙이 가라앉으면서 끝이 난다.

건강한 토양은 생물 다양성의 숨겨진 세계다. 찻숟가락 하나 분량의 흙에는 10억 마리 이상의 세균, 200미터가 넘는 균사, 다양한 동물 집단에 속한 수백 마리의 작은 생물들이 들어 있을 수 있다. 그러나 우리 발밑에 있는 생물 중에는 어둠 속에서 평생을 보낼 운명이 아닌 종류도 많다. 육상 생태계에 있는 생물의 40퍼센트 이상은 한살이의 어느 시기에, 대개 유생幼生 단계에서 흙 속 생활을 한다. 우리가 땅 위에서 보는 화려한 색깔의 꽃등에, 다리가 긴 각다귀, 쪼르르 달려가는 딱정벌레는 한때 흙 속에 사는 주민이었다.

폭우가 내릴 때 우리는 땅 위로 불그스름한 흙탕물이 흐르는 광경을 보곤 한다. 이 물은 모두 물길을 통해서 바다로 향하고, 그중 상당수는 재순환되어 어딘가에 다시 비로 내린다. 그러나 그 물에는 대순환이 되지 않는 귀한 자원인 흙도 휩쓸려 간다. 흙이 사라지는 속도는 쉽게 측정할 수 있다. 그저 그렇게 흘러가는 물을 모아서 증발시키기만 하면 된다. 그러면 땅의 표면에서 씻겨나간 흙이 남는다. 전 세계에서는 해마다 250~360억 톤의 흙이 사라지고 있다. 토양 침식은 궁극적으로 사막화를 가져오는데, 현재 모든 대륙에서 그 일이 일어나고 있다. 전 세계의 자원을 인류의 살과 피로 전환하는 사업인 산업 규모의 농업이 이 침식의 주된 원인이다. 해마다 80억 명이 넘는 인구를 먹여 살려야 하는데, 그 과정에서 흙이 수십억 톤씩 사라지고 있다. 집약 농법은 토양의 양분 상실과 비료 의존성 증가로 이어진다. 또 관개는 필연적으로 염분 축적으로 이어진다. 예전에는 비옥했지만 이런 식으로 심각하게 망가진 땅이 지금은 수백만 헥타르에 달한다. 머지않아 세계 농경지의 절반 이상이 척박해질 수 있다. 그때가 오면 우리는 어떻게 행동해야 할까?

우리의 생태 피라미드는 흙 위에 놓여 있기 때문에 경악할 정도로 변화가 일어날 수 있었다. 흙에서 전혀 새로운 종류의 식물이 출현하곤 했고, 이런 새로운 식물은 생물학적 혁신을 일으키곤 했다. 모두 지구 생명의 진화 방향을 비튼 변화들이었다.

형형색색의 세계

제1장에서 말한 운동장 연대표에서 마지막 한 걸음 반을 남겨둔 시점인 약 1억 년 전, 꽃식물이 출현하면서 온통 갈색과 녹색뿐이었던 세상에 색깔을 불어넣었다. 꽃식물은 기존의 침엽수와 석송보다 훨씬 효율적이었다. 태양의 에너지를 더 잘 포획했고, 이산화탄소를 더 많이 흡수하고 산소를 더 많이 뿜어냈다. 가장 중요한 점은 번식도 훨씬 효율적이었다는 것이다. 이들은 바람에 의지해서 꽃가루를 옮기는 낭비가 많고 우연에 기대는 풍매 방식 대신에 곤충의 서비스를 받음으로써 번성할 수 있었다. 이들은 곤충의 비행에 쓰일 에너지가 풍부한 연료인 꽃꿀을 제공하고 색깔과 냄새로 곤충을 꾀어들임으로써 유망한 협력자를 확보했다. 꽃식물과 꽃가루를 옮기는 곤충 사이의 협력은 현재 지구 전체에 가장 널리 퍼져

있으면서도 제일 중요한 공생 사례로, 그 결과 꽃식물은 현재 모든 식물종의 90퍼센트를 차지하며 모든 곤충의 4분의 3 이상이 꽃식물에 의존한다. 이 상호작용이 없었다면 생태학은 훨씬 단순해졌을 것이다.

많은 곤충이 꽃가루 매개자 역할을 할 수 있지만, 주된 식량 자원을 먹이에서 꿀과 꽃가루로 바꿈으로써 큰 성공을 거둔 곤충은 말벌 비슷한 종으로부터 진화한 벌이었다. 벌은 현재까지 약 20,000종이 알려져 있으며 대부분은 단독 생활을 한다. 그러나 꿀벌, 뒤영벌, 침이 없는 무침벌처럼 사회성 종도 있다.

가장 큰 벌(사람의 엄지손가락만 한 인도네시아의 희귀한 벌인 월리스대왕벌wallace's giant bee)에서 가장 작은 벌(미국 남서부에 사는 애꽃벌(*Andrena thoracica sinensis*)로 쌀알보다 작다)에 이르기까지, 벌이 지구에서 가장 중요한 곤충 집단이라는 데는 의문의 여지가 없다. 나는 벌이 꽃가루를 옮기는 작물들을 다 나열할 생각은 없지만 사과에서 아보카도, 콩에서 블루베리, 오이에서 체리에 이르기까지 우리가 먹는 식품 중 3분의 1은 벌의 꽃가루 옮기기 서비스로부터 나온다. 정말 놀랍지 않은가?

그리고 우리는 벌이 우리를 위해 하는 모든 일에 대가를 지불하는 대신 그들이 만들어낸 결과물들을 훔치기까지 한다!

달콤한 보상

초기 인류는 야생벌의 꿀을 채취했고, 문헌 기록상 양봉은 기원전 2000년 전에도 있었다. 꿀벌은 꿀벌속(*Apis*)을 이루며, 일곱 종 중에서 가장 잘 알려진 양봉꿀벌western honey bee(*Apis mellifera*)은 사람을 통해서 전 세계로 퍼졌다. 조만간 꿀을 먹을 기회가 있다면 꿀을 만드는 데 얼마나 많은 노력이 들어갔는지를 기억해도 좋을 듯하다. 꿀 한 병이 나오려면 꿀벌이 꽃을 수백만 번은 오가야 한다.

꿀벌은 아주 뛰어난 꽃가루 매개자이지만 융통성은 뒤영벌보다 떨어진다. 뒤영벌은 250종이 있는데 주로 북반구에 살며 남아메리카에도 몇 종이 있다. 영국에는 약 25종이 있지만 안타깝게도 이 보물들은 국가의 보호를 제대로 받지 못하고 있다. 세 종은 이제 더 이상 보이지 않으며, 다른 여섯 종도 그 수가 줄어들고 있다. 이유는 쉽게 알 수 있다. 경작지가 늘어나면서 지난 50년 사이에 야생화가 흐드러지게 피고는 했던 영국의 초원 중 97퍼센트 이상이 사라졌기 때문이다. 그들이 엄청난 피해를 입은 것 역시 당연했다.

초원의 여왕

몇 년 전 7월 초, 나는 스코틀랜드 스카이섬의 우이그에서 배를 타고 아우터헤브리디스제도라고도 하는 웨스턴아일스의 노스우이스트섬의 록매디로 향했다. 어린 시절 여름 방학이면 스코틀랜드 서부에서 종종 시간을 보내곤 했지만 웨스턴아일스에는 가본 적이 없었다. 나는 큰노랑뒤영벌northern yellow bumble bee (*Bombus distinguendus*)을 촬영하기 위해 발라널드로 가는 중이었다. 이 종은 스코틀랜드와 아일랜드의 서해안에 펼쳐진 해안 평원 맥허machair에 산다. 이 크고 멋진 뒤영벌은 현재 스코틀랜드의 북서부 끝에만 남아 살고 있지만, 50~60년 전만 해도 굳이 그 멀리까지 찾아갈 필요가 없었다. 영국 전역의 여러 지역에서 만날 수 있었다.

맥허의 토양은 독특하다. 조개껍데기들이 파도에 부서져서 먼지가 되고, 그 먼지가 대서양의 강풍에 실려 육지로 밀려와 쌓인다. 이 칼슘이 풍부한 먼지가 전통적인 경작 방식과 결합되어서 여름이면 몇 달 동안 이곳은 야생화 천지가 된다. 환한 햇살 아래 서서 혹시라도 새로운 종의 벌을 발견했으면 하는 마음으로 서양벌노랑이, 토끼풀, 키드니베치kidney vetch의 꽃들을 훑으면서, 나는 이곳이 믿어지지 않을 만큼 특별한 장소임을 알아차렸다. 이윽고 벌 한 마리가 나타나서 낮게 날아다닐 때 나는 여왕벌이 분명하다는 것을 알았다. 대서양의 파도가 부서지는 소리와 바람이 윙윙거리는 소리를 들으면서 이 아름다운 여왕벌을 손에 넣었을 때, 나는 차오르는 기쁨을 도저히 감출 수가 없었다.

뒤영벌의 윙윙거리는 소리가 없는 여름의 초원, 뜰, 산울타리를 상상할 수 있을까? 이 사랑스럽고 부지런한 곤충은 우리의 풍경을 구성하는 핵심종이다. 디기탈리스, 라벤더, 인동덩굴, 초롱꽃 같은 야생화의 주요 꽃가루 매개자이자 상업적으로도 매우 중요한 존재다.

우리가 먹는 모든 토마토의 꽃가루는 뒤영벌이 옮겼을 가능성이 높다. 이유는 벌 특유의 꽃가루를 옮기는 방식 때문이다. 토마토의 꽃밥은 약 400헤르츠의 진동수로 흔들릴 때만 꽃가루를 방출하는데, 뒤영벌이 꽃밥에 매달려서 날개 근육을 진동시킬 때 바로 그런 일이 일어난다. 현재는 온실에서 재배하는 작물들의 꽃가루를 옮기는 용도로 뒤영벌을 기르는데, 이 방법이 나오기 전까지는 진동기를 써서 하나하나 수작업으로 꽃가루를 옮겨야 했다.

벌은 대체 불가능한 존재이며, 벌이 사라진다면 어떤 일이 벌어질지는 더는 학계의 논쟁거리에서 그치지 않는다. 세계의 일부 지역에서는 꽃가루 매개자가 급격히 줄어드는 바람에 농민들이 손수 과일나무의 꽃가루를 옮겨야 하는 지경에 처해 있다. 우리는 지구의 가장 중요한 곤충들 중 일부, 우리 생태 피라미드의 필수 불가결한 부분이 소멸될 수 있는 과정을 작동시킨 상태다. 벌의 멸종은 세계적인 생물 다양성 위기를 촉발시켜서 육상 생물종 중 4분의 1을 생존 위기에 빠뜨릴 수 있다. 인류의 6분의 1이 굶주리고 있고 식량 안보 위기가 점점 커지는 상황에서 벌이 사라진다면 재앙이 닥칠 것은 더없이 자명하다.

마법사의 제자

불행히도 우리는 무언가가 잘못되고 나서야 비로소 자연 세계에서 본래 어떤 일이 벌어지는지를 알아차리곤 할 때가 너무나 많다. 생태계가 어떻게 돌아가는지를 이해했다고 생각하고서 피라미드의 어떤 한 층에 손을 댔다가 바라지도 않았고 의도하지도 않았던 결과가 빚어지면서 심각한 문제가 생긴 사례가 아주 많다. 긴 세월에 걸쳐 같은 일이 너무나 자주 되풀이되었기에 나는 과연 우리가 과거의 실수로부터 무언가를 배울 수 있는 능력이 정말로 있는지 의구심이 인다. 실수로든 고의로든 간에 어느 지역에 본래 속하지 않았던 종을 도입함으로써 벌어지는 일들도 마찬가지다.

오랜 세월에 걸쳐 진화한 자연 군집에 손을 댄다는 발상이 좋게 끝난 경우는 거의 없는데, 미국 서부 몬태나주의 플랫헤드호flathead lake의 사례가 적절하겠다. 좀 아는 사람들은 그 이야기가 곤충과는 관련이 없지 않냐고 지적할지도 모르겠다. 관련이 없긴 하다. 그러나 아주 좋은 본보기이자 내 요지를 잘 설명해주고 있어 이야기를 하지 않고는 못 배기겠다. 아무튼 그 이야기의 주인공은 곤충과 아주 가까운 친척이다.

1800년대 말 플랫헤드호에는 토종 어류가 약 열 종 살았다는 기록이 나온다. 그런데 그 지역으로 이주한 사람들이 외래종 어류 24종을 그 호수에 풀어놓았다. 먹기 좋은 생선이라고 알려진 것들이라서 풀어놓았을 뿐이고, 그 누구도 어떤 일이 벌어질지 신경 쓰지 않았다. 얼마 뒤에는 코카니연어kokanee salmon도 도입했고 연어는 번성했다. 1980년쯤에는 너무나 많이 불어나는 바람에 온갖 고기잡이꾼이 몰려들었다. 곰, 대머리수리 그리고 사람이었다. 이 장관을 보기 위해 야생생물 애호가들도 몰려들었다. 1년 뒤 사람들은 연어에게 더 많은 먹이를 제공하기 위해서 곤쟁이(*Neomysis awatschensis*)의 일종인 미시스 레플릭타(*Mysis relicta*)라는 더욱 낯선 종을 도입하기로 결정했다. 사람들이 어떤 생각으로 이런 일을 벌였는지는 쉽게 짐작 가능하다. 먹이가 많아지면 연어도 늘어날 것이고 그렇다면 수익도 늘어나지 않겠는가? 누이 좋고 매부 좋은 결과가 아닌 다른 결말이 펼쳐질 것이라고 생각한 사람은 아무도 없었다. 그런데 예상한 것과 정반대의 일이 벌어졌다. 곤쟁이는 연어의 먹이가 되었을 동물성 플랑크톤을 모두 먹어 치웠고, 연어가 먹이를 찾아다니는 낮에는 호수 깊은 곳으로 내려갔다가 밤에만 올라와 플랑크톤을 먹어 치웠다. 1986년 곤쟁이 수는 폭발적으로 늘어났고, 그 직후에 연어 수는 급감했다. 연어가 보이지 않자 곰과 대머리수리도 다른 곳을 향해 떠났다.

나는 월트 디즈니가 괴테의 1797년 시 〈마법사의 제자The Sorcerer's Apprentice〉를 토대로 만든 만화 영화 〈판타지아〉가 절로 떠오른다. 마법사의 제자인 미키 마우스는 물을 길어서 커다란 통을 채우는 일을 하다가 지친 나머지 스승이 자리를 비운 틈을 타 그의 모자를 몰래 쓰고는 주문을 외어 빗자루에게 도움을 청한다. 그렇게 일을 맡긴 채 스르륵 잠들고 말았는데, 눈을 떠보니 통은 물론이고

방 전체가 물로 가득 차 있었다. 마법에 걸린 빗자루가 맡은 일을 쉬지 않고 너무나 열심히 한 탓이었다. 낙심한 미키 마우스는 결국 도끼로 빗자루를 산산조각 내지만 유감스럽게도 부서진 빗자루 조각들은 새로운 빗자루로 변신해 계속해서 물을 나른다. 미키 마우스는 뒤늦게 자신이 무슨 일을 저질렀는지 깨닫고 자신의 오만함이 이 모든 문제의 원인임을 알아차린다. 마법사가 돌아와서야 상황은 정리되고 원래대로 돌아온다.

플랫헤드호에서 벌어진 모든 일은 호수의 생태계와 도입하려던 외래종의 생태를 살펴보기만 했어도 피할 수 있었다. 그러나 우리는 눈앞의 이익에만 집중하고 결과는 나중에 걱정하자는 태도를 지침으로 삼아왔기에 알지 못했다.

물론 잠시 멈추어서 결과를 생각해본다 해도 여전히 잘못될 가능성은 언제나 있다.

유용한 침입자

진딧물은 모든 작물에 정말로 심각한 해충이 될 수 있다. 먹어대면서 피해를 입힐 뿐만 아니라 해로운 바이러스를 전파할 수도 있기 때문이다. 다행히도 무당벌레와 그 유충은 진딧물을 게걸스럽게 먹어 치운다고 잘 알려져 있다. 무당벌레 성체 한 마리는 하루에만 진딧물을 최대 수백 마리까지 먹을 수 있는 걸로 유명해서 이로운 곤충으로서 생물학적 방제에도 종종 쓰인다. 농경지 전체에 유독한 화학 물질을 살포하는 것보다는 훨씬 나은 것이 분명하다. 동아시아와 중앙아시아가 원산지인 아시아무당벌레harlequin ladybird (*Harmonia axyridis*)는 제1차 세계대전 직전에 북아메리카에 도입되었고 맡은 일을 아주 잘해냈다. 게다가 진딧물 대발생을 진압한 뒤에는 도리어 생존이 어려운 듯했는데 오히려 이상적인 상황이었다. 그러나 이 바람직한 상태는 계속 유지되지 않았고, 지난 25년 사이에 아시아무당벌레는 대륙 전역으로 퍼져서 미국에서 가장 흔한 무당벌레종이 되었다. 이 종은 유럽에서도 생물학적 방제 수단으로 쓰이면서 널리 퍼졌다. 그렇다면 도대체 무엇이 문제였을까? 진딧물을 잡아먹는 무당벌레의 행위는 바로 우리가 원했던 결과였지만 생태계는 우리의 생각처럼 결코 단순하지 않았고, 머지않아 이런저런 문제들이 뚜렷이 드러나기 시작했다.

무당벌레 애호가

헬렌 로이 교수

헬렌 로이Helen Roy는 무당벌레를 무척 좋아하는 곤충 생태학자다. 영국무당벌레 조사단UK Ladybird Survey을 이끌고 있으며, 무당벌레의 이모저모를 소개하는 글도 쓰고 있다. 나는 영국생태학및수문학센터UK Centre for Ecology and Hydrology에서 그와 이야기를 나누었다. 당시 로이는 왕립곤충학회Royal Entomological Society의 회장이었고 2022년 자리에서 물러났다. 나는 이 매혹적인 곤충에 관심을 갖게 된 계기가 무엇인지 물었다.

"어릴 때부터 늘 야외 활동을 좋아했어요. 1970년대 중반에는 어디에나 무당벌레가 잔뜩 있었는데, 나중에 알았지만 대부분 칠성무당벌레seven-spot ladybird(*Coccinella septempunctata*)였죠. 우리의 작은 집은 와이트섬에서도 좀 외딴곳에 있었는데 뜰은 무당벌레와 제게 안식처였어요. 그곳에서는 한살이의 모든 단계가 펼쳐졌고 정말로 매혹적이었어요. 당시 저는 모르는 게 너무나 많았기에 눈을 뗄 수가 없었습니다."

나도 그 무렵 언론에서 무당벌레의 '대발생'이 일어나 이 곤충의 침략으로 사람들이 물어뜯기고 있다는 공포스러운 이야기들을 떠들어댔던 것이 기억났다.

"무당벌레는 물 수 있어요. 깨무는 구기가 있으니까 아주 조금 그리고 살짝 물겠지요. 하지만 아무렇지도 않아요. 오히려 물리면 재미있는 경험을 했다고 기뻐할 정도로요. 그 '대발생'으로 무당벌레가 여기저기를 붉게 물들일 만큼 떼를 지어 나타나곤 했는데, 제게는 그냥 수가 늘어난 것으로만 보였습니다. 당연히 와이트에 살던 어린아이는 내 집 뜰에서 벌어지는, 내 작은 세계에서 흥분되는 일이 벌어지고 있다는 것만 알고 전국에서 무슨 일이 벌어지고 있는지는 전혀 알지 못했죠."

4년 동안 왕립곤충학회의 회장으로 있었던 그는 그 자리를 맡은 세 번째 여성이었다.

"학회는 역사가 200년에 달해요. 그동안 여성이 회장이 된 경우는 드물었죠. 그만큼 회장이 된다는 것은 엄청난 영예입니다. 당신이 유년기와 청소년기의 저에게 자연사를 가능한 한 두루 섭렵할 것이고 그 뒤에 왕립곤충학회의 회장이 될 것이라고 말했다면 절대 믿지 않았을 거예요. 그러고는 이렇게 생각했겠죠. '불가능한 꿈이지' 하고요."

현재 영국에는 무당벌레가 47종 있으며, 때때로 외부에서 새로 들어오는 종이 발견되기도 한다. 이런 도래渡來는 대체로 좋은 일이라고 여겨진다. 텃밭 재배자의 친구를 골라야 한다면 무당벌레가 안성맞춤일 것이다. 텃밭 재배자가 대개 원치 않아 하는 것들을 무당벌레 유충과 성체가 마구 먹어 치워주니까. 로이는 이렇게 설명했다.

"그들 중 상당수는 진딧물과 깍지벌레를 먹는 포식자예요. 텃밭 재배자가 기르는 장미, 누에콩 같은 식물들을 먹어 치우는 것들이죠. 무당벌레 성체 한 마리는 하루에 진딧물을 약 60마리 잡아먹을 수 있고, 유충도 진딧물을 그만큼 먹을 수 있어요. 여름 몇 달 동안 돌아다니는 유충의 수를 생각하면 엄청나게 많은 곤충이 협업해서 이 환상적인 일을 하고 있는 거죠. 곰팡이를 먹는 종도 있고 식물을 먹는 종도 있어요. 전체적으로 보면 영국에는 정원 식물에 해를 끼친다고 여겨지는 무당벌레종은 전혀 없어요. 하지만 아시아와 중앙아시아가 원산지인 무당벌레종은 상황을 좀 바꾸어버렸지만요.

이 무당벌레들은 길이가 약 6~8밀리미터로 무당벌레치고는 꽤 커요. 그리고 아주 다양한 먹이를 먹죠. 해충도 놀라울 만큼 많이 먹어 치우지만 해충을 먹는 다른 곤충들까지도 먹어요. 마주치는 것들을 닥치는 대로 먹어 없앨 거예요! 문제는 현재 도시 환경에서 이 종이 무당벌레의 약 80~90퍼센트를 차지한다는 거예요. 아주 큰 변화죠. 농사 관점에서 보면 더욱 큰 변화일 수 있고요. 아주 뛰어난 포식자인 이 무당벌레가 해충들을 모조리 먹어 치울 테니까요. 하지만 생태계에서는 균형도 중요하거든요.

해충을 먹는 다양한 무당벌레종들을 보면 종마다 조금씩 다르게 행동해요. 어떤 무당벌레는 봄에 더 일찍 깨어나고 반대로 더 늦게 깨어나는 종도 있죠. 아침 일찍 활동하는 종도 있고, 한낮에 활동하는 종도 있어요. 주로 나무에서 먹이를 찾는 종도 있고, 쐐기풀에서 먹이를 찾는 종도 있고요. 식물의 꼭대기에서 주로 먹이를 찾아다니는 종도 있고, 중간 지점에서 찾는 종도 있죠. 즉, 자세히 살펴보면 저마다 다른 구석이 있어요. 그리고 이들을 다 모아놓으면 퍼즐처럼 끼워 맞춰져요. 그런데 어느 한 조각, 즉 한 종만 존재한다면 생태계 전체의 복원력이 어떻게 되겠어요? 우리는 생태계가 더는 복원력을 지니지 못할 것이라고 예측하겠죠."

서식지가 아주 빠르게 사라지고 있는 만큼 우리가 이름을 붙이는 종보다 그 전에 사라지는 종이 더욱 많을 것이다. 그리고 이제 우리는 "인간에게 필요한 종은 얼마만큼일까? 과연 모두 다 필요하긴 할까?"라는 말까지 서슴없이 하고 있다. 로이 역시 이런 질문들이 충격적이라는 데 동의한다고 했다.

"예전에 보았던 모든 무당벌레종을 보지 못하게 된 이 세계는 제가 원한 곳이 아니에요. 미래 세대들도 그 종들을 모두 만날 수 있어야 해요. 각 종이 아주 복잡한 생태계 내에서 조금씩 다른 역할을 한다는 점은 분명해요. 그리고 생태계의 복원력을 아직 제대로 이해하지 못하고 있으니 우리는 전환점이 어디인지도 알지 못하고요. 생태계가 변화하여 한 종이 멸종되면 이전 생태계로 다시는 돌아가지 못하는 지점 말이에요. 또 우리는 그 새로운 생태계가 제대로 돌아가는지 아니면 걱정해야 하는 수준인지도 전혀 모르죠. 우리가 답을 모르는 질문들이 많이 있어요."

이 무당벌레종은 좋은 사례가 된다. 다른 (이로운) 곤충종들을 위협할 수도 있기 때문이다.

"우리는 이 종이 정확히 무엇을 먹는지 알아내기 위해서 많은 실험과 야외 조사를 했어요. 다양한 먹이를 먹더군요. 정말로 왕성하게 진딧물을 먹어 치우긴 했지만 다른 무당벌레종들도 잡아먹어요. 풀잠자리, 혹파리, 유충은 물론이고 기생 말벌도 먹고요. 온갖 것들을 다 먹는 거죠. 먹히는 종들 중 상당수가 여전히 번성하고 있는 것은 살아가거나 달아날 수 있는 곳이 있기 때문이라고 봐요.

우리가 특히 걱정하는 종 중 하나는 두점박이무당벌레two-spot ladybird (*Adalia bipunctata*)예요. 제 어린 시절만 하더라도 이 종은 믿기지 않을 정도로 정말 흔했어요. 어디에서나 늘 보였던 것으로 기억하거든요. 무당벌레는 먹어보면 정말로 끔찍한 맛이 나는데 그 이유는 몸에 온갖 화학 물질이 들어 있어서예요. 그런데 화학 물질의 조성은 종마다 조금씩 달라요. 두점박이무당벌레는 화학적 방어 능력이 좀 떨어지기 때문에 무당벌레 중 맛이 그나마 괜찮아요. 그래서 아시아무당벌레가 아무런 문제 없이 잡아먹을 수 있죠. 또 두 종은 발달 시기도 조금 달라서 두점박이무당벌레가 번데기(성체가 되기 전의 무활동 단계)가 되어 꼼짝 못하고 있을 때 아시아무당벌레의 크고 굶주린 유충은 주변을 기어다니다가 번데기를 먹어버리곤 해요. 그뿐 아니라 성체 단계에서도 이 무당벌레는 진딧물을 훨씬 더 많이 먹어 치우기 때문에 작은 두점박이무당벌레는 경쟁이 안 돼요. 우리가 분석해본 결과 아시아무당벌레가 늘어나면 두점박이무당벌레의 수가 대폭 줄어드는 것이 입증되었죠."

하나의 서식지에 많은 종이 살수록, 즉 생태계가 복잡하고 다양할수록 복원력도 더 강한 듯하다. 그래서 지구 온난화와 외래종 도입의 해로운 영향 때문에 종 다양성이 줄어드는 것이 현재 심각한 문제로 대두되고 있다. 사라지는 종이 많아질수록 서식지의 복원력은 약해질 것이고 생태계 전체는 취약해질 수밖에 없다. 로이는 이렇게 설명을 덧붙였다.

"이 가설은 우리에게 심한 우려를 불러일으켜요. 우리는 종들의 연결망이 상호작용하는 방식과 연결 고리가 얼마나 많이 사라질 때 생태계가 붕괴하는지를 이해해야 해요. 현재의 상호작용을 유지할 수만 있다면 정말 좋겠지만, 우리 주변의 세계가 너무나 빠르게 변하고 있는 만큼 우리는 그 대안도 생각할 필요가 있어요. 지금 당장 행동에 나서야 해요. 희망적인 것은 차이를 빚어내기 위해 우리가 할 수 있는 일들이 분명 있다는 점이에요. 사람들이 자신이 살아가는 녹색 공간을 돌보는 방향으로 행동을 바꿔나가는 것을 지켜볼 때면 뭉클해집니다.

종은 퍼즐 조각과 비슷해요. 조각을 떼어내면 갑자기 그림이 깨지죠. 밀밭처럼 단순해 보일 수 있는 서식지에서도 바닥에, 흙 속에, 또 밀 줄기 위의 허공에 놀라울 정도로 많은 생물이 있거든요. 그리고 오래된 숲의 복잡성도 생각해보세요. 종이 훨씬 많은 만큼 상호작용도 대단히 많을 거예요. 그러니까 우리가 몇몇 종을 제거한다면 그 여파는 결국 연결망 전체에 퍼질 겁니다. 우리가 예측할 수 있는 변화도 있고, 우리가 이해할 수 있는 것도 있지만, 현재로서는 분명 모르는 것도 있거든요. 그게 바로 생태계의 안정성과 복원력에 관해 큰 의문들이 여전히 남아 있고, 또 우리가 생태계를 더 깊이 이해해야 하는 이유죠."

많은 이가 생태계의 변화를 심각하게 우려한다는 것은 맞지만, 곤충을 겁내 하거나 그리 접하고 싶어 하지 않는다거나 또는 적극적으로 그들을 도울 생각이 없는 이들도 엄청나게 많다.

"저는 곤충을 대하는 사람들의 태도가 변해왔는지를 놓고 왕립곤충학회 사람들과 이야기를 나누곤 했어요. 그렇다는 증거가 많지는 않지만 생물에 관해 기록하는 사람들이 늘어나고 있다는 점은 알 수 있었죠. 고무적인 징후예요. 그들 중 상당수는 자기 집 뜰이나 동네 생물 서식지에서 이런저런 활동을 하며 사진을 찍고 있죠. 변화가 일어나고 있어요. 그런데 충분하냐고요? 그건 잘 모르겠어요. 사람들에게 곤충의 세계가 얼마나 마법 같은지를 보여주는 일이 이제 막 시작된 것 같아요. 생물 다양성의 역사 측면에서 보면 곤충에 비할 만한 생물이 없습니다. 저는 사람들이 이 놀라운 생물들의 이야기를 들으면 자극받을 것이라고 늘 믿어요. 그리고 우리가 해야 할 일이 바로 그것이라고 보고요. 말벌을 대신해서 사람들에게 말벌의 이야기를 들려주고, 말벌이 **우리를** 위해 하는 일들의 놀랍고도 흥미진진한 모습을 알려주는 거죠.

우리는 자연 세계와 명백하게 분리되어 있지 않아요. 서로의 세계가 연결되어 있음을 인식할 때 우리는 상호작용의 묘미를 발견할 수 있게 되죠. 이런 식으로 생각하는 것은 대단히 중요합니다. 우리가 먹는 음식, 마시는 물의 질, 숨 쉬는 공기 등 모든 것이 자연에 깊이 의존하기 때문이죠. 또 그 과정에서 우리를 돕는 종들에도 의존하고 있고요. 바로 분해자, 해충 방제자, 꽃가루 매개자들인데 물론 상당수는 곤충이에요. 사람들이 그 연관성을 인식하는 것이 대단히 중요합니다.

더 나아가 저는 사람들이 자연 세계의 기쁨을 공유하고, 곤충이 기여하는 역할을 훨씬 더 많이 이해하고, 따라서 그들을 돌보겠다는 동기를 품기를 바라요. 저는 곤충이 우리와 함께 번성할 수 있도록 인류가 아주 큰 규모에서 놀라운 해결책을 찾아내기를 바랍니다."

로이는 우리 모두에게 나름의 역할이 있다고 믿으며, 우리 주변 생태계를 유지할 수 있는 실천 방법도 제시했다.

"우리는 책임감을 가지고 우리가 사는 행성을 돌봐야 해요. 몇 년 전 생물다양성과학기구Intergovernmental Science-Policy Platform on Biodiversity and Ecosystem Services는 '100만 종이 멸종 위기에 처해 있다'라는 경악할 만한 내용이 담긴 세계 평가 보고서를 내면서 혁신적인 변화가 필요하다고 강조했습니다.

우리는 그 '혁신적인 변화'가 정확히 무엇인지 생각할 필요가 있어요. 이런 조치가 그저 그린워싱greenwashing이어서는 안 됩니다. 큰 차이를 빚어낼 무언가가 필요해요. 우리가 자연 세계에 깊이 의존한다는 것을 진정으로 이해하도록 사람들을 교육해야 해요. 꽃가루를 옮기는 곤충이 없어지면 많은 식품이 사라질 것이고, 곤충 중 상당수가 분해 과정decomposition process에도 관여한다는 것을요.

우리 뜰을 이용하는 곤충의 입장에서도 상상해보자고요. 곤충이 필요로 하는 것은 무엇이고 또 언제 그것을 필요로 할까요? 1년 내내 꽃이 피어 있도록 식물들을 조합해서 심었다고 예를 들어봅시다. 잔디밭에는 민들레나 토끼풀이 군데군데 자라도록 놔두고, 맨땅도 좀 남겨두고요. 뜰 안에 다양한 서식지를 조성하는 거예요.

공간이 크든 작든 상관없습니다. 누구나 할 수 있어요. 곤충의 크기를 생각하면 가장 자그마한 뜰에도 작지만 많은 미소서식지를 조성할 수 있으니까요. 곤충마다 좋아하는 색깔도 다르니 다양한 색깔의 꽃들을 섞어 심어요. 인동덩굴을 무척 좋아하는 곤충도 있으니 심고요.

가을에 쌓이는 낙엽을 모두 치울 생각은 하지 마세요. 저는 사람들이 왜 송풍기까지 써가며 낙엽을 없애는지 이해가 안 돼요. 낙엽은 곤충에게 먹이뿐만 아니라 겨울에 지낼 서식지까지 제공할 수 있거든요. 무당벌레는 종마다 서로 다른 곳에서 겨울을 보내요. 칠성무당벌레는 쌓인 낙엽 더미 밑으로 들어가죠. 헛간, 나무, 울타리의 작은 틈새로 기어 들어가는 종들도 있고요. 이렇듯 곤충들이 겨울을 날 다양한 안식처를 남겨두어야 해요.

우리가 기르는 채소에 달려드는 해충을 모두 없애려고 하지 마세요. 그들을 잡아먹을 곤충도 따라올 수 있도록 놔두면 돼요. 아파트에 사는 사람들은 베란다에 꽃 화분을 놓아서 꽃가루를 옮기는 곤충을 끌어들일 수도 있어요. 어떤 곤충이 찾아오고 또 그 화분 속 흙에서 어떤 일이 일어나는지를 보고 있으면 놀라게 될 겁니다."

로이의 말은 옳다. 우리는 지금 당장 행동에 나서야 한다. 더 이상 곤충의 서식지를 잃어서는 안 되고 우림이라면 더욱 지켜야 한다. 하지만 현재 육지 표면 중에서 우림이 차지하는 비율은 6퍼센트도 채 안 된다.

“우리는 자신이 사는 서식지를 보호하고 훼손된 서식지는 복원해야 해요. 복원이라는 말은 예전에 존재하던 서식지로의 회귀를 가리키는 것이 아니고, 새롭고 혁신적인 해결책을 통해서 가능한 한 많은 종이 살아가고 연결망을 갖출 수 있도록 해야 한다는 뜻입니다. 기후 변화 관련 과학자들, 침입종 생태학자들, 서식지 연구에 관심을 가진 사람들이 모두 이 문제에 대처하기 위해 협력하고 있어요.”

친구일까 적일까

아시아무당벌레는 진딧물을 먹는다. 분명 좋은 일이다. 그러나 너무 많이 먹는 나머지 다른 무당벌레종들의 먹이가 부족할 정도이며 진딧물이 안 보이면 그때는 다른 무당벌레종의 유충도 먹어 치운다. 어떤 관점에서 보느냐에 따라서 이 종은 놀라울 만큼 이로울 수도 있고 다른 무당벌레들의 생존에 심각한 위협이 되기도 한다.

어떤 균형에 다다를 수도 있겠지만 모든 것은 시간이 흘러야 알 수 있다. 우리가 연 판도라의 상자에서 찾은 한 가닥 희망은 무당벌레가 공격에 반응할 때마다 다리 관절에서 분비되는 노란 액체에 든 방어 화학 물질이 유용한 항균 특성을 지니고 있으며, 더 나아가 가장 심각한 유형의 말라리아를 일으키는 원생동물의 성장을 늦출 수 있다는 사실이 밝혀졌다는 점이다.

짐작하겠지만 새로운 지역으로 침입하는 일을 잘하는 종은 아주 빨리 번식할 수 있으며, 쉽게 퍼질 수 있는 능력을 지니며, 다양한 환경 조건을 견딜 수 있으며, 먹이도 가리지 않는 편이다. 곤충이 이런 요구 사항에 꽤 잘 들어맞는 존재라는 것은 놀랄 일이 아니며, 많은 곤충은 이렇게 분포 범위를 계속 넓혀왔다. 몇몇 딱정벌레, 노린재, 파리, 바퀴, 말벌 종은 대개 비행기나 배를 통해 본래 살던 곳에서 아주 멀리까지 퍼져나갔다. 곤충이 숨어 있는지 확인하겠다고 모든 화물, 식품, 과일을 하나하나 살펴본다고 상상해보자. 불가능한 일이다. 또한 드물지만 어쩌다가 몰래 숨어드는 곤충이 나타나기도 한다. 일이 벌어져도 별 문제 없이 지나갈 때도 있다. 몰래 숨어든 곤충이 살아남을 가능성은 아주 낮기 때문이다. 그러나 꾸준히 이런 과정이 되풀이된다면 머지않아 새로운 곳에서 퍼져나가는 일에 성공하는 곤충도 나타나게 마련이다.

여전히 동식물은 오로지 인간에게 혜택을 주기 위해 존재해야 한다고, 아니 적어도 우리에게 어떤 문제나 불편을 끼치지 않아야 한다는 견해가 우세하다. 그게 아니라면 존재 자체의 '쓸모'를 의심하며 의구심을 갖기 시작한 이들도 나오고 있는 것이 슬프지만 현실이다.

말벌은 어디에 쓰일까

"말벌은 어디에 쓰여요?" 내가 종종 받는 질문이다. 질문자가 염두에 둔 것은 우리 눈에 거의 띄지 않은 채 움직이는 수천 종의 작은 기생성 말벌이 아니라, 여름날 야외에 음식을 펼쳐놓고 있으면 윙윙거리며 주위를 도는 노란색과 검은색 줄무늬가 섞인 사회성 말벌일 것이다. 물론 답은 '쓸모'가 무엇이고 누구에게 어떤 용도로 필요한가에 따라 달라진다. 대개 나는 생물학적 관점에서 봤을 때 말벌이나 파리, 더 나아가 인간을 향해 '쓸모'를 언급하는 목적은 결국 더 많은 말벌, 파리, 인간을 만드는 데 있다고 말한다.

그러나 땅벌(*Vespula flaviceps*)이나 호박벌(*Bombus ignitus*)은 흔하며,

화가 난 양 갑자기 달려들기도 한다. 이런 벌을 싫어하는 사람은 많으며 해충 방제업자는 그들을 박멸하는 일로 돈을 벌지만, 이런 벌들은 그 자체가 놀라울 정도로 유용한 '해충' 방제업자다. 식품 창고 같은 방에 유충이 성체로 자랄 때까지 필요한 먹이를 꽉 채워 넣고 떠나는 독립성 말벌과 달리 땅벌은 안전하게 지은 집에서 유충을 키우며 다 자랄 때까지 끊임없이 오가면서 먹이를 갖다준다.

벌집은 말벌이 나무의 섬유를 씹어서 침과 섞어 만든 종이 반죽 같은 물질로 만드는데, 벌은 땅속이나 외딴 건물, 지붕 밑 공간, 초목 등에 자리를 잡고 짓는다.

말벌의 활동 주기는 교미가 이루어진 상태로 여왕벌이 몇 달 동안 겨울잠을 잔 뒤 봄에 기온이 올라 깨어나면서 시작된다. 여왕벌이 가장 먼저 하는 일은 적당한 집터를 찾아서 짧은 줄기에 매달린 형태의 작은 우산 모양의 집을 짓는 것이다. 이 첫 둥지는 아래쪽을 향해 열려 있는 약 25개의 방으로 이루어져 있곤 한다. 여왕벌은 곤충을 씹어서 걸쭉하게 으깬 덩어리를 첫 유충에게 먹여 몇 마리 키운다. 몇 주가 지나면 성장한 새 일벌들이 먹이를 구하러 나선다. 구해온 먹이로 자매인 일벌들을 키우는 한편, 방도 더 많이 만든다. 이제 여왕벌은 오로지 알을 낳는 일에만 매진한다. 사회성 말벌인 일벌은 여왕벌보다 작고 불임이다. 여름 중반쯤이면 '말벌 공장'은 최대로 가동되고 있다. 튼튼한 자루로 각각 분리된 방들이 수평으로 이어지며 넓게 펼쳐진 구조로 크기가 커지게 되고, 집 전체는 종이 같은 재질의 층으로 겹겹이 감싸여 있다.

해가 뜰 때부터 어둠이 깔릴 때까지 수백 마리의 말벌들은 먹이를 사냥해서 쉴 새 없이 집을 들락거린다. 작은 먹이는 통째로 들고 오지만, 큰 먹이는 땅에서 해체한 뒤에 들고 올 것이다. 일벌은 먹이의 머리, 다리, 날개를 뜯어내어 크기를 줄인 뒤 가치가 높은 살점만을 골라 집으로 가져온다. 일벌은 꽤 큰 먹이까지 운반할 수 있고 죽은 동물의 살점도 뜯어낼 수 있다. 개체수가 빠르게 늘어나면 집도 아주 커져서 일벌 수천 마리가 함께 살아가기도 한다.

여름이 끝나갈 무렵이면 여왕벌은 수벌이나 새 여왕벌이 될 알을 낳는다. 여왕벌이 될 알은 크기가 큰 특수한 방에 들어 있고 다른 유충과 다른 대우를 받는다. 이제 일벌은 진딧물처럼 수액을 빠는 곤충이 분비하는 단물 같은 달콤한 액체를 집으로 가져오기 시작한다. 잼과 음료 같은 것들에도 모여들기 시작해서 소풍을 나선 사람들을 성가시게 만든다. 이제 여왕벌은 죽고 둥지를 만드는 일도 중단된다. 9월 말이면 새로운 여왕벌들과 수벌들이 날아올라 짝짓기를 한다(여왕벌은 여러 수컷과 짝짓기를 할 것이다). 짝짓기가 끝나면 수벌은 죽고 수정된 여왕벌은 겨울잠을 잘 안전한 곳을 찾아 나선다. 첫서리는 이미 쇠락하고 있던 군체에 죽음을 알리는 경고장이다. 먹이가 사라지고 기온이 더 떨어지면서 일벌들은 모두 죽는다. 추운 겨울이 없는 지역에서는 벌집이 계속 커지면서 엄청난 크기에 이르기도 한다.

사회성 말벌은 그저 생태 피라미드의 한 부분일 뿐이다. 그들이 식량 자원을 이용하는 쪽으로 진화한 덕에 개체수가 급격히 증가할 수 있는 곤충의 수가 조절될 수 있는 것이다.

어쨌든 여러분이 텃밭 재배자라면 여왕벌이 텃밭 가까이에 집을 짓기 시작하면 기뻐해야 한다.

연쇄 효과

하지만 사람에게 엄청난 피해를 주는 모기 같은 곤충은 어떨까? 우리는 생태적인 이유로 정말 그들을 참고 견뎌야 할까? 물론 모든 모기를 박멸시키기는 쉽지 않을 것이고, 질병을 옮기는 모기도 실제로는 소수에 불과하다. 대다수 모기는 생태계의 복잡한 먹이 그물에 속하기 때문에 그들을 모조리 없앤다면 많은 수생 및 육상 종에게 예측할 수 없는 심각한 재앙이 일어날 것이다.

1958~1962년 중국의 대약진 운동 일환으로 펼쳐진 제사해 운동은 생태계가 어떻게 돌아가는지를 제대로 이해하지 못했을 때 얼마나 심각한 피해가 일어날 수 있는지를 잘 보여준 고전적인 사례다. 당시 중국 당국은 주민들의 생활 환경을 개선하고자 파리(아마도 말파리와 혹파리 같은 성가신 파리류를 대상으로 했을 것이다), 모기, 쥐, 참새, 이 네 동물을 박멸하기로 결정했다. 쥐와 파리는 박멸이 쉽지 않다는 것이 드러났지만 참새의 수를 줄이는 쪽으로는 꽤 큰 성과를 냈다. 참새가 벼를 비롯한 낟알을 엄청나게 먹는다고 여겼던 만큼 참새를 막고 죽이기 위해 온갖 수단들이 동원되었다. 이런 참새

잡기 운동은 2년 동안 이루어졌는데, 한 조류학자가 계획과 달리 벼 수확량이 늘어나기는커녕 줄어들고 있음을 지적했다. 그는 참새는 본래 곤충도 많이 잡아먹는데 그 수가 줄어드는 바람에 이런 일이 벌어졌음을 보여주었다. 메뚜기를 비롯한 작물을 뜯어 먹는 종들이 대폭 늘어났고, 그 결과 수백만 명이 기아에 시달리게 되었다. 결국 중국은 많은 수의 참새를 수입해야 했고, 1960년 3월, 재앙만 일으킨 쓸데없는 운동을 포기하는 대신 빈대 잡기 운동으로 방향을 틀었다. 빈대 박멸은 참새에 비하면 심각한 생태적 불균형을 일으킬 가능성이 적어 보였기 때문이다.

그러나 우리도 너무 자만해서는 안 된다. 알다시피 영국의 경관은 전반적으로 인위적이다. 엽서에 담긴 아름다운 시골 풍경은 대체로 만들어진 것이다. 숲을 베어내고, 습지의 물을 빼고, 하천의 물줄기를 바꾸고, 초원은 인공 비료를 뿌려서 풀을 먹는 가축에 쓸 사료 생산지로 만들었다. 물론 설령 우리가 전혀 손대지 않는다고 해도 시간이 흐르면서 서식지는 서서히 변화할 것이다. 생태학자들은 이 변화를 천이遷移, succession라고 하는데, 이는 수십 년 또는 수백 년에 걸쳐서 일어나는 지극히 자연적인 과정이다.

길게 뻗은 울타리를 사이에 두고 양쪽에 전혀 다른 식생이 들어서 있는 광경을 본 적이 있는가? 호수 주변의 땅보다 호수 한가운데에 있는 섬에 식생이 더 무성하게 자란 광경은 어떠한가? 울타리 양쪽에서 농민이나 땅 주인이 서로 다른 방식으로 땅에 손을 댔기 때문에 나타난 현상은 아닐까? 더 멋져 보이도록 호수 한가운데의 섬에 식물을 갖다 심은 것은 아닐까? 사실 이런 현상은 일정 지역의 초지에서 초식동물이나 가축이 섭식하는 식물의 양을 뜻하는 방목압grazing intensity 때문에 일어나는 것들로 그저 우리 눈에 잘 띄지 않을 뿐이다. 이를 쉽게 알아볼 수 있는 좋은 실험 방법이 있는데, 그냥 땅 전체를 울타리로 에워싸는 것이다. 토끼와 사슴 같은 초식성 척추동물이 들어오지 못하게 막기 위해서다. 지상으로부터 충분한 높이에 이르고 땅속으로도 충분한 깊이까지 이르도록 철망 울타리를 치면 굴을 파는 토끼도 들어오지 못한다. 그런 뒤 무슨 일이 벌어지는지 지켜보자. 에워싸인 땅에서는 새로 풀과 나무가 마구 싹트면서 빽빽하게 자라날 것이다. 이런 무성한 성장을 억제해온 것은 끊임없이 그리고 가차 없이 뜯어 먹고 갉아먹는 행위였다. 오늘날 황량하고 헐벗은 풍경을 보이는 스코틀랜드 고지대도 양과 사슴이 살지 않았다면, 사냥이라는 '스포츠'만을 위해 덤불에 불을 놓거나 수입한 조류를 대량으로 기르는 짓을 하지 않았다면 지금과 전혀 다른 풍경이 되었을 것이다.

방목압이 갑자기 줄어들었을 때 어떤 일이 벌어지는지를 잘 보여주는 곳은 많이 있으며 위덤 숲도 그 예다. 1950년대에 불어나는 토끼 수를 줄이기 위해서 점액종증myxomatosis이라는 바이러스 질병을 토끼에게 퍼뜨렸다. 그 결과 토끼의 수가 줄어들면서 초원에는 풀이 마구 자랐고 서서히 가시 많은 덤불로 뒤덮인 관목림으로 변해갔다. 잔물결이 퍼져나가듯 연못에도 족제비와 담비 같은 토끼의 포식자들에게도 연쇄 효과가 일어났고, 이윽고 생태 피라미드의 모든 층에 그 여파가 미쳤다. 초원이 관목림으로 변하면서 곤충의 다양성도 급감했을 것이고, 몇몇 어린 나무들이 높이 자라 수관을 펼치면서 그 아래로 그늘이 드리워졌다. 시간이 더 흐르면 관목림은 다시 숲으로 바뀌고 곤충 다양성 역시 증가하는 모습을 보일 것이다.

이번 장에서 보여주었듯이 곤충종의 다양성이 높아지길 진심으로 원하고 바란다면 조각보처럼 다양한 서식지와 미소서식지의 모자이크를 조성해야 하는데, 이런 일은 우리가 보전하고자 하는 종들의 구체적인 요구 사항을 연구한 뒤에나 가능할 것이다. 또한 우리는 지금은 어떤 곤충에게 알맞은 자연 보전 구역처럼 보이는 곳도 50년 뒤에는 그렇지 않을 수 있다는 점을 인식해야 한다. 기후 변화가 그렇게 변화시킬 것이다. 하지만 가망 없는 과제이기만 한 것은 아니며, 관리 방식만 바꾸어도 엄청난 효과를 얻게 될 수 있다. 죽어 쓰러진 나무를 그냥 놔두는 것을 이제는 관리가 엉망이라는 관점에서만 봐서는 안 된다. 어쨌거나 숲은 공원이 아니다. 썩어가는 나무에 사는 곤충들과 그 곤충들을 먹이로 삼는 동물들을 위해서는 내버려두는 게 이치다.

여러 생태학 개념 중에서 여러분에게 꼭 전하고 싶은 것 하나를 내게 고르라고 한다면, 풍부한 곤충 다양성을 알맞게 유지하는 생태계가 결국 우리 인간을 포함한 다른 대다수 종에게도 지극히 이상적인 곳이라는 점이다. 그러니 마법사의 제자처럼 더는 우리가 실제로 이해하지 못하는 것들에 개입하는 일을 멈추어야 한다.

이번 장의 마지막 문단은 널리 인용되곤 하는 다음 대목을 70년 전에 쓴 미국의 선구적 생태학자이자 환경 보전론자인 알도 레오폴드에게 넘기고자 한다.

> "어디에 써먹는 거야?" 동물이나 식물을 향해 이렇게 말하는 사람은 무지의 끝판왕이다. 대지의 전체 메커니즘이 좋다면 우리가 이해하거나 이해하지 못하는 것과는 상관없이 전체를 이루는 부분들도 모두 좋을 것이다. 억겁의 세월 동안 생물군이 우리가 좋아하지만 동시에 이해하지 못한 무언가를 빚어냈다면, 어느 부품 하나가 쓸모없어 보인다고 해서 내버리는 것은 바보나 하는 짓이 아닐까? 영리하게 수선하고 싶다면 모든 톱니와 바퀴부터 유지하는 것이 첫 번째 예방 조치다.

제4장

깜짝 만남과 신기한 결합

위험한 밀애

나는 옥스퍼드대학교의 곤충 표본실에서 롱기마누스앞장다리하늘소harlequin beetle(*Acrocinus longimanus*)가 가득 든 서랍을 연 순간부터 이 동물에게 푹 빠졌다. 남아메리카의 열대림에 사는 이 하늘소는 길이가 8센티미터를 넘고 선명한 붉은 산호색, 검은색, 은백색의 화려한 무늬가 특징이다. 모습도 경이롭지만 이 동물에게서 진정으로 놀라운 점은 앞다리다. 특히 수컷의 앞다리가 그러한데 몸길이 자체보다 훨씬 더 길기 때문이다. 진화는 왜 이 곤충에게 우스꽝스러울 정도로 긴 다리를 안겨주었을까? 이 동물을 처음으로 본 유럽인들은 답을 알고 있다고 생각했다. 다리의 길이와 다리 끝이 좀 굽어 있다는 사실을 토대로 그들은 긴팔원숭이가 나뭇가지에 매달려 몸을 흔들어 그네를 타듯이 롱기마누스앞장다리하늘소도 가지 사이를 오갈 것이라고 추측했다. 물론 이 동물이 그렇게 돌아다니는 모습을 본 사람은 아무도 없었고, 무엇보다 이 동물은 날아다닐 수 있는 완벽한 날개를 갖고 있었다. 사실 이 긴 다리의 진짜 목적은 짝 지키기와 관련이 있다. 생식기를 통해 짝과 신체적으로 결합되어 있도록 유지하는 용도가 아니라, 암컷이 알을 낳을 때까지 다른 수컷들이 달려들지 못하도록 보호하는 일종의 울타리 역할을 한다.

박물관 서랍에 든 표본들을 보고 감탄한 지 몇 년 뒤에 나는 코스타리카로 가서 처음으로 살아 있는 롱기마누스앞장다리하늘소를 보았다. 가장 경이로운 경험이었다고 장담할 수 있다. 공항으로 나를 마중 나온 친구가 바로 그날 그 곤충을 발견했다면서 공항까지 가져와 나를 깜짝 놀라게 했다. 장시간의 지루한 비행을 끝내자마자 그토록 오랫동안 보고 싶어 한 대상을 산 채로 대면하리라고는 예상하지 못했다.

번식 측면에서 보면 곤충은 독자적인 범주에 속한다. 다른 동물들이 따라오지 못할 환상적인 번식력을 자랑한다. 롱기마누스앞장다리하늘소의 긴 다리 같은 진화적 혁신과 성 습성은 경이롭기 그지없다.

사마귀 암컷이 짝짓기를 할 때 수컷의 머리를 물어뜯어서 게걸스럽게 먹는다는 이야기를 들어본 적이 있는가? 이런 동족 섭식은 충분히 일어날 수 있고 특정한 상황에서는 실제로 벌어지기도 하지만 야생에서 자주 일어나는 일은 아니다. 영리한 수컷은 폴짝 뛰어서 달아난다. 물론 충분히 빠를 때 이야기다. 그러나 짝을 먹어치운다는 것이 나쁘기만 한 생각은 아니다. 암컷 입장에서는 구혼자의 머리가 없어져도 문제될 것이 없다. 중추 신경계의 반사 작용 덕분에 머리가 뜯겨나간 뒤로도 수컷은 얼마 동안 여전히 교미를 계속하면서 정자를 전달하기 때문이다.

이제 팜 파탈femme fatale과 새로운 수컷의 세계, 성 역할의 역전과 속박, 최음제, 난교의 세계로 들어갈 준비를 하자. 간질간질함과 조금의 스트레스가 함께 일어나는 세계다. 이쯤이면 관심도 꽤 생겼을 듯하다. 우리가 꽤 모험을 추구한다고 생각할지도 모르지만, 곤충의 성 세계관은 우리가 생각하는 거의 모든 한계를 벗어난다. 그러니 아주 기이한 행동과 맞닥뜨림으로써 받을 충격에 미리 대비하시기를!

생식 기관의 기본 구조

딱정벌레나 파리가 짝짓기를 할 때 어떤 일이 일어나는지를 제대로 이해하려면 그들의 생식계를 좀 알아야 한다. 생식계는 암컷의 난소 한 쌍과 수컷의 정소 한 쌍에서 시작된다. 각 난소는 수란관이라는 관에 연결되어 있고, 양쪽의 수란관은 하나의 질 또는 생식실로 이어진다. 수컷의 양쪽 정소는 하나의 사정관으로 이어져 있고, 사정관은 정자를 음경으로 보낸다. 그렇다. 곤충 수컷은 음경을 지닌다. 짝짓기를 할 때 수컷은 음경을 써서 암컷의 몸속에 있는 주머니 같은 저장 기관인 수정낭을 정자로 채운다. 수정낭은 수란관에서 갈라져 나온 것이다. 난자가 수란관을 통해 내려올 때, 수정낭에 저장된 정자로 난자를 수정시킨다. 후입선출 방식에 따라 수정낭에 가장 마지막으로 들어온 정자가 수정낭 입구 가까이에서 머물

다가 가장 먼저 나와서 난자를 수정시킨다. 즉, 먼저 짝짓기를 한 수컷의 정자일수록 수정낭의 안쪽에 쌓이게 되고, 가장 나중에 교미한 수컷의 정자가 제일 먼저 나오게 되므로, 가장 나중에 교미한 수컷의 알일수록 수정에 성공할 가능성도 높다.

어느 수컷도 자신의 정자가 뒤로 밀리기를 바라지 않을 것이다. 그러려면 암컷이 알을 낳을 때까지 다른 수컷이 암컷 가까이 오지 못하도록 조치를 취해야 하는데, 이 행동이 곤충 성의 한 가지 공통된 특징이다. 그 결과 물리적인 수단이나 행동적인 수단 등 다른 수컷의 접근을 막는 온갖 방법들이 진화했다. 가장 단순한 방법은 알을 낳을 때까지 암컷을 붙들어 두는 것이다. 즉, 가능한 한 오래 그리고 꽉 생식기가 결합된 자세를 유지하는 것이다. 곤충은 이런 자세를 몇 시간, 심지어 며칠 동안 유지할 수도 있다. 최장 시간은 대벌레가 기록했는데 무려 70일을 넘겼다. 한편 수컷은 짝짓기를 하는 와중에도 자신을 떼어내려고 하는 다른 수컷들에 맞서 싸워야 할 때도 있다. 곤충의 수명에서 차지하는 비율을 따지면, 이는 우리가 일단 한번 결합하면 몇 달 동안 이 상태로 지내야 한다는 것과 같다. 극도로 불편한 건 당연하고 위험을 야기할 뿐만 아니라 나중엔 좀 지겨워지지 않을까.

어떤 이들은 곤충학자가 변태적이고 부자연스러울 만큼 성에 관심을 갖고 있다고 생각하는데 어느 정도는 맞는 말이다. 그러나 우리가 집착하는 데는 타당한 이유들이 있다. 곤충의 생식기는 종마다 구조가 달라서 종을 구분하는 확실한 방법이 되므로 중요하다. 생식기, 특히 수컷의 생식기는 같은 종의 암수가 서로 달라붙어 짝짓기를 하고, 다른 종과 짝짓기를 시도하느라 시간을 낭비하지 않도록 막기 위해 진화를 통해 세밀하게 다듬어져 왔다. 두 종이 겉으로는 아주 비슷해 보일지라도, 생식기를 자세히 살펴보면 같은 종인지 다른 종인지가 드러난다. 또한 곤충의 성적 행동도 진화를 통해 다듬어졌다. 그래서 서로 가까운 종끼리는 다른 종의 암컷이 혹하지 않도록 구애 행동에도 차이가 존재한다. 이는 더 나아가 다른 종과 교미를 시도하다가 다치거나 죽는 것을 방지하는 역할도 한다.

한눈에 딱 들어오는

곤충의 형태에서 좀 이상한 것이 보이면, 즉 딱히 어떤 기능을 하는 것 같지 않은 별난 구조가 보이면 십중팔구 짝짓기와 관련이 있다. 자루눈파리(대눈파리)stalk-eyed fly가 아주 좋은 예다. 내가 이 별난 파리를 처음 본 것은 동남아시아의 우림에서였다. 나를 응시하는 이 곤충과 처음 맞닥뜨렸을 때, 나는 명상할 때나 찾아올 법한 한순간 주변의 모든 것이 사라지고 오로지 이 곤충만 눈에 들어오는 경이로운 경험을 했다. 채집해서 옥스퍼드대학교의 표본관에 넣어두자는 생각도 떠올랐지만 도저히 손을 뻗을 수가 없었다.

자루눈파리는 내가 본 그 어떤 곤충보다도 기이한 머리를 갖고 있었다. 눈과 더듬이가 머리 양쪽으로 비스듬하게 삐죽 뻗은 긴 자루 끝에 달려 있었다. 나는 이들이 세상을 어떻게 볼지 궁금했다. 이 파리에게 몰래 다가가기란 쉽지 않을 것 같았다. 두 눈자루 사이의 폭이 몸길이보다도 더 넓었으므로, 아마 360도를 다 볼 수 있을 터였다. 암컷은 눈자루가 그보다 짧아 야외에서 성별을 아주 쉽게 구별할 수 있다. 그런데 이 파리는 왜 그렇게 긴 눈자루를 갖게 된 것일까? 이것 역시 당연히 짝짓기와 관련이 있다. 암컷은 짝이 될 후보의 자질을 판단할 수 있어야 하는데, 자루눈파리의 암컷은 눈자루가 더 긴 수컷에게 끌린다. 눈자루가 길어지려면 그만큼 에너지를 써야 하는데, 눈자루가 긴 수컷일수록 잘 먹고 건강하다는 의미가 되기 때문이다. 이것이 암컷의 선택을 가장 설득력 있게 보여주는 설명이며, 대대로 암컷이 선택해온 이 형질은 곧 수컷이 환경에 얼마나 잘 적응했는지를 알려주는 표지가 된다.

수사슴들과 마찬가지로 자루눈파리 수컷들도 암컷과 만날 수 있는 공간을 독차지하기 위해 서로 영역 싸움을 한다. 눈자루가 길수록 공격적인 만큼 경쟁에서는 눈자루가 긴 수컷이 이길 때가 훨씬 많다. 둘이 하나의 나뭇잎 위에서 서로를 마주 보고 있다면, 어느 쪽이 두 눈 사이가 더 멀리 떨어져 있는지 명확히 드러날 것이다. 그렇다면 눈자루가 길수록 성적으로 유리하기까지 한데 더욱 더 길어지지 않는 이유가 무엇일까? 눈자루가 터무니없을 정도로 길어지지 못하는 데는 어떤 제대로 발달할 수 없는 한계가 존재하는 것이 틀림없다. 이때 눈자루 길이를 더 늘이는 성 선택은 작지만 관리가 가능한 눈자루를 갖도록 유도하는 자연선택과 대립해 일종의 교착 상태에 빠지게끔 한다.

만나다

그런데 곤충은 애초에 서로를 어떻게 찾아낼까? 진화는 곤충에게 상대를 꼭, 아니 적어도 암수가 알맞은 시간에 알맞은 장소에서 만날 수 있도록 다양한 방법을 제공했다. 아무튼 딱 맞는 짝과 마주치기를 바라며 무작정 여기저기를 돌아다닌다는 것은 무의미하다. 비록 사람들 중에는 그러는 이들이 많긴 하지만 말이다. 많은 곤충에게는 알맞은 짝을 찾고 짝짓기를 하기까지 충분히 오래 함께 머무르는 것 자체가 오히려 복잡하고 지치는 과정일 수 있다.

선데이 스쿨 여름 소풍 날, 어린 나와 친구들은 버스를 타고 에든버러 외곽에 있는 한 농장으로 향했다. 지금도 좀 이해가 안 되지만 밭에서 돌아다닐 아이들에게 하얀 옷을 입고 오라고 했다. 하얀 셔츠, 하얀 반바지, 하얀 양말, 하얀 운동화 차림이었다. 당연히 제정신이 아닌 옷차림이었고, 도착한 지 30분도 지나지 않아서 나는 소가 막 싸놓은 꽤 큰 똥 더미를 밟고 뒤로 철퍼덕 미끄러지며 그렇다는 사실을 입증했다. '손수건에 침을 좀 묻혀서 닦으면 돼' 같은 늘 쓰던 방법은 소용없을 것이 뻔했다. 나는 구석구석 꼼꼼히 닦아내야 했고, 그날 오전 내내 엄마는 내 꼬락서니를 바로잡기 위해 헛수고를 하면서 보내야 했다.

어른이 된 지금, 나는 소똥에 더욱더 집착하고 있다. 얼마 전에는 막 싸놓은 소똥 더미에 몰려드는 파리들을 지켜보면서 한 시간이나 앉아 있었다. 그렇게 살피고 있자니 농민들이 성장을 촉진하고 기생충을 없애기 위해서 으레 쓰곤 하는 약물이 그 똥을 싼 소에게는 투여되지 않았음을 명확히 알 수 있었다. 심지어 쇠똥구리들이 아침 햇살에 겉날개를 반짝거리며 질척거리는 덩어리에 구멍을 뚫으면서 들락거리는 모습도 볼 수 있었다. 가축 질병 예방용 약물, 특히 항생제는 널리 남용되고 있으며, 그 결과 세균들은 빠르게 약물에 저항성을 띠어가고 있다. 사실 충분히 예측할 수 있는 혼란이었고 피했어야 마땅했다. 그러나 더욱 중요한 점은 똥에 의존하는 곤충 군집 전체도 당연히 붕괴하고 있다는 것이다.

똥파리yellow dung fly (*Scathophaga stercoraria*)는 북반구 전역에 사는 흔한 종이며, 성체는 더 작은 곤충을 잡아먹고 꽃꿀도 먹지만 유충은 오로지 소와 말 같은 큰 동물의 똥만 먹는다. 유충의 이 재순환 서비스는 대단히 중요하다. 전 세계에서 소가 하루에 싸는 똥이 300억 킬로그램에 달하기 때문이다. 재순환이 필수로 이루어져야 하는 물질이다.

몸집이 큰 똥파리 수컷은 소가 막 싸놓은 소똥 주위를 맴돌면서 잡아먹을 더 작은 파리와 짝짓기를 할 암컷이 오기를 기다린다. 그들에게 막 싼 소똥은 편의점과 다름없다. 늘 암컷보다 수컷이 많고 암수 모두 여러 차례 짝짓기를 할 수 있으므로 똥파리의 성생활에는 힘과 강압이 어느 정도 수반된다. 수컷이 작은 암컷을 콱 움켜쥐고서 똥에 세게 박는 모습을 지켜볼 때면, 짝짓기가 오로지 수컷 위주로만 이루어진다고 상상할지도 모르겠다. 실제로 똥에 박힌 채 익사하는 암컷도 종종 있지만, 짝짓기 이후에 정자를 수정낭으로 옮기는 일은 암컷의 몸에서 일어나는 일이므로 전체 과정은 어느 정도 암컷의 통제하에 있다고 볼 수도 있다. 야생에서 곤충의 행동을 지켜보면 볼수록 그들의 하찮아 보이는 삶의 매력에 더욱더 빠지게 된다.

번식을 위해 바쁘게 움직이는 똥파리들로부터 그리 멀지 않은 곳에는 훨씬 더 작은 검정청소부파리black scavenger fly (*Nemopoda nitidula*)들이 똥 표면에 잔뜩 모여 있었다. 검정청소부파리는 대개 막 싸놓은 똥 더미를 좋아하는데, 여기서도 그렇다는 것을 확실히 보여주었다. 수컷은 끝부분이 검은 날개를 흔들면서 구애 행동을 한다. 이들은 짝을 고르는 데 그다지 까다롭지 않으며 가장 처음 눈에 띈 암컷과 짝짓기를 시도할 것이다. 그 암컷은 이미 수정된 상태일 수도 있고 똥에 알을 낳으려다가 수컷에게 붙들린 것일 수도 있지만 수컷은 개의치 않는 듯하다. 수컷은 앞다리로 암컷의 허리를 꽉 움켜쥐어서 달아나지 못하게 할 것이다. 암컷은 몸을 마구 흔들어서 떼어내려 할 수도 있다. 수컷이 짝짓기에 성공한다면 그다음에 암컷이 낳는 알은 그의 정자로 수정된 것일 테다. 계속 지켜보고 있는데 전에 본 적 없는 광경이 눈에 들어왔다. 내 앞에서 파리 한 쌍이 한창 짝짓기를 하고 있었다. 암컷이 산란관을 내밀어서 알을 낳을 수 있도록 수컷은 자신의 생식기를 암컷의 몸에서 떼어내야 했지만, 암컷이 배 끝을 똥에서 들어 올리자 수컷은 다시 교미를 시작했다. 그들은 이런 행동을 서너 번 반복한 뒤에 떨어졌다. 나는 그들의 성생활을 좀 더 알아냈다는 사실에 무척 기뻤고 그들도 즐거웠기를 바랐다.

십 대 청소년이 모임에 나가곤 하듯이 곤충도 소똥 같은 좋아하는 곳에 모여들어 짝을 찾을 기회를 최대로 늘릴 것이다. 그러나 그런 행동 때문에 위험에 노출될 수도 있지 않을까? 눈에 띄지 않으면서 짝을 찾는 편이 훨씬 안전하지 않을까?

냄새와 노래

나비와 나방이 성적인 냄새, 즉 페로몬을 이용한다는 사실은 잘 알려져 있다. 이 페로몬은 극도로 강력하며, 나방 수컷의 더듬이에 분자 몇 개만 달라붙어도 행동을 촉발할 정도다. 수컷은 바람을 거슬러서 냄새의 근원을 찾을 때까지 계속 나아갈 것이다. 내 친구는 일클리무어에서 산누에나방(*Antherea pernyi*) 수컷을 꾀기 위해 산누에나방의 성호르몬을 구입했다. 그 미끼를 사용한 첫날, 작은 고무마개에 페로몬을 묻혀 놔두자 10분도 안 되어 수컷 여섯 마리가 모여들었다. 수컷들을 속여서 적어도 800미터 넘게 날아오도록 헛수고를 시켰다는 사실이 좀 미안해진 친구는 더는 이 페로몬을 쓰지 않기로 마음먹었다. 며칠 뒤 그는 다시 그곳으로 향했다. 이번에는 페로몬을 챙겨 가진 않았지만 며칠 전 입었던 바로 그 재킷을 입고 있었다. 놀랍게도 다시 수컷들이 모여들었다. 그 옷에 남아 있던 미량의 페로몬 분자를 감지한 것이 틀림없었다.

소리도 짝을 꾀는 데 아주 효과적인 전략이 될 수 있다. 사번충 deathwatch beetle (*Xestobium rufovillosum*)은 늦봄에 암수 모두 독특한 성적 신호를 보낸다. 이 딱정벌레는 참나무 같은 활엽수에 알을 낳는데, 특히 곰팡이에 감염되어 물러진 곳을 노린다. 이들은 다리로 나무에 달라붙은 채 머리로 나무를 두드려서 짝을 꾀는 소리를 낸다. 수컷은 암컷이 응답하는 소리가 들리는지 기다렸다가 소리가 들려오면 음파가 오는 방향을 찾아서 날아간다. 수컷의 소리에 답하는 것은 암컷뿐이다. 이 곤충의 영어 이름은 시신이 안치된 조용한 방이나 교회에서 이 딱정벌레가 내는 희미한 소리가 들리곤 한다는 사실에서 유래했다. 그러나 머리를 부딪쳐 내는 이 소리는 딱히 노래라고 할 수는 없다. 귀뚜라미와 메뚜기는 더 낭랑하게 울려 퍼지는 세레나데를 부른다.

귀뚜라미 수컷은 양쪽 앞날개를 맞대어 비벼서 노래를 부르는 반면, 메뚜기는 뒷다리의 허벅지에 한 줄로 난 돌기들을 앞날개의 빳빳한 가장자리에 대고 비벼서 소리를 낸다.

그런데 한 단계 더 나아가서 노래를 더욱 정교하게 증폭시키는 종류의 귀뚜라미도 있다. 땅강아지는 포유동물인 두더지의 축소판처럼 보인다. 평생을 땅속에서 사는 동물은 몸이 튼튼한 원통

형으로 진화할 가능성이 높다. 앞다리는 짧고 강해지고, 흙을 파는 억센 이빨이나 발톱을 갖추어야 할 것이다. 그러나 내 입장에서는 두더지보다 땅강아지가 훨씬 더 흥미롭다. 바로 놀라운 음향공학자이기 때문이다. 이들은 노래가 더 잘 울려 퍼지도록 정교하게 굴을 판다. 땅강아지는 노래의 반송 주파수(약 3.4킬로헤르츠)를 공명시키는 방에 앉아 노래를 하며, 이 방은 끝을 향할수록 지수 곡선 형태로 벌어지는 두 개의 뿔처럼 된 굴에 연결되어 있다. 굴은 땅 표면까지 노래를 증폭시켜서 전달한다. 이 굴은 놀라울 만큼 효과가 좋으며, 지상 1미터에서 들리는 소리의 최고 수준이 92데시벨에 달하기도 한다. 고요한 환경에서는 1.5킬로미터가량 떨어진 곳에서도 들릴 정도다. 초기 확성기 제조사들이 땅강아지의 음향학적 뿔 모양을 정확히 베낀 것도 우연이 아니다.

또 다른 잘 알려진 노래하는 곤충은 매미다. 매미는 한살이가 꽤 길다. 약충은 그다지 영양가가 없는 나무뿌리의 수액을 먹으며 땅속에서 여러 해를 보낸다. 매미 성체는 한꺼번에 대규모로 출현하곤 하며, 그 결과 많은 매미가 포식자에게 먹히지 않고 살아남게 된다. 매미는 위장술이 뛰어나서 눈에 잘 안 띌 수 있지만, 노래는 금방 알아차릴 수 있다. 아주 가벼우면서 경쾌한 소리부터 사슬톱이나 전동 그라인더의 소음과 비슷한 불협화음에 이르기까지 다양한 소리를 낸다. 수컷이 암컷을 꾀기 위해 부르는 이 노래는 배의 양쪽에 있는 진동막timbal이라는 한 쌍의 기관에서 나온다. 이 기관은 아이들의 삑삑이 장난감처럼 작동한다. 즉, 조일 때 삑 하고 크게 울린다. 진동막에는 빳빳한 서까래 같은 막대들이 늘어서 있으며, 이 아래의 근육이 수축할 때 각 막대가 변형되면서 일련의 소리가 난다. 근육이 이완될 때 진동막은 원래 모양으로 돌아가면서 또 소리를 낸다. 수컷의 배는 거의 속이 비어 있어서 바이올린의 공명통처럼 소리를 증폭하고 퍼뜨리는 역할을 한다. 암수 모두 배의 밑면에 고막이라는 청각 기관을 지니지만, 수컷은 자신의 청력이 손상되지 않도록 자신이 소리를 낼 때는 이 '귀'를 닫을 수 있다. 지금까지 기록된 가장 큰 매미 울음소리는 120데시벨에 달하는데, 이는 록 콘서트장에서 들리는 소리보다도 크고 사람이 통증을 느끼는 문턱값보다도 훨씬 높다. 우는 시간은 매미종에 따라서 다르다. 촬영차 동남아시아에 머물던 어느 날, 날이 저물 즈음이 되자 한 매미종이 대규모로 내는 불협화음이 들렸다. 이 종은 곧 '진토닉매미gin and tonic cicada'라고 불리게 되었다.

귀뚜라미의 놀라운 성생활

카림 바헤드 교수

여름의 열기 속에서 기분 좋게 치르르르 울리는 곤충의 소리가 들릴 때, 그 소리가 성과 관련이 있다는 사실을 알면 좀 놀랄지도 모르겠다. 내가 카림 바헤드Karim Vahed를 처음 만난 것은 20여 년 전이었다. 우리 둘 다 박사 논문 심사 위원으로 일할 때였다. 그는 귀뚜라미에 유달리 관심이 많으며 내가 아는 어느 누구보다도 귀뚜라미의 짝짓기 습성에 관해 잘 알고 있다. 최근 이야기를 나눌 기회가 있었는데 그는 내게 귀뚜라미의 짝짓기 과정을 차근차근 설명해주었다.

"귀뚜라미의 짝짓기는 대개 수컷이 앞날개를 비벼서 노래를 부르는 것으로 시작해요. 한쪽 앞날개에는 손톱을 다듬는 도구인 줄 같은 것이 나 있고, 그것으로 다른 쪽 날개를 문지르는 구조죠. 손톱으로 빗을 죽 긁어내리는 것과 좀 비슷해요. 양쪽 날개를 반복해서 문지르면 소리가 나죠. 그 소리에 끌려 온 암컷은 더 가까이에서 들으려고 사실상 수컷 위에 올라타요. 수컷이 암컷을 업는 거죠.

유럽들판귀뚜라미european field cricket(*Gryllus campestris*)는 암컷이 다가오면 사실상 노래를 바꿔요. 멀리 있을 때는 암컷을 유혹하는 노래를 부르다가 가까이에서는 청혼가를 부르죠. 전혀 다른 노래예요. 훨씬 부드럽고 간질간질한 소리를 내거든요. 마찬가지로 암컷이 수컷에게 올라타면 수컷은 정자를 전달하죠. 대개는 수컷만이 노래를 통해 자신의 존재를 알리고 암컷과 짝짓기할 준비를 하지만, 몇몇 여치•종은 암컷이 수컷의 노래에 답하는 짧은 노래를 부르기도 해요. 이렇게 답하는 거죠. '나 여기 있어!' 하고요.

많은 종과 달리 귀뚜라미 수컷은 암컷의 몸속에 삽입하는 생식 기관이 없어요. 대신에 공처럼 뭉친 정자 덩어리를 집어넣습니다. 이 덩어리에 들어 있는 작은 관이 암컷의 몸에 끼워져요. 많은 종에서는 **그 뒤에** 저절로 암수가 떨어져요. 정자가 암컷의 몸속으로 들어가는 것은 사실상 암수가 떨어진 뒤에 이루어지는 거죠. 정포라는 이 주머니에서 정자가 조금씩 흘러나와 암컷의 몸속으로 들어갑니다.

흥미롭게도 동물계 전체에서 암컷의 선택은 수컷의 짝짓기 행동에 진화를 추진하는 정말로 중요한 원동력이에요. 귀뚜라미 암컷이 짝짓기할 수컷을 사실상 선택하는 경우도 있는데 수컷들

• 귀뚜라미, 여치, 어리여치, 땅강아지는 친척이다.

의 노래를 듣고서일 거예요. 우리는 수컷의 노래가 몸집과 나이, 아마도 수컷의 몸 상태에 따라서도 다르다는 것을 알아냈어요. 암컷은 수컷이 부르는 노래를 듣는 것만으로도 많은 정보를 얻을 수 있는 거죠.

귀뚜라미는 수컷들이 서로에게 심하게 공격적인 태도를 보이거나 경쟁하는 수컷을 향해 직접 공격적인 노래를 부르는 사례도 있어요. 유럽들판귀뚜라미는 특히 그래요. 수컷끼리 아예 싸우기도 하고, 몸집이 비슷할수록 더욱 그러고요. 턱을 쩍 벌리고 돌진하고 상대를 물고 뒤로 넘겨서 뒤집기까지도 해요. 중국에는 돈을 걸고 귀뚜라미끼리 싸움을 붙이는 민속놀이도 있어요. 이긴 귀뚜라미에 건 쪽은 꽤 많은 돈을 받죠."

나는 암컷에게 큰 수컷의 노래를 들려주면서 작은 수컷을 갖다두면 과연 암컷이 속아 넘어가 좋은 짝이라고 받아들일지 궁금했다.

"암컷이 속아서 그 수컷과 짝짓기할 가능성도 충분히 있어요. 그런데 가까이 다가가서 평가를 더 할 수도 있고요. 암컷은 수컷의 냄새를 맡을 수 있거든요. 귀뚜라미의 겉뼈대 바깥에는 페로몬이 묻어 있는데, 이 페로몬이 수컷의 인식과 암컷의 선택에 어떤 역할을 합니다. 암컷은 수컷과 만날 때 쓸 만한 또 다른 전략도 숨겨두고 있어요. 수컷의 정자를 수정에 쓸지 여부를 결정할 수 있거든요. 이를 '암컷의 은밀한 선택cryptic female choice'이라고 합니다. 알아차리기 어렵기 때문에 은밀하다고 말하죠. 암컷은 정자 덩어리가 얼마나 오래 붙어 있을지에 개입함으로써 사실상 먹어 치우기 전에 얼마나 많은 정자를 몸속에 받아들일지 선택할 수 있어요. 암컷이 이 방법으로 작은 수컷을 차별 대우한다는 것을 보여주는 연구가 많이 있습니다.

정자 덩어리 자체는 먹기에도 좋고 혼인 선물로 여길 수도 있어요. 단백질이 많은 물질로 감싸여 있거든요. 귀뚜라미 암컷은 꽤 문란해서 다수의 수컷과 짝짓기를 한다고 알려져 있는데, 사실 암컷이 여러 수컷과 짝짓기를 하는 이유는 먹이를 받기 위해서일 수도 있어요. 정자 덩어리 말이죠. 그렇게 우선 받은 다음 암컷의 은밀한 선택을 통해 짝으로 받아들일지 여부를 판단하는 거고요."

딱하게도 수컷은 자신의 정자가 어디에 쓰이는지 여부를 사실상 알지 못한다. 나는 수컷이 자신의 정자를 암컷이 쓰도록 확실히 조치를 취할 수 있는 방법이 있는지도 궁금했다.

"이 아주 강한 선택압에 반응해서 수컷에게는 암컷이 자신의 정자를 쓰도록 할 아주 다양한 전략이 진화했어요. 제가 연구한 전략 중 하나는 수컷이 정자 덩어리에 분비해 붙이는 커다란 젤리 형태의 구애 급식courtship feeding이에요. 암컷은 이 젤리를 먹느라 바빠서 정자 덩어리를 떼어낼 겨를이 없거든요. 이게 바로 수컷이 자신의 정자를 지키는 방법이에요.

정말로 흥미로운 점은 귀뚜라미에게서 이런 적응 형질adaptation이 놀라울 만치 다양하게 진화했다는 거예요. 예를 들어, 긴꼬리귀뚜라미tree cricket(*Oecanthus fultoni*) 수컷은 날개 바로 밑에 있는 특수한 샘에서 수프 같은 물질을 분비해요. 암컷은 정자 덩어리를 받은 뒤에 도저히 못 참겠다는 듯이 이 단백질이 풍부한 분비물을 먹기 시작하죠. 다 먹는 데 30분쯤 걸리는데 그때쯤 정자는 이미 암컷 몸속으로 다 들어가 있죠.

더 지저분한 전략들도 많아요. 몇몇 알락방울벌레ground cricket(*Dianemobius nigrofasciatus*)종의 수컷은 뒷다리에 작은 가시가 나 있는데, 교미 때 이 가시를 암컷의 입에 갖다대요. 암컷은 이 가시를 씹어서 흘러나오는 피를 핥아먹죠. 오래 먹을수록 정포가 달라붙어 있는 시간도 늘어나서 결국 더 많은 정자가 몸속으로 들어가게 됩니다."

여기에서 두 이해관계가 충돌한다. 암컷은 최고의 수컷에게서 최고의 정자를 얻고 싶어 하고, 수컷은 자신의 정자가 쓰이기를 바란다. 이 모든 복잡한 행동 상호작용은 각자가 원하는 목표를 달성하기 위해 애쓰는 노력의 산물이다.

"어느 면에서 보면 성적 갈등이 있어요. 번식 측면에서 암수의 이해관계가 반드시 일치하지는 않거든요. 수컷은 정자를 암컷에게 확실히 전달하고 싶어 하고, 암컷은 가장 나은 수컷을 고르고 싶어 하죠. 때로 수컷이 선호하는 듯한 전략들을 암컷이 조작할 수도 있어요.

호주어리귀뚜라미(*Ornebius aperta*)는 더 별난 전략도 써요. 이들의 짝짓기 과정은 3~4시간 동안 이어지는데 그 사이에 수컷은 여러 번 교미를 해요. 즉, 정자 덩어리를 전달하자마자 암컷이 즉시 먹어치운다고 해도 별 상관없다는 뜻이에요. 짝짓기 과정 동안 수컷은 같은 암컷과 최대 58번까지 교미를 반복할 테니까요. 놀라운 점은 암컷이 이 전략을 써서 상태가 좋은 수컷과 나쁜 수컷을 구별할 수 있다는 사실이 실험을 통해 드러났다는 거예요. 건강한 수컷만이 실제로 이 기간에 58번이나 정포를 생산할 수 있을 테니까요. 몸 상태가 별로인 수컷은 그렇게 자주 교미하지 못하거나 그 전에 암컷이 떠나버릴 걸요. 암컷은 사실상 수컷의 이런 행동 전략을 자신의 은밀한 선택에 이용하는 겁니다. 그 수컷에게서 정자 덩어리를 전부 다 받을지 말지 여부를 결정함으로써요.

몇몇 여치종은 암컷에게 그다지 선택의 여지가 없어 보여요. 제가 연구한 전략 중 하나는 장시간 교미예요. 이때 수컷은 특수한 구조를 이용하거든요. 좀 변형된 쌍꼬리cercus인데 곤충의 배 끝에 있는 한 쌍의 작은 더듬이처럼 생긴 것을 말해요. 몇몇 여치 종에서는 이 구조가 파악기clasper라는 특수한 집게 모양으로 변했어요. 암컷에게 먹으라고 젤리 같은 구혼 선물을 주는 대신에 수컷은 그 에너지를 절약하고 파악기로 암컷을 꽉 붙든 채 정자를 전달하죠. 수컷이 암컷을 놓아줄 즈음에는 정자가 이미 몸속으로 다 들어간 상태예요. 특수하게 적응된 파악기를 지닌 여치류를 살펴보면 정포가 아예 없기도 합니다. 정자를 보호하기 위해서 정자가 든 주머니를 쓰지 않고 아예 계속 달라붙은 채 암컷의 몸속에 정자를 집어넣는 전략을 택한 거니까요."

귀뚜라미는 독특한 노래로 잘 알려져 있다. 우리는 유인 노래와 구애 노래가 따로 있다는 것을 이제 알았다. 그렇다면 다른 노래도 있을까?

"유럽들판귀뚜라미는 노래를 다양한 용도로 써요. 서로 싸울 때면 수컷들은 호전적인 노래를 부를 거예요. 소리가 아주 크고 귀에 거슬릴 정도인데 싸움 결과는 한눈에 보여요. 승자는 예외 없이 승리의 춤을 추는 양 몸을 앞뒤로 톡톡 움직이면서 씰룩거리거든요. 그러면서 자신이 이겼다고 알리는 독특한 승리의 노래를 부르죠. 그러면 패자는 물러나요. 패자는 자신을 이긴 개체를 기억했다가 나중에 마주치면 맞서지 않고 피할 때가 많아요. 이 승리의 노래는 누가 이겼는지를 확정 짓는 데 정말로 중요한 역할을 합니다."

영국의 귀뚜라미는 예전보다 수가 줄어들었다. 그러나 바헤드는 상황이 바뀔 수도 있다고 보며, 우리는 꽃이 만발한 초원에서 여전히 귀뚜라미의 울음소리를 들을 수 있을 것이라고 말했다.

"몇몇 아주 희귀해진 종도 있지만 사실 급속히 불어나서 전국에 걸쳐 흔해지고 있는 종도 있어요. 귀뚜라미는 따뜻한 곳을 좋아하며 몇몇 기회종opportunistic species은 기후 변화를 환영해요. 예를 들어, 뢰셀여치Roesel's bush-cricket(*Roeseliana roeselii*)와 변색쌕새기long-winded conehead (*Conocephalus fuscus*)는 전국으로 확산되었죠. 반면에 잘 적응하지 못하는 종들도 있습니다. 전에 영국의 유럽들판귀뚜라미는 수가 100마리까지 줄어들기도 했어요. 이 문제를 해결하기 위해서 재도입과 포획 번식 사업이 시작된 상태고요.

귀뚜라미는 예전보다 확실히 수가 줄었어요. 땅강아지는 영국의 한 작은 지역에만 남았고 머지않아 멸종할 수도 있어요. 대서양연안털귀뚜라미atlantic beach cricket(*Pseudomogoplistes vicentae*)는 영국 해안의 세 곳에서만 돌 틈새에서 발견되곤 하고요.

저는 20년 전 더비셔카운티로 이사했을 때 여치종을 한 마리도 보지 못했어요. 그런데 지금은 저희 집 뒤뜰에서도 얼룩여치speckled bush-cricket (*Leptophyes punctatissima*), 변색쌕새기, 뢰셀여치의 노래가 들려요. 화창한 여름이면 많은 사람이 그 노래를 들을 수 있을 거예요. 특히 뢰셀여치는 빠르게 퍼지고 있거든요."

난교와 죽음

곤충 세계에서 수컷은 암컷을 얻기 위해서 많은 노력을 쏟지만, 때로는 자기 목숨을 잃을지도 모를 만큼 집착하기도 한다. 곤충 세계에서 수컷은 소모품에 가까우며 꿀벌 수컷에게 짝짓기는 곧 죽음이다. 벌 군집의 크기가 어느 수준에 이르면 많은 새로운 여왕벌이 자라난다. 새 여왕벌은 알집에서 나온 지 며칠 뒤면 성적으로 성숙해져 비행에 나선다. 이 혼인 비행 때 여왕벌은 두 군집 이상에서 나온 수벌들이 몰려 있는 곳으로 향한다. 또는 수벌들이 여왕벌을 찾아온다. 수벌들은 공중에서 짝짓기를 하기 위해 여왕벌을 뒤따르며 경쟁한다. 공중에서 교미에 성공하여 사정한 수벌은 곧 날갯짓을 멈추고 마치 의식을 잃은 양 뒤로 축 늘어진다. 나는 교미 후에 수벌에게 어떤 일이 벌어지는지 과연 여러분도 아는지 궁금하다. 여왕벌은 수벌을 업은 채 계속 날고, 곧 수벌은 떨어져 나와 땅으로 추락한다. 생식기의 대부분은 여왕벌에 달라붙은 채로 남는다. 다음 수벌은 교미를 위해 이 장애물을 제거해야 한다. 여왕벌은 수벌 십여 마리와 교미를 할 수도 있으며, 수정낭에 평생 쓸 만큼 정자를 저장하려면 혼인 비행을 두 번 이상 해야 할 수도 있다. 4년 동안 매일 많으면 2,000개씩 알을 낳기도 하니 꽉 채워두는 것이 중요하다.

몇 차례 짧은 짝짓기로 필요한 정자를 모두 저장할 수 있다는 사실은 곤충의 높은 번식 속도를 뒷받침하는 효율성이란 개념이 무엇인지를 잘 보여주는 탁월한 사례다. 모든 곤충은 가능한 한 효율적으로 번식할 수 있도록 자신의 기본 번식 전략을 세밀하게 조정하려고 애쓴다. 곤충에게 중요한 것은 크기가 아니다. 시간이다.

짧은 만남

곤충은 수명이 짧으므로 짝짓기에 많은 시간을 할애할 여유가 없다. 빨리 끝내지 못한다면 아예 기회조차 없을지도 모른다. 여러분이 운 좋은 독자라면 하루살이들이 큰 무리를 지어 혼인 비행을 하는 광경을 보았을 수도 있다. 정말 장관을 이룬다. 그리고 하루살이들로서는 이 비행이 처음으로 동족들을 보는 때이자 교미 행위라는 그들의 마지막 임무를 수행하는 때일 것이다. 이들의 만남은 짧게 끝난다. 하루살이 약충은 물속에서 한두 해 동안 지내면서 다 자란다. 그리고 수온 증가를 비롯한 몇 가지 요인들에 자극을 받아 수면 위로 올라오고 칙칙한 색깔의 날개가 달린 아성충subimago이 된다. 아성충은 물가의 식물로 날아오른다. 곤충치고는 특이하게도 이들은 이 단계에서 다시 한번 허물을 벗고 햇빛에 반짝거리는 날개를 단 성충이 된다. 큐티클과 날개가 완전히 굳으면 성충은 날아오르고, 그렇게 수백만 마리가 떼를 지어서 짝짓기를 위한 혼인 비행을 할 것이다.

이런 혼인 비행은 저녁에 어스름이 깔릴 때 일어나며, 독특하게 율동적으로 위아래로 오르내리면서 비행하는 양상을 보인다. 또한 곤충학자들이 '군집 표지swarm marker'라고 부르는 공터, 숲이나 덤불처럼 경관에서 뚜렷한 특징을 보이는 곳 근처의 수면 위 상공에서 이루어진다. 많은 종의 수컷은 겹눈이 위쪽 영역과 아래쪽 영역으로 나뉘어 있다. 위쪽 영역은 짧은 자루가 달려서 튀어나와 있을 때도 있다. 이 불룩해진 위쪽 면을 이용해서 수컷은 무리지어 비행할 때 위쪽에 있는 암컷을 찾을 수 있다. 짝짓기할 암컷을 고르면 수컷은 긴 앞다리의 발목마디(발)를 암컷 가슴 양쪽의 특정한 부위에 끼워서 매달린다. 수컷의 생식기는 한 쌍인데 마찬가지로 쌍을 이룬 암컷의 질 입구에 삽입한다. 결합에 성공하면 교미하는 암수는 무리에서 떨어져 나와 서서히 아래쪽 수면을 향해 내려온다. 그리고 암컷은 물에 수백 개 또는 수천 개의 알을 낳는다. 아침이면 모든 것이 끝난다. 그러나 그 밤은 정말 경이롭다. 나는 이런 일, 또는 이와 아주 비슷한 일이 지난 3억 년 동안 계속되었고, 대개 지켜보는 이가 아무도 없는 상태에서 이루어졌다는 생각을 할 때면 다시 한번 굉장한 경이로움을 느낀다.

내가 위스콘신주의 미시시피강 연안에서 하루살이들이 동시에 대규모로 출현하는 과정을 촬영하러 북아메리카에 갔을 때였다. 무리가 언제 날아오를지를 정확히 예측하기란 쉽지 않지만, 우리는 그 지역 과학자들에게 조언을 얻고 심지어 기상청과도 접촉했다. 기상청의 기상 레이더는 하루살이 무리가 비행할 때 관측에 사용할 수 있었다. 해마다 하루살이들이 대규모로 출현할 때면 수

많은 개체가 도로를 뒤덮는 바람에 길이 너무 미끄러워져서 교통 사고가 종종 일어나곤 했다. 따라서 잘 찍으면 사람들의 기억에 남을 영상이 될 것 같았다. 어쩌면 상도 받을 수 있지 않을까? 우리는 이틀 동안 기다렸지만 아무 일도 일어나지 않았다. 곧 레이더 화면에 나타날 것이라는 말을 믿고서 계속 기다렸다. 사흘째 자정이 막 지났을 무렵, 누군가가 내 모텔 방문을 마구 두드려대는 소리에 나는 눈을 떴다. 비틀거리며 걸어가 문을 여니 촬영 기사인 조니 로저스Johnny Rogers와 음향 기사인 파커 브라운Parker Brown이 장비를 들고서 서둘러 계단을 내려가는 모습이 보였다. "연락 왔어요. 벌써 시작했대요!" 그들은 소리치고는 주차장으로 달려갔다. 머뭇거릴 시간이 없었다. 나는 부랴부랴 옷을 입고 가방을 들고 계단을 두 단씩 뛰어 내려갔다. 그러다가 그만 계단 아래쪽에서 발을 헛디디는 바람에 방충망 문에 머리를 처박으면서 밖으로 뚫고 나갔다. 습한 밤공기가 몸을 휘감았다. 허우적거리다가 간신히 균형을 잡으니, 차 옆에서 로저스와 브라운이 배를 움켜쥔 채 거의 숨도 못 쉬며 낄낄거리고 있는 모습이 눈에 들어왔다. 연락 같은 것은 없었다. 하루살이는 아직 나타나지 않았던 것이다. "내가 바보지." 나는 툴툴거렸다. 로저스는 평소에도 장난을 좋아하는데 이번에는 정말로 진짜 같았다. 그들에게 딱히 화가 나지는 않았다. 그저 하루살이들이 나타나서 하늘을 가득 메우고 다리와 철도를 뒤덮을 만큼 땅에 수북이 쌓이는 광경을 보지 못해 여전히 아쉬울 따름이었다. 결국 우리는 하루살이 떼를 보지 못했고, 그 장관은 여전히 내 버킷 리스트로 남아 있다.

공짜 식사 같은 것은 없다

저녁 (또는 아침 또는 점심!) 식사를 함께한 뒤 상대와 핑크빛 무드를 가진 경험이 있는가. 배도 부르고 느긋해지면 상대방의 외모도 꽤 마음에 들어지기 마련이다. 곤충도 별반 다르지 않다. 수컷은 점찍은 상대에게 혼인 선물이라며 먹이 선물을 건네기도 하는데, 선물을 받은 암컷은 수컷을 받아들이거나 적어도 그 자리에서는 퇴짜를 놓지 않을 가능성이 높다. 이 선물은 수컷에게도 중요하다. 선물의 질이 충분히 좋다면 정자를 모두 전달할 때까지 오래도록 암컷의 관심을 사로잡을 수 있기 때문이다.

춤파리dagger fly (*Empis flavobasalis*)는 북반구에 널리 퍼져 있으며, 산울타리와 풀밭에서 숲과 습지에 이르기까지 모든 곳에 서식한다. 이들은 작고 둥근 머리에 빳빳하고 길게 아래로 뻗은 주둥이 형태의 독특한 구기가 달려 있어서 쉽게 알아볼 수 있다. 식생을 잠시만 지켜보고 있으면 곧 춤파리가 눈에 띌 것이다. 어디든 식물들이 모여 자라는 곳을 무슨 일이 벌어지는지 유심히 지켜보고 있기만 해도 5~10분 사이에 뭔가 흥미로운 일이 눈에 띌 것이라고 나는 장담한다. 운이 좋으면 잎에 앞다리로 매달린 채 암컷과 교미하고 있는 춤파리 수컷을 볼 수도 있다. 암컷은 말벌이나 파리나 꽃매미 같은 작은 곤충을 먹으면서 짝짓기를 할 것이다. 그렇다면 이 행복한 만남은 어떻게 이루어진 것일까? 짝짓기를 하기 전에 수컷은 혼인 선물을 마련하기 위해 사냥을 했다. 짝으로 점찍은 상대에게 줄 맛있는 선물이었다. 수컷은 직접 고생해서 먹이를 사냥하는 대신에 이미 먹이를 확보한 다른 수컷과 마주쳤을 때 싸워서 빼앗았을 수도 있다. 아무튼 수컷은 이제 구애할 준비를 마쳤다. 빈손으로 간다면 성공할 가능성이 극히 낮을 것이다. 먹이의 크기와 질은 곧 암컷이 괜찮은 수컷을 만났음을 설명해주기 때문이다. 준비가 끝나고 암컷이 선물을 먹느라 바쁜 사이에 수컷은 자기 일에 몰두한다.

많은 곤충 수컷의 고민거리는 정자를 전달하는 데 성공할 수 있도록 오랫동안 암컷이 먹이에 계속 몰두하게끔 만드는 것이다. 그래서 일부 춤파리종의 수컷은 선물에 약간의 추가 조치를 취하기도 한다. 앞다리의 발목마디에 있는 특수한 세포가 만드는 실로 혼인 선물을 꽁꽁 감싼다. 이렇게 선물을 실로 포장하는 전략은 대성공을 거둘 수 있다. 암컷이 선물 꾸러미를 이리저리 살펴보면서 포장을 뜯는 데 쓰는 시간만큼 짝짓기 시간도 늘어나기 때문이다. 짝짓기가 끝나면 수컷은 선물 중 아직 남은 부분을 암컷에게서 빼앗아 달아나서는 다른 암컷에서 다시 써먹을 수도 있다. 사실 쓸모가 없어질 때까지 몇 번 써먹은 뒤에 더 맛깔나는 먹이를 새로 찾아 나서기도 한다. 1954년 시인 딜런 토머스Dylan Thomas가 쓴 라디오 드라마 〈밀크우드 아래서Under Milk Wood〉에는 이런 대사가 나온다. "남자는 조용히 잔인한 짓을 해."

그러나 아예 먹이를 잡으려는 수고조차 하지 않은 채 그냥 실로 둘둘 감싸서 겉보기에만 그럴싸하게 포장한 속이 빈 선물 꾸러미를 주는 북아메리카종인 긴꼬리춤파리long-tailed dance fly(*Rhamphomyia longicauda*)도 생각해보자. 음, 너무 폄하하는 것도 같다. 사실은 속이 텅 빈 선물 포장 상자라고만은 할 수 없기 때문이다. 뜯어보면 아주 꼼꼼하고 복잡하게 포장되어 있어서 이 역시 구혼자의 자질을 잘 보여준다고 볼 수도 있기 때문이다. 비록 암컷이 공짜 식사는 하지 못할지라도 말이다.

이렇게 혼인 선물로 먹이를 주는 것이 괜찮은 방법이라면 자기 몸의 일부를 선물로 내놓는 방법은 어떨까?

먹히면서 짝짓기하기

북아메리카의 몇몇 산쑥여치sagebrush cricket(*Cyphoderris strepitans*)는 이 접근법을 완전히 새로운 수준으로 끌어올렸다. 그들은 스스로 뜯어 먹히는 쪽을 택한다. 이 크고 통통한 산쑥여치는 위스콘신주와 콜로라도주 아고산대亞高山帶의 쑥 덤불 지대와 소나무 숲에 산다. 구애는 귀뚜라미류의 전형적인 방식으로 시작된다. 수컷이 앞날개를 맞대어 비벼서 노래를 부르고, 암컷이 관심을 보이면 놀라운 일이 벌어진다.

암컷은 수컷에게 올라타서 살집 있는 넓적한 뒷날개를 먹으려고 한다. 물어뜯은 뒤 상처에서 흘러나오는 체액을 핥아 먹는다. 암컷에게는 이 단백질로 이루어진 풍부한 체액이 좋은 먹이일 뿐만 아니라 알을 성숙시키는 데도 쓰인다. 수컷에게도 그리 나쁘지 않은 방법이다. 암컷과 싸우는 대신에 수컷은 순순히 먹힌다. 먹기 쉽도록 앞날개를 들어 올려주기까지 한다. 물론 그 전에 자신의 생식기를 암컷의 생식기와 확실하게 결합시키고 암컷을 제자리에 꽉 붙들어 놓기 위해서 특수한 갈고리가 달린 집게로 암컷의 배 끝을 꽉 붙잡는다. 정자가 안전하게 전달된 뒤에야 풀어줄 것이다. 암컷을 꽉 붙들고 있어야 하는 이유는 충분히 이해 가능한데, 수컷이 교미에 들이는 비용이 만만치 않아서다. 짝짓기를 할 때 수컷은 체중이 10퍼센트까지 줄어들기도 하는데, 교미는커녕 공짜 식사만 제공하고 싶지는 않을 것이다. 수컷은 일단 교미를 시작하면 몸이 어느 정도 뜯어 먹히기 때문에 짝짓기는 한번에 성공해야 한다. 한번 '손상된 상품'은 다른 암컷들에게 그다지 매력적으로 와닿지 않을 것이기 때문이다.

곤충이 평범하지 않은 어떤 행동을 할 때는 언제나 성과 관련이 있는 듯하며, 이는 생존 가능한 자식을 최대한 많이 남기는 결과로 이어진다. 어둠 속에서 불빛을 내는 능력만큼 그 점을 잘 보여주는 사례가 또 있을까?

반짝반짝

스코틀랜드에서 자라던 시절 나는 북방반딧불이(*Lampyris noctiluca*)를 본 적이 없었다. 북쪽으로 올라갈수록 보기 어려운 것도 있지만 이 딱정벌레는 아일랜드 서해안부터 유럽과 아시아를 거쳐 한국까지 퍼져 있다. 나는 남쪽으로 이사를 한 뒤에야 비로소 반딧불이를 종종 보곤 했다. 반딧불이는 여러 생태 안내 책자에 흔히 볼 수 있다고 설명되어 있지만 많은 곤충처럼 반딧불이도 예전보다 수가 훨씬 줄어들었다. 반딧불이는 암수의 모습에서 뚜렷한 차이를 보인다. 수컷은 평범해 보이는 갈색의 길쭉한 딱정벌레다. 암컷은 날개가 없고 수컷보다 크기가 크며, 때로 삼엽충의 축소판처럼 묘사되곤 한다. 반딧불이는 식생이 우거진 다양한 서식지에 살며 달팽이와 민달팽이를 먹는다. 한 해의 대부분에 걸쳐 반딧불이를 찾겠다고 숲을 뒤지고 다니지 않는 한 반딧불이가 있는지조차 알아차리지 못하겠지만 여름만큼은 예외다. 여름 몇 달 동안은 쉽게 찾아볼 수 있기 때문이다. 밤이 되면 암컷은 식물 줄기를 기어올라서 배의 아래쪽에 있는 두 투명한 큐티클 부위에서 빛을 반짝거리기 시작한다. 수컷을 꾀어 짝짓기를 하기 위함이다.

반딧불이 암컷은 어둠이 깔릴 때까지 기다렸다가 배를 둥글게 말아서 빛나는 아랫면을 드러낸다. 그러면서 부드럽게 앞뒤로 몸을 흔들기도 한다. 수컷은 눈이 크고 암컷이 내는 빛에 아주 민감하다. 짝짓기를 하고 나면 암컷은 더 이상 빛을 내지 않으며, 그 뒤로 며칠에 걸쳐서 흙이나 낙엽 더미 사이에 알을 약 100개까지 낳는다.

반딧불이에는 여러 종류가 있으며, 어둠 속에서 그들이 불빛을 깜박거리는 광경은 자연계에서 가장 매혹적인 순간에 속한다. 운 좋게도 나는 세계 몇몇 지역에서 그런 장관을 볼 기회가 있었는데 반딧불이를 유리병에 충분히 모으면 그 불빛으로 책을 읽을 수 있을 정도였다. 그들은 눈이 크지만 대개 그들의 머리는 가슴 부위에서 연장된 두건 모양의 구조물에 덮혀 가려져 있다. 배의 아래쪽 투명한 큐티클 안쪽에 있는 특수한 발광 기관이 차가운 녹색 빛을 낸다. 이들은 단순히 빛을 발하는 대신 발광 기관에 공급되는 산소의 양을 조절함으로써 불빛의 간격과 지속 시간을 조절할 수 있다.

아무 문제 없이 순탄하게 일이 진행된다면 수컷은 낮은 식물에 앉은 암컷이 호응하기를 바라면서 자기 종 특유의 방식으로 불빛을 반짝이며 날아다닌다. 암수가 떨어져 있는 거리에 따라 서로 화답하는 불빛을 주고받으며 암컷은 구혼자가 더 가까이 다가오도록 유도하고, 이윽고 둘은 만나 짝짓기를 한다. 그러나 어떤 문제도 생길 것 같지 않은 이 접근법도 도용당할 수 있으며, 짝짓기를 도모하다가 매우 위험한 상황에 빠질 때도 있다. 북아메리카의 몇몇 커다란 반딧불이종은 더 작은 반딧불이를 먹이로 삼는다. 커다란 반딧불이의 암컷은 짝짓기를 하고 싶을 때면 자기 종의 수컷이 내는 불빛에 호응하는 신호를 보낼 것이다. 그러나 배가 고플 때면 더 작은 반딧불이종의 암컷이 내는 불빛을 흉내 내어 그 종의 수컷을 꾄다. 그 유혹에 넘어간 수컷은 잡아먹힌다. 이 교묘한 전략 때문에 이들은 곤충 세계의 팜 파탈이라고 알려져 있다.

빈대가 물지 못하도록

몇 년 전 오스트레일리아의 크리스마스섬으로 촬영을 갔을 때였다. 한밤중에 무언가가 내 가슴과 목 위에서 천천히 움직이는 것을 느끼고 잠에서 깼다. 나는 오랜 경험을 통해서 어디를 갈 때면 꼭 헤드 랜턴을 챙겨 다니는 터라 랜턴을 비추니 빈대 몇 마리가 내 피를 빨아먹고 있는 것이 보였다. 배에 달라붙어 있던 한 마리는 얼마나 빨아먹었는지 완전히 탱탱해진 채 숨을 곳을 찾아서 느릿느릿 기어가고 있었다. 나는 재빨리 녀석을 잡아서 작은 채집병에 넣었고 침대도 뒤집어 가면서 사과씨만 한 녀석들 몇 마리를 더 잡아 병에 담았다. 그리고 다음 날 아침 호텔 관리자에게 잡은 빈대를 보여주었다. "음, 손님. 그런데 이게 정말로 빈대인지 누가 알아보겠어요?" 그는 전혀 관심을 보이지 않으며 심드렁하게 말했다. 그러나 내가 그에게 옥스퍼드대학교 신분증을 보여주자 그의 태도는 곧바로 바뀌었다. 내가 지역 관광 담당 부서에 신고할까 봐 걱정하는 듯했다. 나는 신고하지 않았고, 그날 저녁 촬영팀은 호텔에서 내놓은 호주산 최고급 적포도주 몇 병을 즐겁게 마셨다. 붉은 피를 조금 잃은 대신에 얻은 꽤 괜찮은 붉은 액체였다.

빈대 성충은 납작하고 적갈색을 띠며 날개가 없고 야행성이지만, 빈대에게서 정말로 흥미로운 점은 성생활이다. 빈대의 생식기는 곤충의 '표준' 음경과 거리가 멀다. 이 생식기의 기능은 단검과 비슷하다. 칼로 짝의 몸을 쿡 찔러서 정자를 주입하는데, 이 방법을 피하 사정hypodermic insemination 또는 외상성 사정traumatic insemination이라고 한다. 수컷이 온갖 구애 행동을 펼치느라 고생할 필요 없이 암컷이 좋아하든 말든 생식기를 쿡 찌르고, 찌를 부위도 개의치 않아 하는 방법이다. 주입된 정자는 암컷의 체액에 실려서 돌아다니다가 난소에 다다른다.

빈대 암컷은 이런 유형의 정자 주입에 몸이 훼손될 수도 있고 면역 반응이나 세균 감염이라는 위험에 노출될 수도 있다. 암컷은 진화를 통해서 배 아래쪽에 특수한 기관을 갖추는 형태로 나름 어느 정도 보호 수단을 마련했다. 이 기관은 반복되는 직접적인 정자 주입의 충격을 줄이는 역할을 하는데, 배의 다섯 번째 마디 뒤쪽 가장자리에 난 홈과 그 안쪽에 놓인 주머니 모양의 구조로 이루어져 있다. 수컷이 쉽게 알아보고 겨냥할 수 있도록, 마치 과자 포장지에 '뜯는 곳'이라고 표시해둔 것처럼 한눈에 뚜렷이 들어온다. 수컷에게 이곳이 '찌르는 곳'이니 아무 곳이나 마구 찔러서 구멍을 내지 말라고 알려주는 것이다.

내 수컷이야

암컷이 알을 지키는 모습은 많은 곤충에게서 볼 수 있지만 뿔매미의 사례는 더욱 인상적이다. 암컷은 날개로 부채질을 하고 윙윙거리고 빠르게 움직이고 심지어 보듬기까지 하면서 열심히 알과 약충을 지킨다. 암컷은 알을 먹으려는 자들은 물론이고, 몰래 들어와 알 무더기 사이에 자신의 알을 낳으려고 하는 적들로부터도 알을 지켜야 한다. 온종일 계속해야 할 수도 있는 일이지만 가치 있는 일임에는 분명하다. 그 이유는 방치했을 때보다 살아남아 부화하는 알의 비율이 훨씬 높기 때문이다. 요즘 들어 우리는 남성의 육아 분담률이 점점 높아질 것이라고 으레 기대하고는 하지만, 몇몇 곤충의 육아 행동과 비교하면 아직 갈 길이 아주 멀다.

성 역할 뒤바뀜의 가장 유명한 사례는 물장군vuillefroy (*Lethocerus deyrolli*)이다. 곤충의 왕국에서 아주 특이하게도 물장군은 암컷이 구애를 한다. 암컷들은 수컷을 얻기 위해서 경쟁하며 수컷의 접힌 앞날개에 알을 붙인다. 알을 붙이지 않은 채 돌아다니는 수컷을 찾기 어려울 때면 지저분한 일이 벌어지기도 하는데, 암컷은 수컷에게 접근해서 날개에 붙은 알들을 떼어내려고 한다. 수컷은 맞서겠지만 암컷이 알들을 떼어내는 데 성공한다면 순순히 패배를 받아들이고 그 암컷과 짝짓기를 하며, 승리한 암컷은 자신의 알을 수컷의 날개에 낳을 것이다. 수컷이 이 알 지킴이 서비스에 들이는 비용은 아주 크다. 알을 품고 있으면 날지도 못하고 먹이를 잡는 능력도 떨어지기 때문이다. 이렇게 많은 비용이 들기에 수컷으로서는 품고 있는 알이 다른 수컷의 정자가 아니라 자신의 정자로 수정되도록 하는 것이 매우 중요하다. 그래서 물장군 수컷은 자신과 교미한 암컷만이 알을 날개에 붙이도록 허용하며, 한 번에 몇 개만 붙이게 한 뒤에 다시 교미하는 식으로 행위를 반복한다. 암컷은 알을 다 낳으면 떠나고 수컷 혼자서 알을 지킨다.

곤충이 지닌 모든 초능력 가운데 가장 중요한 것은 누가 뭐라 해도 바로 이 경이로운 번식 능력일 것이다. 번식을 빨리할수록 환경 변화에 빠르게 적응할 수 있고, 번식에 성공할수록 자식이 생존할 기회는 더욱 커진다.

곤충의 온갖 기이한 성 행동도 진정으로 흥미롭지만 곤충의 한살이는 더욱더 흥미롭다. 많은 곤충은 식물을 씹어 먹는다. 또 그런 곤충을 잡아먹는 곤충도 많다. 다음 제5장에서는 유충 때는 다른 동물의 몸속에서 기생하다가 세상 밖으로 나오는 규모가 큰 곤충 집단을 살펴보고, 찰스 다윈Charles Darwin이 특정한 유형의 말벌을 살펴보다가 세상을 돌보는 온정적인 존재인 신에게 의문을 품게 된 이유까지 함께 알아볼 것이다.

제5장

신체 강탈자

살을 파먹는 곤충

때는 2007년 10월, 우리는 BBC 자연 탐사 시리즈 제2화인 〈재규어의 잃어버린 땅The Lost Land of the Jaguar〉 촬영을 막 마쳤다. 가이아나의 습한 내륙에서 6주 동안 힘들게 촬영했고, 촬영팀 중 많은 이는 녹초가 된 채 영국으로 돌아갈 준비를 하고 있었다. 카메라 기사인 내 친구 조니 로저스는 왼쪽 귀 바로 위에 생긴 종기로 고생하고 있었다. 한 달이 다 되도록 낫지 않았다. 처음에는 작은 여드름이나 좁쌀종 같았는데 꽤 시달릴 만큼 커져 있었다. 밤에 잠을 못 이룰 정도였으며, 때때로 갑자기 찌르는 듯이 아프기도 하고 심지어 긁어대는 소음까지 들린다고 했다. 무언가가 움직이는 것이 느껴진다고 말했을 때, 나는 쇠파리 유충이 피부밑에 있다는 것을 알아차렸다. 확대경으로 종기를 자세히 들여다보니 구더기 같은 동물의 꽁무니를 명확히 알아볼 수 있었다. 유충 기관계를 이루는 숨구멍인 작은 반점 두 개가 삐죽 튀어나와 있었다. 나는 소리쳤다.
"와, 대박! 쇠파리 유충이야!"

사실 대다수의 곤충학자는 남아메리카의 야생에서 탐사를 진행할 때면 쇠파리의 숙주가 되고 싶다는 주장을 으레 하곤 한다. 쇠파리 유충의 발생 과정을 직접 느낄 수 있기 때문이다. 그래서 나는 질투심을 좀 느꼈다고 고백하지 않을 수 없었다. 로저스는 내가 흥분한 모습을 같잖게 바라보더니 그 '작은 녀석'을 최대한 빨리 빼내달라고 요구했다. 손톱이 좀 길고 쇠파리 유충을 제거한 경험이 있는 팀원이 나섰고, 잠시 뒤 빼낸 쇠파리 유충은 로저스의 피를 뒤집어쓴 채 꿈틀거렸다. 유충은 창백했고 머리에는 날카로운 갈고리 모양의 턱 한 쌍이 있었으며 몸마디마다 짧고 빳빳한 가시들이 띠처럼 둘려 있었다. 이 가시들은 살 속에서 몸을 고정시키는 역할을 했다. 쇠파리 유충 한 마리가 살을 파먹는 것도 오싹하지만 자신이 열 마리나 50마리, 아니 더 나아가 100마리에게 살을 파먹히고 있는 야생동물이라고 상상해보자. 솔직히 상상조차 하기 싫다.

내 친구의 머리에 있던 쇠파리는 중앙아메리카와 남아메리카의 열대 지역에 널리 퍼진 종이다. 사람구더기파리human botfly(*Dermatobia hominis*)라는 이 종의 유충은 여러 야생동물과 가축의 피부에 산다. 다행히도 사람에게 기생하는 것은 이 종뿐이다. 이 쇠파리는 집파리보다 조금 더 큰데, 대체 어떻게 들키지 않고 우리 머리나 얼굴에 알을 낳을 수 있는지 궁금하다. 그리고 알을 어디에 낳을지 선택하는 것은 암컷이 아니라는 부분 역시 정말로 흥미롭다. 이들은 아주 영리한 전략을 갖추는 쪽으로 진화했다. 암컷은 모기 같은 피를 빠는 날벌레를 공중에서 잡는다. 피를 빠는 종 가운데 40여 종이 저도 모르게 사람구더기파리의 '알 운반자'로 이용된다. 암컷은 적당한 모기를 잡으면 부드럽게 잡은 채로 대개 모기의 배에 알을 몇 개

낳는다. 모기는 놀라긴 했지만 사람구더기파리의 알을 품은 채 아무런 해도 입지 않고 풀려난다. 풀려난 모기가 적당한 숙주에 내려앉아서 피를 빨 때, 피부의 온기와 냄새에 자극을 받은 사람구더기파리의 알이 부화한다. 깨어난 작은 애벌레는 먹이를 찾아서 최대한 빨리 사람 피부에 구멍을 뚫고 안으로 들어간다. 모기가 피를 빨 때 생긴 구멍을 이용할 가능성이 가장 높다. 유충은 살을 씹고 뜯으며 점점 자라고, 8주쯤 지나면 밖으로 살을 뚫고 나와 땅에 떨어져 번데기가 될 것이다. 곤충의 유충이 동물(사람을 포함한다)의 피부에 굴을 파고 들어가서 생기는 증상을 피부구더기증이라고 한다.

나는 동아프리카로 가기 전에 경험이 많은 이들로부터 이런 곤충을 조심하라는 경고를 들었다. 그러나 내게 망고파리mango fly (*Cordylobia anthropophaga*) 이야기를 해준 사람은 아무도 없었다. 아프리카 아열대에 흔한 쇠파리종으로 피부를 파고드는데, 이 유충을 막는 한 가지 좋은 방법은 옷을 다리미로 잘 다리는 것이다. 이는 식민지 시대 군대가 병사들에게 '야전에서의 표준 지침'을 준수하도록 꾸며낸 이야기가 아니다. 사실은 별 특징 없는 쇠파리인 이 망고파리가 축축한 세탁물에 알을 낳곤 하기 때문이다. 다림질로 죽이지 않으면 알은 피부와 접촉할 때 부화하는데, 특히 허리띠와 모자 띠처럼 신체와 바짝 붙는 부위에서 그렇다. 몇 년 전에 흥분하며 비명을 질러대는 듯한 뉴스 제목을 본 적이 있다. '구더기가 내 얼굴을 파먹었다!' 실상은 그보다 덜 섬뜩했다. 영국 킹스턴어폰헐에 사는 한 골프 선수가 아프리카 여행을 갔다가 돌아오는 길이었는데, 그가 아프리카에서 썼던 모자에 망고파리 암컷이 알을 낳았던 것이 분명했다. 그가 모자를 쓰고 있을 때 알이 부화했고, 영국으로 돌아올 즈음 그의 이마 한가운데에는 커다란 종기가 나 있었다.

그런데 나는 사실 두꺼비가 더 가엽다는 생각이 든다. 더 심한 꼴을 당하기 때문이다. 두꺼비금파리toad fly (*Lucilia bufonivora*)라는 아주 특이한 쇠파리는 가여운 늙은 두꺼비의 등과 옆구리에 알을 낳는다. 부화한 유충은 꿈틀거리면서 두꺼비의 콧구멍으로 기어 들어간다. 유충은 그곳에 자리를 잡고서 두꺼비의 살을 갉아먹기 시작한다. 구더기는 자라면서 점점 더 많은 조직을 먹어 치우고, 몇 마리인지에 따라서 두꺼비는 머리 대부분을 먹히기도 한다. 당연히 두꺼비는 죽는다. 이 두꺼비금파리가 사는 북반구 일부 지역에서는 두꺼비의 절반 이상이 이 잔혹한 구더기에 감염되어 있다. 기생생물에게 감염된 동물들에게서 볼 수 있듯이 감염된 두꺼비에게서도 행동이 달라지는 흥미로운 효과가 나타난다. 두꺼비는 축축하고 안전한 곳에 숨어 있는 대신 탁 트인 곳으로 나오게 되고 더욱 많은 금파리가 몰려들어서 알을 낳는다. 다 자란 유충은 두꺼비 사체를 떠나 꿈틀거리며 흙으로 들어가서는 번데기가 된다.

느린 죽음

예전에 자연사 프로그램의 제작자들은 자연의 '역겨운 장면들'을 의도적으로 삭제하곤 했다. 시청자는 대개 털 난 동물이 썩어 문드러지는 광경을 보고 싶어 하지 않았다. 그러나 요즘은 좀 더 사실적인 것들을 보여주는 추세다. 시청자는 순한 눈망울의 사슴이 포식자에게 물어뜯기고, 한때 위풍당당했던 사자가 더 젊고 튼튼한 경쟁자에게 치명적인 부상을 입은 뒤 비틀거리며 헤매다가 홀로 죽는 장면도 보곤 한다. 대개 대중은 '이빨과 발톱을 붉게 물들인 자연'이라는 기본 개념을 들었을 때 그러려니 한다. 직접 눈앞에서 지켜볼 일이 없는 한 그렇다. 많은 이는 검열되고 정화된 자연을 접하는 쪽을 더 선호하는 듯하다. 그러나 자연계는 친절하지도 인정심이 많지도 않다. 비열하지도 악의적이지도 않다. 굳이 따지자면 그저 무심하다. 기생생물의 세계가 이 점을 가장 잘 보여주는데, 쉽게 혐오감을 느끼는 사람이라면 아마 이번 장의 뒷부분은 건너뛰고 싶을지도 모르겠다.

산 채로 잡아먹히는 것이야말로 가장 기분 나쁜 죽음이 아닐까? 더 나아가 아주 천천히 산 채로 먹히면서 죽어간다면? 그런데 수많은 곤충은 바로 그런 운명을 맞이하며 살아간다. 조류나 파충류에게 꿀꺽 삼켜지거나 포유류 식충동물에게 왕창 삼켜지지 않는다면 다른 곤충의 손에, 아니 턱에 천천히 죽음을 맞이할 수도 있다. 특히 기생성 말벌과 파리에게 말이다. 이야기를 더 끌고 나가기 전에 명확히 해둘 것이 하나 있다. 여기서 '말벌wasp'은 제4장에서 나온 종이 재질의 집을 짓고 땅에 떨어진 사과나 빵 위에 얹힌 잼에 몰려드는 줄무늬가 나 있으면서 시끄럽게 윙윙거리는 동물을 가리키는 것이 아니다. 꿀벌과에 속한 벌을 제외한 나머지 벌들을 말벌이라고 묶어 지칭하기도 하는데, 그만큼 말벌의 대다수는 여러 다양한 과에 속하며, 전혀 다른 집단으로도 분류된다. 바로 포식기생자parasitoid다. 즉, 이들은 숙주 동물의 조직 바깥이나 안에 알을 낳는다. 숙주는 대개 거미나 곤충이다. 알이 부화하면 유충은 살아 있는 숙주를 천천히 파먹는다. 포식기생자는 숙주를 죽이지 않는 편이 나은 기생생물과는 생활방식이 다르기 때문에 구별이 가능하다. 영국에는 말벌이 약 8,000종 있는데 그중 대다수(거의 6,000종)는 포식기생자다.

이런 말벌의 한살이를 알고서 찰스 다윈은 몹시 고민에 빠졌다. 1859년《종의 기원》을 출간한 다음 해에 그는 친구이자 지지자이면서 미국 자연사학자이자 하버드대학교 식물학과 교수인 애사 그레이Asa Gray에게 편지를 썼다. 무엇보다도 그는 자신의 책을 괜찮게 평한 글이 있는지 궁금해했다. 자라면서 다윈은 자신의 사회적 지위에 걸맞은 모든 직업(법조계, 의학계, 종교계 등)을 생각해보았지만 '곤충학계'로 나아가는 쪽을 가장 선호했다. 그래서 유용한 일을 하기를 원했던 부친을 낙심하게 만들었다. 자연 세계에 관한 폭넓은 지식과 왕립해군 군함 비글호HMS Beagle를 항해한 경험을 바탕으로 그는 종이 어떻게 출현하는지를 이해하기에 이르렀고, 그 개념은 성서를 토대로 기존에 받아들여진 견해와 상반되었다. 그레이에게 보낸 편지에서 다윈은 훗날 유명해진 문장으로 자신의 심리적 동요를 표현했다.

> 자애로우면서 전능한 신이 애벌레의 살아 있는 몸속을 파먹겠다는 의도를 명백히 드러내는 맵시벌과(Ichneumonidae)를 창조했다는 사실을 도저히 납득할 수가 없습니다.

더 나아가 다윈은 이 주제 전체가 인간의 지성으로 이해하기에는 너무나 심오하다고 토로하면서 이렇게도 덧붙였다. "개가 뉴턴의 마음을 추측하는 것이나 다를 바 없어요." 그는 너무나 당혹스럽다고 자신의 생각을 말하며 그레이에게 이 견해가 결코 무신론적인 것은 아니라고 항변했다. 그럼에도 맵시벌의 한살이를 직접 보고서 얻은 지식이 창조자의 존재에 관한 다윈의 믿음을 상당히 뒤흔들었다는 데는 의심의 여지가 없으며, 결국 그는 그저 모든 사람은 각자가 바라고 믿는 것을 받아들여야 한다며 개인의 믿음을 존중한다는 입장으로 생각이 바뀌었음을 이야기할 수밖에 없었다.

그렇다면 기재된 종만 약 25,000가지에 달하는 커다란 과인 맵시벌과가 과연 어떻기에 다윈을 종교를 믿지 않는 배교 상태로까지 몰고간 것일까? 말이 나온 김에 덧붙이자면 많은 전문가는 알려진 종의 수가 실제로 존재하는 종수의 약 4분의 1에 불과하다고 보고 있다. 이 말벌을 비롯해서 숙주를 먹어 죽이는 다른 많은 종은 곤충 집단의 수를 조절하는 자연적인 과정의 중요한 일부다. 이 조절이 없다면 특정한 종의 수가 대폭 증가할 것이다. 또한 숙주 식물의 수를 압도하다가 이윽고 균형이 무너질 것이다. 물론 계획된 것이 아니지만 자연은 개체수의 폭발적인 증가와 붕괴가 반복되기보다는 안정한 상태로 유지되는 쪽을 더 선호하는 듯하다. 생물들이 어디에 살든 간에 결국엔 저절로 안정 상태에 다다를 것이다.

말벌의 가는 허리

말벌이 믿어지지 않을 만큼, 때로는 불가능해 보일 만큼 가느다란 허리를 지닌 이유는 무엇일까? 왜 진화가 이 좁은 통로에 신경, 창자, 그 밖에 구조들을 억지로 집어넣은 것인지는 언뜻 보면 의아할 수도 있다. 답은 배 끝, 즉 알을 낳는 구조인 산란관이라는 형태에 있다. 가는 허리 덕분에 말벌은 배를 자유자재로 움직이며 원하는 방향 어디로든 구부릴 수 있다. 나는 그 사실을 잊고 커다란 맵시벌의 날개를 부드럽게 잡고 자세히 살펴보려고 했다. 암컷은 능숙하게 배를 빙빙 돌리고 이리저리 움직이면서 내 손가락에 산란관을 꽂으려 했다. 푹 꽂히는 순간 산란관이 신경을 건드린 것이 틀림없었다. 손가락을 거쳐 손까지 예리한 통증이 느껴졌으니까. 흥미로운 것은 수컷도 같은 행동을 한다는 점이다. 그런데 수컷에게는 산란관이 없으므로 상대에게 고통을 안겨주겠다는 것은 희망사항에 불과하다.

기생성 말벌의 산란관은 단순히 속이 빈 주사기 같은 것이 아니다. 극도로 복잡한 진화적 가공의 산물로서 두 쌍의 가느다란 판이 모여 길게 뻗은 대롱 형태를 이룬다. 대롱 끝은 톱니 모양으로 돌기들이 나 있곤 한다. 두 판은 비닐 지퍼백에서 볼 수 있는 것과 비슷한 돌기와 홈으로 맞물려서 결합되어 있다. 그리고 숙주 동물에게 삽입할 때는 배쪽 판과 등쪽 판을 서로 미끄러트리면서 밀어 넣게 된다. 알은 판들이 모여 만든 통로를 통해서 산란관 끝까지 죽 내려간다. 사회성 말벌과 꿀벌의 침 기구는 산란관이 변형된 것으로 알을 낳는 대신 적에게 독액을 주입하는 데 쓰인다.

살아 있는 식품 창고

누구에게나 친숙한 '기생생물'이라는 단어는 다른 생물에게 피해를 입히긴 하지만 그 숙주인 상대를 죽이지는 않는 종을 가리킨다. 피를 빠는 벼룩과 이, 사람구더기파리가 좋은 예다. 그러나 포식기생자는 다르다. 이런 종에게 숙주는 새끼가 자라는 데 필요한 살아 있는 조직과 에너지 저장고에 불과하다. 그러니 이들은 신중을 기해서 충분히 큰 숙주를 골라야 한다. 너무 작아서 새끼가 다 발달할 때까지 먹이를 제공하지 못하는 숙주에 알을 낳는다면 헛수고가 되고 만다. 영화 〈에일리언〉에서 존 허트John Hurt가 연기한 부선장 토머스 케인이 갑자기 가슴을 움켜쥐던 장면을 기억할지 모르겠다. 실제로 기생포식성 말벌의 한살이를 토대로 했을 것이 확실한, 그의 가슴우리 안에서 튀어나오는 외계 생명체는 내부포식기생자endoparasitoid다. 즉, 숙주의 몸속을 파먹다가 다 자라면 뚫고 나온다는 뜻이다. 실제였다면 허트가 연기한 인물은 끔찍한 종말을 맞이하기 전부터 상당 기간 심하게 앓았을 것이다. 이와 정반대되는 전략은 외부포식기생자ectoparasitoid가 되는 것인데, 바로 숙주의 피부에 달라붙어서 영양분을 먹는 것이다. 그러나 숙주가 꼼짝도 못하는 상태가 아니라면 살아남기에 위험한 방식이다. 〈에일리언〉의 외계 생명체가 외부기생포식자였다면 케인은 외계 생명체가 자신을 물었을 때, 아니 자신의 목을 감자마자 알아차리고는 바로 떼어냈을 것이다. 공상과학 소설에서와 마찬가지로 현실 세계에서도 두 전략은 접근법이 달라야 한다. 외부포식기생성 말벌은 새끼가 눌려 죽거나 떨어져 나갈 위험을 감수할 수가 없다. 그래서 숙주를 마비시킨 뒤 굴 같은 곳에 안전하게 숨긴 뒤에야 알을 낳는다. 숙주는 그저 살아 있는 먹이 저장고가 된다. 그리고 이 전략을 쓰는 말벌은 모두 애초에 충분한 크기의 먹이를 골라야만 한다.

내부포식기생자는 알을 낳은 뒤에도 숙주가 정상 생활을 계속하고 더 나아가 성장하도록 놔두는 경향이 있다. 바로 여기서 정말로 교묘한 책략이 벌어진다. 숙주가 나방 애벌레라고 하자. 애벌레의 모든 기관계는 제 기능을 해야 할 것이다. 따라서 몸속에 들어 있는 말벌 유충이 기어가다가 갑자기 창자를 한입 뜯어 먹거나 다른 어떤 장기나 신경을 손상시킨다면 지금까지 한 일은 모두 헛수고가 된다. 애벌레는 죽어서 썩을 것이고, 말벌 유충은 발달을 끝내지 못할 것이다. 우리는 숙주의 몸속에서 정확히 어떤 일이 벌어지는지 아직 다 이해하지 못한 상태지만, 포식기생자 유충은 숙주를 파먹으며 자랄 때 애벌레의 먹고 성장하는 능력을 심각하게 훼손할 부위는 건드리지 않는다. 이는 숙주가 정상적으로 행동하고 다른 동물에게 먹히지 않도록 피할 수 있다는 것도 의미한다. 그렇게 말벌 유충은 조용히 몸속을 파먹으면서 자란다. 아마 지방 조직과 체액만 먹는 것일 수도 있다. 그러다가 특정한 크기에 다다르면 결승선이 눈앞에 있다는 것을 '알아차리고는' 이때부터 마구 먹어대기 시작한다. 섭식을 제약했던 메커니즘이 무엇이었든 간에 이제는 작동을 멈추고, 유충은 모충의 모든 부위를 빠르게 먹어 치운 뒤 밖으로 나와 번데기가 된다. 번데기는 숙주의 쪼그라든 사체에 달라붙어 있기도 하는데, 이미 포식기생성 말벌이 알을 낳은 숙주에 몇 시간 뒤 다른 말벌이 또 알을 낳으면 어떻게 될까? 그럴 때는 두 번째 말벌이 낳은 알이나 그 알에서 부화한 유충이 첫 번째 말벌이 낳아 알에서 먼저 깨어난 더 크게 자란 유충에게 먹힐 위험이 높다. 그런 일을 피하기 위해서 두 번째 말벌은 다른 말벌이 남긴 냄새를 알아차리고는 다른 숙주를 찾아나설 수도 있다.

육식동물과 초식동물은 좀 둔하다. 그냥 돌아다니다가 먹이와 마주치면 먹는다. 평범하기 그지없는 행동이다. 반면에 기생생물의 한살이는 놀라울 정도로 다양하며 절묘할 만큼 복잡한 것도 있다. 사실 기생 생활방식은 아주 흔하다. 그런 일이 온갖 생물들이 뒤엉켜 살아가는 푹푹 찌는 정글 깊숙한 곳에서만 벌어진다고 생각할지도 모르겠지만 그렇지 않다. 세상 어디에서나 벌어진다. 멋지고 평화롭고 잔잔하고 한가롭게만 보이는 우리 주변의 시골도 사실은 온갖 일이 벌어지고 있는, 아무도 안전할 수 없는 생물학적 전쟁터다. 몇몇 날도래과(Phryganeidae)의 수생 번데기조차 말벌의 유충을 품고 있는데, 이는 말벌이 수면 아래에서 헤엄치며 번데기의 보호 껍데기 안으로 알을 낳을 수 있게끔 진화한 결과다.

벌레의 삶

큰흰나비large white (*Pieris brassicae*)는 가장 흔히 보이는 하얀 나비 중 하나다. 양배추, 브로콜리, 꽃양배추 같은 작물에 심각한 피해를 입히기도 하는데, 맵시벌과에 이어서 두 번째로 종수가 많은 고치벌과(Braconidae)에 속한 작은 포식기생성 말벌은 바로 이 나비를 노린다.

모든 일은 먼저 큰흰나비가 좋은 먹이를 찾아내면서부터 시작된다. 큰흰나비 암컷은 양배추류 식물에서 살짝 풍기는 황 냄새에 이끌려 날아와 잎에 알을 한 무더기 낳는다. 알에서 나온 애벌레는 잎을 갉아 먹기 시작한다. 그러면서 동시에 애벌레는 자신의 운명까지도 확정하게 된다. 많은 식물은 뜯어 먹힐 때 공중으로 화학 물질을 방출하는데, 이는 포식기생성 말벌을 끌어들인다고 알려져 있다. 마치 식물이 특수 부대를 부르는 것과 같다. 더 나아가 식물은 초식동물의 종류에 반응해서, 즉 큰흰나비 애벌레처럼 잎을 뜯어 먹는 곤충인지, 진딧물처럼 수액을 빨아먹는 곤충인지, 민달팽이처럼 닥치는 대로 먹어대는 동물인지에 따라서 화학 물질들의 혼합비를 미묘하게 조정할 수 있기 때문에 특수 부대까지 불러들이는 것이다.

고치벌 암컷은 잎을 뜯어 먹는 애벌레가 있음을 알리는 희미한 냄새 신호를 감지하자마자 냄새의 근원지를 찾아서 날아온다. 그러고는 산란관을 써서 애벌레의 몸에 알을 낳는다. 애벌레의 크기에 따라서 몇 개만 주입할 수도 있고, 50개까지 낳을 수도 있다. 말벌이 알을 낳을 때 애벌레는 머리를 좌우로 홱홱 휘두르면서 반발하지만 산란이 끝나면 다시 먹는 일에 몰두한다. 약 2~3주 뒤에 애벌레는 산만하게 행동하다가 죽고, 얼마 뒤 다 자란 말벌 유충은 애벌레의 피부를 뚫고 나와서 실을 자아 고치를 만든다. 그리고 그 안에서 번데기가 된다.

그러나 여기에서 끝이 아니다. 더 작고 더 희귀한 말벌도 이 공연에 참여하고 싶어 하기 때문이다. 이 말벌은 포식기생자의 포식기생자이며, 암컷은 공중에 떠다니는 화학 물질을 유도 표지로 삼아서 첫 번째 말벌의 고치를 찾아온다. 그리고 그 안에 자신의 알을 낳는다. 말벌 고치가 붙어 있는 나비 애벌레의 잔해를 발견한다면 유리병에 넣어 입구를 천으로 막은 뒤 무엇이 출현할지 지켜보기를 바란다. 포식기생자가 얼마나 많은지 확실히 아는 사람은 아무도 없지만 '창조물'의 4분의 1은 다른 '창조물'을 산 채로 먹기 위해 존재할 수도 있다. 다윈이 의구심을 갖게 된 것도 결코 놀랄 일이 아니다.

숨을 곳은 없어

잎벌sawfly은 영어 이름에 파리fly라는 단어가 들어가지만 파리가 아닌 말벌의 가까운 친척인 초식성 곤충이다. 이들은 대체로 가만히 있으면서 맞서 싸우지도 않는 식물 조직에 알을 낳으므로 가는 허리를 지닐 필요가 전혀 없다. 영국에서 가장 큰 잎벌은 잣나무송곳벌giant horntail(*Urocerus gigas*)이다. 암컷은 몸길이가 무려 4센티미터에 이르기도 하는 인상적인 동물이다. 이들은 특유의 검은색과 노란색의 띠무늬가 있어 때로는 말벌로 오인되곤 한다. 꽁무니에 달린 커다란 산란관과 날카로운 가시 같은 돌기 때문에 이 돌기를 본 많은 새와 대부분의 사람은 무시무시한 곤충이라는 인상을 받는다. 언젠가 스코틀랜드 서해안의 킨타이어에서 휴가를 보내던 때, 아버지가 화가용 의자를 집어 들고는 다가오는 잣나무송곳벌을 향해 마구 휘두르던 일이 기억난다. 나는 쏘는 벌이 아니라고 계속 말했지만 아버지는 듣는 척은커녕 벌이 사라질 때까지 계속 의자를 휘둘렀다.

잣나무송곳벌은 영국에서 소나무 같은 침엽수가 자라고 쓰러지는 곳이라면 어디에든 살고 있다. 나는 그들을 다룬 짧은 영상을 찍으면서 가까이에서 지켜볼 좋은 기회를 가졌다. 송곳벌 암컷은 쓰러지거나 약해진 나무뿐만 아니라 베어낸 나무에도 알을 낳곤 한다. 이들은 튼튼한 톱 같은 산란관을 써서 알을 낳을 때 배 양쪽에 있는 한 쌍의 특수한 주머니에 들어 있는 특정한 곰팡이 홀씨도 함께 집어넣는다. 또 곰팡이가 목재 속으로 퍼지면서 잘 자라도록 특수한 변형균도 함께 주입한다. 2주가 지나면 유충이 알에서 나오는데, 유충은 길게는 3년까지 곰팡이에 감염되어 약해진 목재에 굴을 파고 다니면서 갉아 먹다가 표면 가까이로 이동해 와서는 나무껍질 바로 밑에서 번데기가 된다.

물론 잣나무송곳벌 유충처럼 즙이 많은 먹이는 목재 안에 있어도 완전히 안전하지 않다. 그들을 표적으로 삼는 기생성 말벌이 있기 때문이다. 우아한 검은색의 송곳벌레살이납작맵시벌sabre wasp (*Rhyssa persuasoria*)은 유럽에서 가장 큰 맵시벌로 역시 암컷은 몸길이가 무려 4센티미터에 달한다. 그러나 이 종의 진정으로 놀라운 점은 가느다란 산란관이 몸길이만큼 길어질 수 있다는 것이다. 송곳벌레살이납작맵시벌 암컷은 굴을 파고 다니는 잣나무송곳벌 유충이 내는 희미한 냄새를 더듬이로 찾아내며, 공략할 지점이 있다는 판단이 들면 산란관으로 목재 표면을 찌르면서 탐색을 시작한다. 마침내 뚫기 시작하는 순간 산란관을 감싸고 있던 보호 덮개가 주름지며 뒤로 밀리고 가느다란 산란관이 모습을 드러낸다. 그렇게 허약해 보이는 구조로 어떻게 단단한 목재를 뚫을 수 있는지 정말로 의아하다.

송곳벌레살이납작맵시벌은 거의 '발끝'으로 선 채 배를 높이 치켜든 다음 나무 표면을 뚫기 시작한다. 산란관이 너무 뻣뻣하거나 깨지기 쉬우면 마른 스파게티 가닥처럼 쉽게 부러질 것이다. 또 충분히 뻣뻣하지 않으면 삶은 스파게티 가닥을 자판기 동전 투입구에 밀어 넣으려는 행위와 비슷해진다. 암컷의 산란관은 상황에 따라 제 역할을 충분히 해내도록 알맞은 정도로 빳빳하면서 유연하도록 진화했다. 산란관의 큐티클은 아연과 망간 같은 금속 이온이 추가되어 단단해지기도 한다. 목재를 뚫는 과정은 아주 천천히 진행되며, 말벌이 처음에 뚫었을 때 산란관 끝이 목표한 지점에 딱 들어맞지 않을 수도 있다. 몇 번을 뚫었다 빼냈다를 반복하며 목표물, 즉 알을 낳을 즙이 많은 잣나무송곳벌 유충을 마비시키기 위해서 근접하게 된다. 외부포식기생자인 송곳벌레살이납작맵시벌 유충은 잣나무송곳벌 유충을 바깥에서부터 산 채로 서서히 먹는다. 나무에 구멍을 뚫고 알을 낳는 동안 송곳벌레살이납작맵시벌 자신은 위험에 놓이게 되는데, 나는 나무에 산란관만 한두 개 남아 있는 사례도 본 적이 있다. 새에게 먹힌 송곳벌레살이납작맵시벌의 몸에 든 에너지는 생태 피라미드의 다음 단계로 넘어가게 된다.

이처럼 얼마나 크고 얼마나 잘 방어하고 있든지 간에 안전을 장담할 수는 없다. 언제나 누군가가 자신을 먹거나 자신의 몸속에 알을 낳으려고 하기에 늘 위험을 안고 살아갈 수밖에 없다.

침에 쏘이기

세계에서 가장 무시무시한 곤충에게도 포식기생자는 파멸을 안겨줄 수 있다. 직업이 직업인지라 곤충에게 쏘이는 일에 겁먹지 않으려니 하겠지만 나조차 피하고 싶었던 종 하나가 있었다. 한때 나는 남아메리카 우림에서 나무껍질 위를 줄달음치며 오르내리는 이 종을 지켜볼 때마다 찔리면 통증이 어느 정도일까 궁금해했던 적이 있다. 과학적 호기심을 이기지 못하고 한번은 한 마리를 잡아보려고 손을 뻗기까지 했지만 이쯤에서 그만하는 편이 좋겠다는 생각이 들었다. 상대는 바로 총알개미bullet ant(*Paraponera clavata*)라고 하는 사냥하는 커다란 개미다. 이 개미의 침은 세상의 모든 침 가운데에서 가장 심한 통증을 안겨준다고 알려져 있는데, 새빨갛게 달아오른 못을 살에 대고 두드리거나 발사하는 것에 비유되어 왔다. 그래서 이름도 총알개미다.

남아메리카의 몇몇 부족은 총알개미를 남자다움을 시험하는 용도로 쓴다. 이 위험한 의식은 총알개미 수십 마리를 채집해서 식물 섬유로 엮은 통이나 장갑에 넣어두는 것으로 시작한다. 남자가 되기를 원하는 십 대 소년은 이 개미로 가득한 장갑에 손을 집어넣거나 통으로 가슴을 탁탁 친다. 그들은 여러 달 동안 20번에 걸쳐 이 시련을 견뎌야 한다. 내가 아는 사람 중에 이 고문을 기꺼이 받아들인 이는 딱 한 명인데, 영국의 자연사학자이자 방송인인 스티브 백셜Steve Backshall이다. 어떤 경험이었는지 묻자 그는 처음에는 심장이 마구 뛰더니 이어서 땀이 줄줄 흐르기 시작했다고 답했다. 15분이 채 지나기 전에 지독한 통증 때문에 아무 생각도 할 수 없을 지경이라고 했다. 의식이 오락가락했고 환각에 시달렸다. 지역민들은 그에게 통증과 싸우려 하지 말고 그냥 흘러가는 대로 놔두라는 조언을 했다. 소리 내어 울부짖자 그나마 조금 나아지는 듯했다던 그는 그 의식을 치른 지 세 시간이 지난 뒤에도 누군가가 망치로 자신의 손을 쾅쾅 때리고 있는 것 같았다고 했다. 흥미롭게도 그리고 아마 통증에 반응하여 엔도르핀이 왈칵 분비된 탓이겠지만, 그는 순간 자신이 슈퍼맨처럼 느껴졌다고도 말했다. 물론 나는 그가 언제나 슈퍼맨이었음을 알고 있었지만 말이다.

이 침의 활성 성분인 포네라톡신poneratoxin은 근육을 마비시키고 지속적으로 통증 신호를 생성해 계속해서 뇌로 보내는 강력한 신경독소다. 다큐멘터리를 위해서 이 지독한 고문을 직접 받아보라는 요청을 받았다면 과연 나도 했을까? 음, 아마 했을 것 같다. 프로그램에 참여하는 나를 포함한 모든 이가 방송을 위해 얼마나 놀라운 일들을 하는지는 말로 다 표현할 수 없을 정도이니 말이다. 나는 남아메리카의 또 다른 개미 종과 사소한 충돌을 빚은 적도 있는데, 그 주인공은 바로 군대개미army ant(*Eciton burchelli*)다. 이 개미는 먹이를 찾아서 떼 지어 숲 바닥을 훑고 돌아다니는 약탈자로 비바크bivouac라는 임시 야영지를 꾸리곤 한다. 우리는 속이 빈 나무줄기에 비바크가 꾸려진 것을 발견했고, 나는 그 안으로 탐사용 카메라를 집어넣으면 야영지를 어디에 꾸렸는지 더 잘 볼 수 있을 것이라고 생각했다.

이 종의 병사들은 크고 무시무시해 보인다. 커다란 머리에는 갈고리처럼 휘어진 커다란 턱이 달려 있다. 내가 비바크 한가운데로 카메라 케이블을 밀어 넣자 그들은 우르르 케이블을 타고 기어 올라왔다. 나는 내 계획에 치명적인 결함이 있음을 그제야 깨달았다. 카메라 케이블이 개미들과 나를 직통으로 연결했고 내 살로 이어지는 개미 고속도로가 뚫렸다. 어쩜 그렇게 멍청할 수 있었을까? 몇 초 사이에 내 손발은 100마리가 넘는 분노한 군대개미들로 까맣게 뒤덮였다. 개미들은 턱으로 나를 꽉 물고는 놓으려 하지 않았다. 나는 재빨리 달아났고, 그 뒤로 30분 동안 피부와 옷에서 그들을 하나하나 집어 떼어내느라 진땀을 흘려야 했다.

그런데 총알개미와 군대개미처럼 강인한 곤충에게도 달아날 수 없는 적이 존재한다. 그 적은 갑옷을 두른 짐승도 아니고 예리한 눈과 날카로운 부리를 지닌 새도 아닌 아주 작은 파리다.

아주 작은 암살자

벼룩파리phorid fly의 영어 이름은 이들이 빠르게 달리는 행동에서 붙여졌으며, 이들은 전 세계의 실험실에 있는 초파리와 좀 비슷해 보이는 벼룩파리과(Phoridae)에 속하며 비교적 종이 적은 과다. 벼룩파리들은 한살이가 아주 다양하며, 유충은 우리가 상상할 수 있는 모든 서식지에서 찾을 수 있다. 많은 종은 썩어가는 유기물을 먹는 반면, 포식자나 기생자인 것도 있다. 많은 벼룩파리종은 개미의 포식기생자이며, 좀 흥미로운 방식으로 숙주를 죽인다. 바로 목을 자른다. 이 작은 파리의 습성을 처음 알게 되었을 때, 나는 이들이 작은 도끼를 들고 다니면서 목을 친다고 상상했다. 물론 그런 식은 아니다. 벼룩파리 암컷은 총알개미를 공격할 때 개미의 등에 내려앉아서 배의 두 몸마디 사이의 부드러운 막을 뚫고 알을 낳는다. 개미는 무슨 일이 벌어지는지 알아차리고 파리를 떼어내려고 할 것이다. 파리는 다친 총알개미를 표적으로 삼곤 하지만 건강한 개체도 공격할 수 있다. 총알개미는 3센티미터까지도 자라는 반면, 그들을 공격하는 벼룩파리는 몸길이가 2밀리미터에 불과하다. 다윗과 골리앗 이야기의 축소판이다. 부화한 유충은 앞쪽으로 기어가서 머릿속을 파먹기 시작하며 곧 숙주의 머리는 떨어진다. 정말로 장엄한 목 베기다!

전 세계의 개미는 벼룩파리에게 시달리며, 대개 각 벼룩파리 종은 한 종의 개미에게만 알을 낳는다. 공격적인 걸로 악명이 높은 마디개미fire ant(*Solenopsis fugax*)를 공격할 때 벼룩파리는 독특한 접근법을 쓴다. 암컷은 열심히 돌아다니는 일개미들 위에 떠서 지켜보다가 타깃이 정해지면 쏜살같이 달려들어서 개미의 가슴 속에 알을 주입한다. 알에서 깨어난 유충은 개미의 머리로 가서 처음에는 체액을 먹으며 자란다. 유충은 점점 자라면서 즙이 많은 턱 근육과 뇌를 다 먹어 치울 것이고, 그러면 개미는 며칠 동안 하릴없이 돌아다니게 된다. 이제 유충은 개미의 턱을 뜯어낸 뒤, 자기 몸을 굳혀서 개미의 구기가 있던 구멍을 막는다. 이어서 효소로 머리와 가슴을 연결하는 막을 녹이면, 머리는 떨어지고 그 안에서 안전하게 유충은 번데기가 된다. 때가 되면 성체가 된 파리가 보호 캡슐이었던 머리를 뚫고 나온다.

가위개미(*Atta cephalotes*) 중에서도 일개미는 이런 기생성 파리에게 공격당할 위험이 크지만 방어 능력이 전혀 없는 것은 아니다. 파리가 일개미에게 접근하려면 일개미가 집으로 들고 가는 나뭇잎 조각에 내려앉아야 한다. 그런데 가위개미 집단에는 일개미보다 아래에 있는 미님minim이라는 특수한 계급이 있다. 미님은 일개미가 들고 가는 잎 위쪽에 앉아서 파리가 접근하는지 감시하며, 파리가 내려앉으면 재빨리 떼어낸다. '조수'인 미님의 무게는 운반하는 짐에 비하면 얼마 되지 않으며, 머리가 잘리는 일을 피할 수만 있다면 일개미에게 짐 무게를 조금 늘리는 일은 꽤 괜찮은 조건이다.

포식기생자는 아주 다양한 방법으로 숙주를 찾을 수 있다. 숙주가 좋아하는 먹이의 냄새를 찾아 나서거나 숙주가 좋아할 만한 서식지를 찾아갈 수도 있다. 그런 곳에 도착해 숙주 곤충이 내뿜는 냄새를 이용할 수도 있다. 노린재가 내뿜는 방어용 분비물은 몇몇 더 큰 적으로부터 자신을 지켜줄지도 모르지만, 기생성 파리를 꾀는 역할도 할 수 있다. 곤충 배설물frass도 종종 포식기생자에게 단서로 쓰인다. 배설물이 있다면 곤충이 가까이 있을 가능성도 높다. 또한 포식기생자는 그리 멀리까지 돌아다닐 필요가 없을지도 모르지만, 숙주가 빨빨거리며 돌아다니거나 새 지역으로 퍼진다면 숙주를 찾는 일이 좀 더 어려워질 수도 있다. 양쪽 모두 걸려 있는 것이 많은 숨바꼭질 게임이다.

포위된 꿀벌

우리는 꿀벌[•]이 우리의 식량 공급원임은 물론이고 더 나아가 우리의 생존에 얼마나 중요한 존재인지를 서서히 깨닫고 있으므로, 이 필수 불가결한 곤충이 여러 면에서 곤경에 처해 있음도 인식해야 한다. 대량의 살충제를 뒤집어쓰고 야생화가 가득한 지역이 없어지는 와중에 꿀벌은 아주 많은 천적과도 맞닥뜨리고 있다. 바이러스, 세균, 균류부터 거미, 말벌, 새에 이르기까지 온갖 생물에게 공격을 받기에 꿀벌의 삶은 결코 쉽지가 않다. 그런데 꿀벌을 표적으로 삼는 적들 중에는 흥미로운 곤충들도 있다.

크고 검으며 날지 못하는 곤충인 먹가뢰속(*Epicauta*) 종들은 진정으로 흥미로운 한살이를 보낸다. 그중 남가뢰(*Meloe proscarabaeus*)는 유럽과 아시아 전역에 널리 퍼져 있는데, 기후가 온화한 곳에 더 흔하다. 이들은 초봄의 따뜻한 날에 짝짓기를 하는데, 수컷은 신기하게 굽은 더듬이로 자신보다 훨씬 큰 암컷을 껴안아서 꽉 붙든다. 암컷은 알이 꽉 차서 배가 부풀어 있다. 짝짓기가 끝나면 암컷은 헐거운 흙에 수직으로 작은 굴을 꼼꼼하게 뚫은 뒤 수백 개 또는 수천 개의 알을 낳는다. 그러고 나면 꿀벌과(Apidae)의 독립생활을 하는 특정한 벌이 출현하는 시기에 딱 맞춰 알에서 유충이 나온다.

• 여기서 꿀벌은 뒤영벌도 포함하는 꿀벌과 전체를 가리킨다.

부화 이후에 굴에서 기어 나온 유충은 트링굴린triungulin**이라고 하는데, 매우 활동적이며 세 쌍의 작은 다리로 가장 가까이 있는 꽃대를 기어오른다. 한 꽃에 수십 마리씩 달라붙기도 하며, 이들은 가만히 앉아서 꿀벌이 오기를 기다린다. 꿀벌이 꽃에 내려앉으면 이들은 그 작은 다리로 최대한 빨리 쪼르르 달려가서는 벌의 등에 기어오른다. 몸부림치는 벌에게 맞아서 떨어지는 개체도 많지만, 벌이 떼어내기 어려운 안전한 부위로 충분히 많은 개체가 올라탄다. 남가뢰 유충의 삶은 말 그대로 벌에게 올라탔는지 여부에 달려 있다. 유충들이 올라탄 독립생활자 벌은 여기저기 돌아다니면서 꽃가루와 꽃꿀을 모아 자신의 유충이 자라고 있는 땅속 집으로 향한다. 그런데 이제 잔뜩 올라탄 남가뢰 유충들까지 함께 집으로 향하게 되니, 벌이 집에 내려앉자마자 남가뢰 유충들도 떨어져 나와 벌 애벌레가 들어 있는 방으로 각자 기어 들어가게 된다. 유충은 벌이 저장한 먹이를 게걸스럽게 먹어 치우는 건 당연하고 알과 애벌레까지 잡아먹는다. 다 자란 남가뢰 유충은 겨우내 땅속에서 안전하게 머물다가 다음 해 초에 번데기가 된다. 이 모든 행동은 어느 정도는 유전적으로 정해진 것이고, 엉뚱한 곤충에 올라타는 식으로 때로는 문제를 일으키기도 하지만 잘 먹힐 때가 훨씬 더 많다. 나는 평생 곤충을 지켜보며 살았지만 오늘도 이들의 우아하면서

** 라틴어로 각 발에 발톱이 세 개 달려 있다는 뜻이다.

복잡한 삶에 경이로움을 느낀다.

그러나 꿀벌이 대처해야 할 은밀한 적은 남가뢰만이 아니다. 벌붙이파리thick-headed fly (*Conops curtulus Coquillett*)는 대부분 꿀벌과 사회성 말벌의 내부포식기생자다. 물론 귀뚜라미, 바퀴, 다른 파리를 표적으로 삼는 종들도 있긴 하다. 성체 때 모습이 꿀벌이나 말벌과 비슷한 종이 많은데 이는 숙주를 속이기 위해서가 아니라 적들로부터 자신을 보호하고자 취하는 위장술이다. 이들은 종종 꽃의 꿀을 빨아먹으며, 그런 꽃에는 꿀벌과 말벌도 당연히 들르기 때문에 알을 낳을 숙주를 찾기란 어렵지 않다. 여러 뒤영벌종에 기생하는 왕벌붙이파리(*Physocephala obscura*)는 이런 파리의 특징을 잘 보여준다. 암컷은 붕붕 날다가 날고 있는 꿀벌과 마주치면 그대로 꽉 움켜쥔다. 잠시 몸싸움이 벌어지고 둘은 땅으로 떨어지기도 한다. 이때 파리는 배를 구부려 독특한 자세를 취하면서 꿀벌의 배 안에 알을 낳는다. 파리의 배에 달린 구조물이 캔 따개처럼 작용한다고 말하는 이들도 있지만 이는 오해를 불러일으키는 비유다. 그보다는 수술시에 절개한 부위를 벌리는 당김기나 펼치개에 더 가깝다. 벌의 배마디 양쪽 가장자리를 꽉 쥐어서 벌리는 일을 하며, 몸마디 사이막을 찔러 알을 주입한다.

이 모든 일은 순식간에 끝나며 알을 무사히 집어넣으면 파리는 하던 일을 계속하라며 벌을 풀어준다. 물론 벌은 아무 일도 없었던 양 하던 일을 이어나가지는 못할 것이다. 파리 애벌레는 벌의 체액과 지방 조직을 먹기 시작하며 곧 난소도 먹어 치운다. 벌은 뱃속의 모든 것이 다 먹힐 때까지 살아 있다.

이 흥미로운 파리의 한살이는 아직 다 밝혀지지 않았지만, 숙주와의 상호작용이 그러듯이 많은 기생생물의 유충은 숙주의 행동을 조종할 수 있다. 서양뒤영벌(*Bombus terrestris*)의 한 포식기생자는 숙주가 죽기 직전에 흙을 파고 들어가게 만든다. 땅속에서 죽은 서양뒤영벌의 몸속에서 파리는 위용각圍蛹殼이라는 마지막 유충 단계의 단단해진 번데기 껍질을 만들어서 번데기가 된다. 이 은밀한 정신적 조종은 파리에게 큰 혜택을 제공하는데, 바로 안전한 곳에서 추운 겨울을 보낼 수 있도록 하기 때문이다. 다음 해 봄에 벌에서 깨어난 파리는 겨울을 지상에서 보낸 개체보다 크고 날개 기형 사례도 더 적다.

서양뒤영벌은 좀 맞서 싸우기도 하는데, 기생자에게 당한 벌은 땅속 집으로 돌아가지 않고 추운 밤 내내 밖에 머물러 있는 경향을 보이곤 한다. 이는 몸속의 파리 애벌레가 성장하는 것을 억제하고 파리가 성공적으로 발달할 가능성을 줄임으로써 자신의 생존 기회를 높이려는 시도처럼 보인다.

자연선택을 통한 진화는 오로지 한 가지 목표를 갖고 이런 복잡한 상호작용을 끊임없이 세심하게 다듬는다. 바로 생존이다.

미지의 세계로

사실 우리는 세세하게 들어가려 하면 할수록 되려 곤충의 삶을 알지 못하게 된다. 이 축소판 세계를 들여다볼 때마다 끊임없이 발견되는 놀라움 때문에 나는 이들의 삶에서 눈을 뗄 수가 없다. 지금까지 나는 곤충의 한살이 중에서 일부 독자를 불쾌하게 또는 역겹게 만들 만한 수많은 사례 중 몇 가지만 소개했을 뿐이다. 들려주고 싶은 이야기는 훨씬 많다. 그러나 자연이 항상 차갑고 냉혹하기만 한 것은 아니라는 점을 꼭 명심하자. 자연은 그저 기능을 따질 뿐이고, 기생자와 포식기생자는 세상을 계속 돌아가게 하는 생태 기계의 한 부품에 불과하다. 우리는 농사 지은 식물들을 먹어 치우는 많은 곤충의 생물학적 방제에 자연을 이용하는 법을 터득해왔다. 세계에서 가장 작은 포식기생자에 속하는 몸길이가 1밀리미터도 안 되는 몇몇 작은 말벌은 나비, 딱정벌레, 노린재, 파리, 다른 말벌의 알 속에 직접 자기 알을 낳는다. 알에서 나온 애벌레가 발달하면서 숙주의 알을 죽여 없애는 데는 사흘이면 충분하므로 숙주 곤충들이 낳은 알은 작물에 해를 입힐 시간조차 없다. 야생에서 이 아주 작은 말벌 중 한 마리라도 볼 수 있다면 행운이겠지만, 관심을 갖고 관찰한다면 발견할 수도 있을 것이다. 곤충의 알을 찾아서 작은 병에 넣고 입구를 막아둔 채 살피다 보면 그 안에서 짐작도 못한 곤충이 부화해 놀라움을 선사할지도 모른다.

나는 아이들에게서 곤충이 된다면 어떤 것이 되고 싶냐는 질문을 종종 받는다. 개미귀신ant-lion(명주잠자리 애벌레)은 모래흙에 판 구덩이 바닥에 몸을 숨긴 채 살아가는, 가시가 삐죽삐죽 난 커다란 턱을 지닌 사나워 보이는 곤충이다. 땅 밑에서 가만히 기다리고 있다가 발을 헛디뎌 구덩이로 미끄러져 떨어지는 먹이를 잡는다. 심지어 먹잇감이 다가오면 모래알을 마구 뿌려서 굴러떨어지게 만들기도 한다. 아주 안전한 생활방식이라고 생각할지도 모르지만, 바로 이 개미귀신을 사냥하는 말벌도 있다. 강한 뒷다리로 개미귀신의 덫 같은 턱을 꽉 움켜쥐고 벌린 채 머리 바로 뒤쪽의 막을 뚫어 알을 낳는다. 살아 있는 곤충을 파먹는 쪽으로 진화한 기생생물이 아주 많기에 나는 어떤 곤충이 되고 싶은지 잘 모르겠다.

삶과 죽음은 동전의 양면이다. 한쪽이 있으면 다른 한쪽도 존재할 수밖에 없는 것처럼 말이다. 다음 제6장에서는 죽음death과 부패decay의 세계에는 어떤 생명의 비밀이 숨어 있는지 알아보자.

제6장

삶 이후

거대한 재활용 공장

나는 썰물 때면 해변을 거닐면서 바닷물이 남기고 간 것들을 살펴보곤 한다. 십 대 때 한번은 스코틀랜드 북부 브로라의 해변을 걷다가 죽은 개닛gannet (*Morus serrator*)을 발견했다. 나는 그렇게 커다란 새를 가까이에서 본 적이 없었다. 그래서 양쪽 날개를 잡고 펼치면서 집어 들었다. 아주 지독한 냄새가 났다. 새를 똑바로 눕혀놓자 배쪽 대부분에 구더기들이 잔뜩 달라붙어 있는 것이 보였다. 자갈로 떨어져서 꿈틀거리며 숨는 녀석들도 보였다. 개닛의 머리는 온전해 보였고 나는 그 머리뼈를 수집하고 싶었다. 그래서 머리를 담을 만한 깡통을 줍고 해안에서 좀 더 떨어진 곳을 뒤지며 마른 가지들을 모아 작은 모닥불을 피웠다. 곧 깡통에 든 바닷물이 끓으면서 안에 든 머리가 부글거리며 오르락내리락했다. 시간이 흐른 뒤 나는 살이 다 발라진 깨끗한 머리뼈를 집으로 들고 올 수 있었다.

집에서 자세히 살펴보니 위아래 부리의 안쪽 표면에는 입 안쪽을 향해 작은 이빨 수백 개가 나 있었다. 부리를 따라 앞쪽에서 뒤쪽으로 손가락을 대고 죽 훑을 때는 손가락이 매끄럽게 나아갔지만, 반대쪽으로 훑으려니 손가락이 걸려 아예 움직이지 않았다.

날카로운 이빨들이 피부에 박히면서 걸렸다. 이런 이빨이 개닛에게 얼마나 큰 혜택을 줄지 짐작하기란 어렵지 않았다. 개닛이 잠수한 채로 물고기를 잡을 때 이 작은 이빨들은 개닛이 수면으로 올라와 먹이를 삼킬 때까지 물고기가 미끄러져 빠져나가지 못하게 붙들고 있을 것이다. 개닛은 물고기를 잡는 쪽으로 아주 잘 적응했다. 몸은 놀라울 정도로 유선형이고, 바깥으로 열린 콧구멍이 없으며, 얼굴과 가슴에는 30미터 높이에서 시속 약 100킬로미터의 속도로 수직으로 물로 뛰어들 때의 충격을 줄여주는 공기주머니들이 있다.

그러나 나는 당시에 더 큰 그림을 보지 못했다. 해변에 죽어 있던 개닛에 다시 활기를 불어넣느라 (겨우 2주 사이에 한 종류의 비행하는 동물을 전혀 다른 종류의 비행하는 동물 수백 마리로 전환시키느라) 바쁘게 일하고 있던 구더기들도 그에 못지않게 잘 적응했다는 것을 말이다.

이번 장에서는 지구의 생명이 죽음과 분해decomposition에 의존한다는 것을 살펴보고자 한다. 생물은 죽은 생물의 잔해로 만들어진다. 생물권에 있는 물질의 양은 일정하게 정해져 있으므로 계속 재활용해가며 사용해야 한다. 우리 몸은 대체로 여섯 가지 원소로 이루어져 있는데 그중에서 산소, 탄소, 수소가 최대 92퍼센트를 차지한다. 여러분과 나를 구성하는 원자 하나하나는 예전에도 쓰인 것들이다. 영국의 위대한 박식가 제이컵 브로노프스키Jacob Bronowski는 이렇게 말했다. "당신은 죽지만 탄소는 죽지 않을 것이다. 탄소의 생애는 당신의 죽음으로 끝나지 않는다. 탄소는 흙으로 돌아갈 것이고, 때가 되면 식물이 그 탄소를 다시 흡수해 한 번 더 식물과 동물의 순환 과정에 집어넣을 것이다."

내가 홀로 야생 탐사를 하다가 죽는다고 상상해보자. 머지않아 커다란 동물들이 와서 자신과 새끼를 위해 나를 한 덩어리씩 뜯어 먹을 것이다. 개미, 파리, 딱정벌레 같은 더 작은 동물들도 몰려들어서 내 사체에서 나름의 몫을 취할 것이다. 내 체액은 땅으로 흘러들어서 식물뿐만 아니라 흙에 사는 동물들에게도 이용될 것이다. 우리를 이루는 모든 원자를 하나하나 실제로 추적할 수 있다면, 그것들이 금방 그리고 꽤 널리 퍼진다는 사실을 알아차릴 것이다. 원자 수준에서 보면 우리는 불멸이다. 우리 몸의 모든 원자가 지금까지 수백만 번 쓰였고, 지구의 생명이 모두 사라질 때까지 앞으로도 수백만 번 더 쓰이리라는 점은 분명하다. 이는 절대 허무주의 관점이 아니다. 그저 세상이 그렇게 돌아간다는 말이다. 지구는 거대한 재활용 공장이나 다름없으며 곤충은 이 과정의 상당 부분을 수행하고 있다.

세계는 파리로 가득하다

검정파리가 더운 여름 몇 달을 제외하면 그다지 자주 볼 수 없는 친구라고 생각하는가? 그렇지 않다. 검정파리류는 집파리blow fly, 똥파리carrion fly, 청파리bluebottle fly, 금파리greenbottle fly 등 여러 이름으로 불리는데, 세계 대부분 지역에서 대부분 시간에 존재한다. 좀 고약하거나 썩은 냄새가 희미하게라도 풍기기를 기다리면서 말이다. 그 냄새는 바로 알을 낳기 좋은 곳이 어딘가 가까이에 있다고 알려주는 신호이기 때문이다. 'Blow fly'라는 말은 고기에 파리의 알인 쉬가 잔뜩 슬은 것을 가리킨다. 히말라야 고지대에서 촬영을 할 때, 야영지 주위에 검정파리가 유달리 잔뜩 몰려드는 곳이 있었다. 당연히 나는 그 이유를 알고 싶었고, 파리들은 정확히 어디를 봐야 할지 알려주었다. 그곳은 바로 고기들을 보관하던 장소인 어떤 작은 텐트였는데, 열어보니 고기 대부분에 이미 쉬가 여기저기 슬어 있었다. 진정으로 파리 알로 뒤덮여 있었다. 이미 부화해서 작은 구더기가 기어다니는 부분들도 있었다. 이 고기를 푹 끓여서 카레로 만들어 먹는다면 몸에 탈이 날 리는 없겠지만 그곳에 머무는 동안 나는 채식주의자가 되는 쪽을 택했다.

이런 파리가 얼마나 널리 퍼져 있는지를 확인하는 정말로 쉬운 방법 중 하나는 덫을 만드는 것이다. 커다란 플라스틱 물병의 바닥을 잘라내고 밑부분을 고운 천으로 감싸서 막는다. 이제 병 위쪽을 좁은 부위가 넓어져서 원기둥이 되는 지점에서 자른다. 잘라낸 깔때기 모양의 윗부분을 뒤집어서 병에 끼운다. 생선이나 고기 조각을 물병 아래에 넣고, 원기둥에 끼운 윗부분의 가장자리를 테이프로 꼼꼼하게 밀봉한다. 병에 끈을 묶거나 붙여서 바깥에 걸어둔다. 덥고 화창한 날씨에는 병을 내걸기 전부터 이미 파리가 날아올 것이라고 충분히 장담할 수 있다. 날이 추워 돌아다니는 파리가 적은 겨울에는 좀 더 오래 걸릴 수도 있지만 곧 충분히 많은 파리가 찾아올 것이다. 파리는 병마개가 있던 구멍을 통해서만 안으로 들어갈 수 있고, 바람은 천을 두른 병 아래쪽을 통해서 드나들 수 있으므로 시간이 흐를수록 더 많은 파리가 꼬일 것이다.

검정파리는 오자마자 알을 낳기 시작하며 여러분은 눈앞에서 펼쳐지는 장관을 지켜보게 된다. 쉬파리는 알이 아닌 애벌레를 낳는다는 점에서 검정파리와 다르다. 알을 몸속에서 부화시켜 갓 깨어난 애벌레를 낳음으로써 극심한 경쟁 세계에서 자식을 더 유리한 입장에 놓는다. 그다음 며칠에 걸쳐서 다른 몇몇 파리 종도 찾아올 것이고, 이윽고 작은 기생성 말벌도 보일 것이다. 이런 말벌은 썩는 냄새에 끌리는 것일 수도 있지만, 썩어가는 고기를 파먹느라 바쁜 파리 애벌레의 몸에 자신의 알을 낳기 위해 모인다. 한두 주에 걸쳐서 분해의 소우주가 펼쳐진다. 파리 애벌레들이 먹을 만한 것들을 다 먹어 치우고 찌꺼기가 말라비틀어질 때쯤이면 몇몇 딱정벌레종이 등장해서 일을 마무리 지을 수도 있다.

부패의 과정을 진정으로 이해하고 싶다면 어떤 일이 벌어지는지 유심히 지켜보길 바란다. 2013년 나는 BBC에서 〈삶 이후: 부패의 기묘한 과학After Life: The Strange Science of Decay〉이라는 다큐멘터리를 선보인 바 있다. 한 번도 시도된 적이 없는 작품이었는데 큰 상을 수상하는 영광을 누리게 되어 무척 기뻤다.

부패 상자

에든버러동물원의 어느 방에 잘 밀봉된 커다란 유리 상자가 세워졌다. 안에는 작은 야외 공간을 갖춘 친숙한 주방이 들어 있었다. 주방은 온갖 신선 식품으로 채워졌다. 포장을 벗긴 채 조리대에 그냥 올려둔 날것의 닭고기와 신선한 생선, 그릇에 담긴 과일, 잘 담아놓은 샌드위치도 있었다. 주방 넘어 안뜰에는 꼬치에 꽂힌 새끼 통돼지구이가 있었고, 채소를 기르는 작은 텃밭과 퇴비 더미도 보였다. 마치 어느 가족이 큰 축하 파티를 준비하다가 갑자기 수수께끼처럼 납치되어 사라진 양 보였다. 조리대에 놓인 반쯤 빈 포도주잔은 누군가가 막 화장실로 갔으며 금방 돌아올 것이라고 말하는 듯했다. 우리는 이 유리 상자 안의 온도를 약 25도로 유지하면서 모든 것이 썩어가도록 놔두었다. 천장에 설치된 카메라들은 8주에 걸쳐서 일어나는 일들을 계속 찍었다. 동물원 방문자들은 일명 '부패 상자'라고 부르는 이 시설 주위를 걸으면서 안에서 무슨 일이 벌어지는지 들여다볼 수 있었다. 바깥의 공기가 상자 안으로 빨려 들어가도록 설계되었기 때문에 다양한 세균과 균류 홀씨도 휩쓸려 들어갈 수 있었다. 물론 처음 설치할 때 이미 많은 양이 섞여 들어가기도 했다.

그러나 파리는 그런 식으로 들어올 수 없었다. 이 문제를 해결하기 위해 나는 건물 바깥에 병으로 덫을 설치해서 파리를 100마리쯤 채집했다. 유리 상자 안에 풀어놓자 파리들은 바쁘게 날아다니면서 새집을 살펴보았다. 놀랄 일도 아니지만 파리들은 먼저 꼬치에 꿴 통돼지구이로 몰려들었다. 하루나 이틀에 걸쳐서 파리는 서서히 썩어가는 생선, 닭고기, 돼지고기에 수천 개의 알을 낳았다. 썩어가는 고기의 냄새가 지독하고 구역질까지 불러일으켰지만 상자 안을 몇 시간 동안 촬영하고 있자니 나는 냄새를 점점 덜 의식하게 되었다. 우리가 음식 썩는 냄새에 그리 강하게 반응하도록 진화하지 않았다면, 우리는 종으로서 살아남지 못했을 것이다. 내가 샤워를 하고 옷을 갈아입은 뒤에도 사람들은 내가 지나갈 때면 여전히 부패한 냄새를 맡을 수 있었는데, 이는 아미노산이 분해될 때 생기는 푸트레신putrescine과 카다베린cadaverine 같은 유기 화합물처럼 분해와 관련 있는 분자 중 상당수가 지닌 특이한 성질 때문이다. 바로 많은 전하를 띠고 있다.

풍선을 모직물 천으로 문지르면 벽에 달라붙는 것과 비슷하다. 풍선을 감싼 분자들이 전하를 띠게 되어 접촉하는 다른 물질에 달라붙게 되는 원리처럼 부패의 냄새가 우리 피부, 털, 옷에 말 그대로 달라붙는 것이다. 부패 상자에서 하룻밤을 보낸 나는 집에 가서 뜨거운 물로 샤워를 하고 싶은 마음에 택시를 불렀다. 하지만 택시 기사는 코를 찡그리며 '몹시 고약한' 냄새가 난다고 자기 택시에 정말로 태우고 싶지 않다고 단호하게 말했다. 내가 무슨 일을 하고 있는지 설명하자 그는 어쩌라는 듯한 표정으로 째려보았다. 그러더니 문 수납함을 뒤적거려서 탈취제를 꺼냈다. 내 손으로 직접 뿌려봤지만 딱히 나아진 것 같지는 않았다. 이제 나는 죽은 돼지 냄새에다가 멋진 데이트를 하러 나가는 청소년의 향수 냄새까지 풍기고 있었다.

이윽고 돼지 사체를 갈라서 안이 어떻게 되었는지를 알아볼 때가 되었다. 나는 날카로운 칼로 말라붙은 피부를 갈랐다. 가른 부위를 양쪽으로 벌리자 안에 고기라고 할 만한 것이 전혀 남아 있지 않다는 사실이 뚜렷이 드러났다. 뼈와 약간의 지방만 남아 있었다. 수많은 구더기가 돼지를 완전히 먹어 치운 것이다. 많은 구더기는 이미 성충이 되어서 알을 낳을 갓 죽은 사체를 찾아서 부패 상자 안 여기저기를 헛되이 날아다니고 있었다. 나는 내 주위를 구름처럼 날고 있는 파리들을 올려다보다가 한순간 흥에 취해 카메라를 돌아보면서 대본에 없는 말을 내뱉었다. "돼지가 날 수 없다고 과연 말할 수 있을까요?"

장의사

우리는 부패 상자의 한쪽 구석에 흙으로 채운 작은 화분을 놓았다. 송장벌레carrion beetle(*Nicrophorus japonicus*) 한 쌍이 그곳에 죽은 쥐를 파묻는 광경을 찍을 수 있기를 바라면서였다. 송장벌레는 섹스턴비틀sexton beetle이라고도 하는데, 섹스턴은 교회에서 무덤을 파고 묘지를 관리하는 일을 하는 사람을 말한다. 이 부지런한 곤충 장의사 역할을 하는 곤충은 약 200종이 있으며, 이들이 죽은 동물을 묻는 이유는 그곳에 알을 낳고 유충을 돌보기 위해서다. 사체에는 다양한 곤충과 포유류가 모여들기 때문에 송장벌레는 빨리 행동하지 않으면 노획물을 얻지 못할 것이다. 송장벌레는 절묘할 만큼 민감한 더듬이로 새와 생쥐 같은 막 죽은 동물 사체를 아주 멀리서도 감지할 수 있다. 이를 활용해 파리가 알을 낳거나 다른 동물이 가져가기 전에 가능한 한 빨리 도착해야 한다. 또한 다른 송장벌레도 경계해야 한다. 송장벌레의 번식기에는 사체 수요가 아주 높고, 사체를 찾은 수컷은 암컷을 꾀기 위해 성호르몬을 분비한다. 사체가 작을 때는 서로 차지하겠다고 송장벌레들 사이에 싸움이 벌어지지만, 사체가 꽤 크면 몇 쌍이 협력해서 파묻고 그 자원을 함께 이용한다. 유충을 공동으로 돌보기까지도 한다.

우리는 동네 숲을 뒤져서 적당한 송장벌레 암수 한쌍을 채집했다. 그들을 흙에 떨군 뒤 죽은 쥐를 놓았다. 그렇게 무대가 마련되었다. 우리는 약한 조명과 일정한 간격으로 촬영하도록 설정한 카메라를 설치하고 촬영을 시작했다. 그런데 다음 날 아침에 보니 쥐는 우리가 놓은 곳에 그대로 있었다. 나는 무엇이 잘못되었는지 알아내기 위해 고심했다. 찍힌 영상을 되돌려 보니 흙 속에 있는 송장벌레는 아예 더듬이조차 내밀지 않았다. 송장벌레의 마음에 들지 않는 무언가가 있는 것이 분명했지만 아무리 생각해도 쥐 사체밖에 없었다. 송장벌레 한 쌍이 쥐를 파묻을 능력이 없다고는 도저히 생각할 수 없었기에 혹시 쥐의 사체가 좀 오래된 것이 아닐까 하는 생각이 들었다. 쥐는 동물원에서 가져온 것이었는데 본래 비단백의 먹이용이었다. 우리는 다시 시도해보기로 했다. 이번에는 정말로 신선한 사체를 달라고 요청했고, 오후 7시에 조명을 최대한 약하게 한 다음 촬영을 시작했다.

다음 날 아침에 보니 쥐가 사라지고 없었다. 너무나도 기뻤다. 영상을 통해 더 이상 바랄 게 없을 만큼 완벽하게 모든 과정이 진행되었음을 확인했다. 송장벌레들은 쥐의 꽁무니 쪽에 굴을 파기 시작했고, 쥐는 서서히 밑으로 가라앉았다. 때때로 송장벌레는 땅 위로 올라와 사체 주변을 쪼르르 돌아다니면서 살펴본 뒤 다시 굴을 파곤 했다. 마치 송장벌레가 쥐 꼬리를 붙들고 약간 비탈진 굴속으로 쥐를 통째로 끌어당기는 양 비쳤다. 이윽고 코와 콧수염이 가라앉으면서 쥐는 완전히 땅에 묻혔다. 쥐가 묻힌 뒤로는 어떤 일이 벌어지는지 알 수 없었지만, 영상을 천천히 자세히 살펴보니 갑자기 털이 땅 위로 조금 올라오는 장면이 보였다. 송장벌레가 턱으로 쥐의 털을 깎아서 땅 위로 대부분 내버린 것이다. 비록 영상에 담을 수는 없었지만 그 뒤로 일어나는 일은 이러하다. 송장벌레는 털을 깎아낸 쥐 피부에 입과 항문샘에서 나오는 분비물을 바른다. 분비물에는 항균과 항생 작용을 하는 물질이 들어 있어서 고기가 너무 빨리 부패하지 않게 막는다. 야생에서는 여우가 고기 썩는 냄새를 맡자마자 찾아올 것이고 그러면 모든 일이 수포로 돌아가기 때문이다.

그 뒤에 암컷은 쥐 주변의 흙에 알을 낳으며, 부화한 유충은 쥐의 몸속으로 들어간다. 사체는 성충들이 털로 쌓은 무덤 아래에 놓인 아늑한 육아실이 된다. 유충은 스스로 먹이를 먹기도 하지만 부모에게 먹이를 달라고 하기도 하며, 그럴 때 부모는 반쯤 소화된 먹이를 게워 먹이기도 한다. 이런 형태의 육아는 곤충에게 아주 드물지만 오해하지 않도록 이렇게 덧붙이고 싶다. 부모는 사체의 크기에 맞추어 유충의 수를 조절하기 위해서 일부 유충을 잡아먹을 수도 있다. 먹이 자원이 부족하면 유충은 덜 성장하게 되고, 그러면 성충이 되어서도 크기가 작아 생존에 성공할 가능성이 낮아지기 때문이다.

몇 주가 지난 뒤 우리는 쥐 사체를 발굴하기로 했다. 나는 좀 긴장이 되었다. 이런 촬영은 다시 찍는 것이 불가능하기 때문이다. 자연에서 실제로 벌어지는 일을 촬영할 때 좋은 점은 진정으로 흥분되는 순간을 경험할 수 있다는 것이다. 모든 촬영이 성공적으로 이루어질 것임을 미리 안다면 영상 속에서 내가 보이는 반응은 그저 연기에 불과할 것이다. 나는 길이가 약 25센티미터인 작은 모종삽으로 무덤 주위를 빙 둘러서 파기 시작했다. 지름이 커다란 오렌지만큼 되도록 파냈다. 나는 그 안에 뭐가 남았든 간에 쥐의 잔해가 있기를 기대했다. 그리고 작은 진공청소기로 그 부서질 것 같은 공 모양 아래쪽의 흙을 조심스럽게 제거했다. 이윽고 공처럼 둥글게 뭉쳐진 흙을 땅에서 떼어낸 다음, 나는 카메라 앞에서 조심스럽게 부수었다. 경이로운 광경이 눈앞에 펼쳐졌다. 통통한 애벌레가 약 20마리 보였는데, 이미 쥐는 뼈만 남긴 채 싹싹 발라 먹힌 상태였다. 우리 한 쌍의 송장벌레는 새끼들을 건강하게 잘 키웠다. 우리가 여러 날에 걸쳐서 준비하고 몇 시간 동안 촬영한 이 매장 과정은 편집 과정을 통해 30초짜리 동영상으로 방영될 예정이었다.

아주 고약한 냄새

앞서 말했듯이 부패의 악취는 몹시 역겹다. '부패 상자' 안에 있을 때 나는 여러 차례 메스꺼움에 토할 뻔했다. 이런 반사 작용은 가짜로 꾸며내어 카메라 앞에서 그럴듯하게 연기하기가 쉽지 않다. 기이하게도 우리가 부패하도록 놔둔 모든 식품 중에서 포장을 뜯었던 그날 그대로 신선하게 유지된 양 보이는 것이 하나 있었다. 8주가 흐른 뒤에도 이 식품은 조금도 변하지 않은 듯했다. 곰팡이도 자라지 않았고, 그 근처에 파리나 딱정벌레도 없었다. 바로 유명한 슈퍼마켓 체인점에서 산 냉동 생일 케이크였다. 케이크를 잘라서 코를 대보니 세균에 썩을 때 나는 악취가 조금도 나지 않았다. 어떤 보존제가 들어간 건지 그리고 우리가 정말 먹어도 되는 건지 궁금할 지경이었다. 그러나 주방에 포장을 벗긴 채 놔두었던 날것의 닭고기는 전혀 그렇지 않았다. 잔뜩 부푼 채 악취를 풍기고 있었다. 나는 간신히 가까이 다가가긴 했지만 도저히 살펴보고 싶은 마음이 들지 않았다. 그래도 닭고기에서 나오는 기체를 휴대용 분석기로 포집하고 싶었다.

나는 장치를 켠 뒤 포집관을 닭의 꽁무니로 밀어 넣었다. 그런데 이상하게도 장치가 전혀 반응하지 않았다. "이거 고장난 거 아니야?" 나는 제작진에게 물었고 고장났다고 확신했다. 여기서 굳이 설명하자면 악취가 풍기는 밀봉된 상자 안에서 일할 때의 가장 좋은 점 중에 하나는 배에 가스가 차도 아무런 문제가 안 된다는 것이다. 그냥 아무 때나 방귀를 뀌어도 누가 신경이나 쓰겠는가. 바로 그때 내 머릿속에 가스 분석기가 작동하는지 검사할 좋은 방법이 떠올랐다. 맞다, 짐작하는 대로다. 나는 즉시 장치를 내 엉덩이에 갖다댄 뒤, 힘을 조절해서 아주 최소한으로 방귀를 살짝 뀌었다. 그러자 장치가 미친 듯이 불빛을 반짝거리면서 요란하게 사이렌 소리를 울렸다. 나는 가스 분석기가 제대로 작동한다는 것을 증명하는 한편으로, 6주 동안 부패된 닭의 사체보다 내 방귀에 황화수소와 암모니아가 훨씬 더 많이 포함되어 있다는 사실도 깨달았다.

협동

닭 옆에는 잘 포장된 햄버거 두 개가 있었다. 하나는 포장지를 벗겨서 파리가 접근할 수 있도록 했고, 다른 하나는 포장된 그대로 놔두었다. 물론 밀봉된 햄버거에는 파리 유충이 전혀 보이지 않았지만 그럼에도 불구하고 우려될 만큼 부풀어 있었다. 포장될 당시에 세균이 약간 들어간 모양이었다. 타임랩스 카메라에는 포장지를 벗긴 쪽에서 일어나는 몇 가지 흥미로운 행동이 찍혔다. 그 안에는 똑

같은 햄버거 두 개가 나란히 놓여 있었다. 그런데 구더기들은 모두 한쪽에만 몰려 있고 다른 쪽 햄버거는 외면했다. 시간을 빠르게 돌리자 구더기들이 빠르게 꿈틀거렸고 햄버거는 질척거리는 덩어리로 변했다. 그러더니 갑자기 구더기들이 다른 쪽 햄버거로 한꺼번에 이주를 시작했다. 놀랍게도 구더기들이 무리지어 사냥하는 양 보였다.

사실 이렇게 집단 섭식 행동을 하는 데는 타당한 이유가 있다. 구더기는 혼자 있을 때보다 무리에 속할 때 훨씬 먹이를 잘 구하는데, 이는 한 마리가 분비하는 소화 효소가 한데 모일수록 먹이를 더 잘 분해하는 성과를 거두기 때문이다. 열화상 카메라로 보니 구더기들이 모인 채로 바글바글하며 먹어대고 있는 먹이 안쪽의 온도가 상당히 올라간다는 것도 드러났다. 사실 너무나 뜨거워져 구더기들이 때때로 몸을 식히기 위해서 밖으로 나와야 할 정도였다. 온도가 증가함에 따라서 구더기들의 성장 속도도 훨씬 빨라졌다. 우리는 생물을 엄청나게 확대해서 찍을 수 있는 카메라도 갖고 있었다. 덕분에 구더기의 해부 구조를 자세히 살펴볼 수 있었는데, 구더기가 죽은 살을 파리로 변화시키는 쪽으로 완벽하게 적응해 있음을 볼 수 있었다.

유충은 알에서 깨어나면 꾸물꾸물 사체의 몸속을 파고들면서 체액을 먹는다. 하루나 이틀쯤 지나면 허물을 벗고 좀 더 큰 2령 유충이 된다. 이어서 3령을 거쳐 종령에 이를 때까지 몰려다니면서 많은 먹이를 먹을 것이다. 유충은 이 세 단계를 거치는 동안 모습이 거의 달라지지 않으며, 크기만 약 2밀리미터에서 2센티미터로 늘어난다. 머리 쪽이 꽁무니보다 약간 더 좁고, 몸은 부드럽고 크림색이며 길쭉하다. 머리 쪽에는 먹이를 찢고 가르는 입갈고리mouth-hook라는 단단한 구조 한 쌍이 있다. 몸에는 먹이를 죽처럼 걸쭉하게 만드는 효소를 뿜어내는 커다란 침샘 한 쌍이 있다. 몸은 몸마디로 이루어져 있고 근육질이며, 질척거리는 먹이 속을 꾸물꾸물 나아가는 데 도움이 되도록 운동선수의 징이 박힌 신발 같은 역할을 하는 불룩한 띠들이 둘려 있다. 더 두툼한 꽁무니 쪽에는 눈에 띄는 검은 구조 한 쌍이 있다. 호흡하는 기관계의 입구로, 꽁무니에 위치해 있기에 구더기는 숨이 막힐 위험 없이 계속 먹이를 먹으면서 앞으로 나아갈 수 있다.

구더기들이 먹는 모습을 지켜보며 나는 그 전체 과정이 정말로 효율적이라는 점을 깨닫고 감탄을 금치 못했다. 유충은 다 자라면 돌아다니다가 적당한 곳을 찾아서 번데기가 된다. 대개 가까운 곳에 있는 흙으로 간다. 번데기는 종령 단계의 피부 안쪽에서 형성되며, 약 10일에 걸쳐 놀라운 변신을 통해 파리 성체가 된다. 우리가 정기적으로 먹이를 계속 공급했다면 머지않아 부패 상자 안에는 무릎 높이까지 죽은 파리들이 쌓였을 것이다. 대신에 부패 상자는 서서히 말라붙기 시작했고, 시간이 지나자 파리 수천 마리는 반쯤 빈 붉은 포도주 병 안에 빽빽하게 몰려들었다. 그들이 행복한 죽음을 맞이했기를 빈다.

약 그리고 살인자

구리금파리common greenbottle fly (*Phaenicia sericata*)는 가장 잘 알려진 흔한 종에 속한다. 전 세계의 아주 많은 지역에 사는 이 꽤 아름다운 검정파리류는 몸통이 특유의 금속 같은 녹색을 띠고 있으며, 길이는 약 10~15밀리미터다. 햇볕을 쬐고 있거나 전호cow parsley처럼 우산이 펼쳐지듯 핀 꽃들에 앉아서 꿀을 빠는 성충의 모습을 종종 볼 수 있다. 그런데 성충은 축축한 배설물이나 동물 사체도 먹곤 하며 암컷은 그런 곳에 알을 낳는다. 우리는 만물을 분류하기를 좋아한다. 이런저런 범주를 정해놓고 거기에 딱딱 집어넣고 싶어 한다. 많은 사람에게 곤충은 나비와 꿀벌처럼 예쁘거나 '유용한' 것이기 전에 말벌과 검정파리처럼 싫거나 역겨운 것에 속한다. 물론 이 이분법은 너무 단순하기 때문에 우리에게 별 도움이 되지 않는다.

구리금파리는 언뜻 보면 혐오감을 일으키지만, 그럼에도 우리에게 유용한 한살이와 습성을 지닌 놀라운 곤충이다.

검정파리류는 동물 잔해를 분해하는 주요 청소부지만 딱히 죽은 조직만 먹는 것은 아니다. 검정파리는 양에게 구더기증을 일으킨다. 구더기들이 양을 산 채로 파먹기 시작하는 끔찍하면서 치명적일 수도 있는 병이다. 검정파리는 막 죽은 사체에 끌리며, 동물이 죽었을 때 가장 먼저 현장에 도착하는 종류에 속한다. 그리고 그곳에서 한살이를 완결지을 수 있으며, 적어도 다른 일이 일어나기 전까지는 한살이를 꽤 진행할 수도 있다.

구더기증은 양의 항문 주변 털에 달라붙어 있는 배설물과 오줌에 끌려 검정파리 암컷이 찾아오면서부터 시작된다. 암컷은 그곳에 알을 낳고, 깨어난 구더기는 배설물을 먹으면서 꾸물꾸물 피부 쪽으로 파고든다. 살아 있는 피부는 대개 외부의 공격을 막는 장벽 역할을 꽤 잘하지만, 꼬물거리는 많은 구더기가 갉아대는 대규모 공격 앞에서 피부 장벽은 결국 무너지고 만다. 이제 구더기들은 상처에서 흘러나오는 체액을 먹어대고, 이윽고 살아 있는 조직도 갉아먹기 시작할 것이다. 온몸에는 털이 무성하지만 꽁무니에만 털이 없는 양 품종을 많이 보게 되는 것도 바로 털이 지저분해져서 검정파리가 꾀어드는 이런 상황을 막기 위해서다. 그런데 패션 산업을 위해 부자연스러울 만큼 털이 수북하게 자라도록 품종을 개량하다보니, 우리는 뜻하지 않게 검정파리에게 더욱 적응력을 발휘할 기회를 제공하게 되었다. 또한 지금의 도시 지역들은 그들이 정착하기 좋게끔 풍부한 자원도 아낌없이 제공한다. 바로 음식물 쓰레기와 지저분한 쓰레기통이다.

구리금파리를 비롯한 검정파리류는 소설과 텔레비전의 범죄 수사물에 으레 등장한다. 시체가 막 부패하기 시작할 때면 다양한 곤충종이 잇달아 몰려드는데, 각 종이 언제 어떤 온도에서 나타날지는 충분히 예측 가능하므로 파리는 법의학에서 엄청난 지위를 차지하게 되었다. 범죄 드라마에는 경찰이 건물 안으로 들어서서 시신을 발견하는 장면이 으레 등장한다. 시신이 있는 방문은 닫혀 있지만, 안에서부터 지독한 냄새가 풍겨오고 파리들이 윙윙거리는 소리도 흘러나온다. 검정파리는 사체를 빨리 찾아내는데, 따뜻한 조건이라면 3주도 지나지 않아서 다음 세대의 파리가 출현할 수도 있다. 방에 빠져나갈 구멍이 없다고 가정하면 과연 파리는 몇 마리까지 불어나게 될까? 예전에 나는 내 고양이가 죽인 대륙검은지빠귀에게서 파리가 몇 마리나 나오는지 세어보았는데 1,700마리였다. 쥐라면 검정파리가 4,000마리는 충분히 나올 것이다. 파리 애벌레는 사람의 시신을 일주일 사이에 60퍼센트까지 파먹을 수 있다고 추정하므로 엄청난 수의 파리가 출현할 것이 틀림없다.

파리는 살인 사건에서 사망 시기를 추정하는 데 특히 유용하다. 그러나 이 정보를 법정에서 신뢰할 수 있는 수준으로 활용할 수 있으려면 해당 곤충의 행동과 생리를 아주 친숙해질 정도까지 깊이 연구해야 한다. 그렇게 하는 가장 좋은 방법은 사체가 부패할 때 어떤 일이 일어나는지를 지켜보는 것이다. 이런 연구를 할 수 있는 사체 농장이 미국과 캐나다 그리고 호주에 있다. 이런 농장에서는 다양한 방식으로 사람의 시신이 썩도록 놔두면서 다양한 조건에서 부패가 어떻게 진행되는지를 살펴본다. 영국의 법의학자들은 인체 대신 돼지 사체를 이용하는 것으로 만족해야 한다.

나는 영국 북서부에 있는 넓이 약 5만 제곱미터의 시설을 방문했다. 10년 넘게 핵심 연구가 이루어진 이곳은 석조 벽과 다른 농장들에 둘러싸여 있는, 한때 말 목초지였던 곳으로 사체가 어떻게 부패하는지를 실험하고 있다. 나는 교수형에 처해진 사람을 모사하듯이 돼지가 목이 밧줄로 묶인 채 죽 걸려 있는 교수대를 보고서 소스라치게 놀랐다. 매달려 있는 돼지뿐만 아니라 묻힌 돼지, 익사한 돼지, 관에 든 돼지, 담요로 덮인 돼지도 있었다. 사망한 시신을 연구하기 위해 상상할 수 있는 모든 살해 방식을 재연하고 있었다. 돼지를 사용하는 이유는 해부학 및 생리학 측면에서 여러모로 사람과 비슷해서다. 돼지는 심장이 우리 것과 크기가 비슷하며, 동맥 경화와 심장마비 등 우리가 겪는 심혈관계 질환들에도 시달린다. 피부도 꽤 비슷하다. 따라서 아주 완벽하다고 할 수는 없지만 죽은 돼지는 사람 시신의 좋은 대체물이다.

동물의 심장이 멈추고 혈액의 흐름도 멈추는 순간, 세포의 사멸 과정이 시작된다. 검정파리는 1.5킬로미터 이상 떨어진 곳에서도 죽은 동물의 냄새를 검출할 수 있으며, 재빨리 날아와 벌어진 상처 부위와 눈, 코, 입 주변처럼 접근하기 쉬운 축축한 부위에 알을 낳는다. 예전에는 검정파리가 죽음이 닥치기 직전의 순간까지도 알아차릴 수 있다고 믿기도 했다. 그러나 검정파리 몇 마리가 여러분의 뒤를 밟는다고 해도 걱정하지 않기를 바란다. 그저 막 개똥을 밟아서일 가능성이 더 높으니까.

세포의 부패가 진행될 때 세포막이 터지면서 안에 들어 있던 효소가 방출되면 주변 세포들도 파괴되기 시작한다. 창자에서는 세균들이 단백질이 풍부한 체액을 먹으면서 기체를 생성하고, 이 기체 때문에 사체가 부풀어 오른다. 이제 사체는 진정으로 분해되고 있으며, 피부가 갈라지기 시작하면서 더욱 많은 파리가 몰려들어 알을 낳을 수 있게 된다. 부패 활성기active decay라는 이 단계에서는 구더기들이 조직을 먹어대고 체액이 누출됨에 따라서 사체의 질량 대부분이 사라진다. 검정파리는 겨우 몇 주 사이에 돼지(또는 사람)의 사체를 먹어 치울 수 있다. 더 큰 동물은 좀 더 오래 걸릴 수도 있다. 그렇다면 아주 큰 동물, 지금까지 살았던 동물 중 가장 컸던 공룡은 어땠을까? 공룡도 죽은 뒤에 사체가 부풀어 오르고 구더기로 득실거렸을까? 그랬다면 분명히 엄청난 장관이었을 것이다. 물론 악취도 엄청났겠지만 말이다. 그러나 그런 일은 결코 일어나지 않았다. 검정파리와 쉬파리를 비롯한 파리 집단은 비교적 최근에 출현했다. 공룡이라는 거대한 파충류를 전멸시킨 약 6000만 년 전의 대멸종 사건 이후에 진화했다. 그렇다면 파리가 출현하기 전에는 그 엄청난 양의 사체를 누가 치웠을까? 청소하는 척추동물의 수가 아주 많았기에 썩어서 사라질 때까지 방치되는 사체는 거의 없었던 듯하다. 그들이 먹고 남긴 여기저기 흩어진 살점과 조각은 다양한 종의 딱정벌레가 갉아 먹고 뜯어 먹었을 것이다.

내가 방문한 돼지 사체 농장에서 일하는 과학자들은 시료를 채취하고 데이터를 기록하는 진지한 일에 몰두할 때 매일같이 악취의 공격을 받아서인지 냄새에 익숙해진 듯했다. 부패가 아주 많은 요인에 영향을 받으므로 데이터는 아주 중요하다. 지상에 노출된 사체는 땅에 묻힌 사체보다 곤충이 훨씬 많이 꼬이고 부패 속도도 빠르다. 옷을 얼마나 입었느냐에 따라서도 차이가 날 수 있지만 가장 중요한 요인은 온도이며 그 다음은 습도다. 더울수록 파리는 더 빨리 자란다. 이런 연구는 법의학자가 살인 사건에서 최소 사후

경과 시간minimum post-mortem time이라는 것을 더욱 정확하게 추정하는 데 도움을 준다. 이 추정은 대체로 시신에 있는 파리들의 성장 단계를 살펴보며 사망한 지 며칠이나 지났는지를 계산하는 식으로 이루어진다. 또 이런 연구는 시신이 사망한 뒤 옮겨졌는지 여부, 사망이 자연적인 원인이나 사고가 아닌 누군가의 손에 의해 일어났는지 여부를 판단하는 데도 도움을 줄 수 있다. 파리는 거짓말을 하지 않는다. (음, 책 제목으로 쓰기에 꽤 괜찮아 보이는데 이미 어떤 범죄 소설가가 써먹었을 듯하다.) 나는 집으로 돌아오는 동안 그리고 뜨거운 욕조에서 장시간 몸을 담그고 있는 동안, 파리가 자세히 이야기를 들려주지 않는다면 세상에 얼마나 많은 살인자가 잡히지 않고 돌아다니고 있을지 계속 생각했다.

그러나 살인 희생자의 사체를 파먹고 양 꽁무니를 뚫고 들어가는 구더기들은 수세기 동안 사람의 목숨을 구해온 바로 그 구더기이기도 하다. 검정파리의 구더기는 고대부터 감염된 상처를 깨끗이 하는 데 쓰여왔다. 메소아메리카의 고대 마야 문명은 붕대 안에 구더기를 넣어서 상처를 치료했다고 알려져 있으며, 세계 각지에서도 같은 방식으로 구더기를 썼다는 기록을 찾아볼 수 있다. 16세기 이래로 몇몇 군의관은 매우 심각한 부상을 입은 병사들 중에서 상처에 구더기가 들끓을 때 회복되는 사례들을 목격했다. 그들은 구더기가 부상자의 생존 가능성을 높이며, 구더기가 들끓는 상처 부위가 예상보다 깨끗하고 빠르게 낫는 것을 보았다. 다소 상식에 반함에도 불구하고 전쟁터의 의료진은 때때로 상처 부위에 구더기가 자라도록 놔두거나 일부러 구더기를 가져다 두기도 했다. 그럴 때마다 놀라운 결과가 나타난 사례도 많았으며, 남북전쟁 때의 기록에서도 구더기를 이용한 치료로 효과를 보았다는 이야기들을 찾아볼 수 있다. 한 의무 장교는 이렇게 남겨두기도 했다. "구더기는 우리가 쓰는 어떤 약제보다 훨씬 빨리, 하루 사이에 상처를 깨끗이 하곤 했다. 나는 구더기 덕분에 많은 목숨을 구했다고 장담한다." 구더기 요법 또는 '생물 치료biosurgery'라고 하는 이 치료법은 제1차 세계대전 때 다시금 많은 목숨을 구할 수 있다는 것이 입증되면서 그 뒤로 상처를 치료하는 방법으로 더욱 널리 받아들여졌다.

1930~1940년대에 구더기 요법은 많은 병원에서 쓰였고, 뜻하지 않은 감염 위험을 막기 위해 멸균 상태에서 구더기를 키우는 믿을 만한 방법도 개발되었다. 양에게 구더기증을 일으키는 바로 그 종의 유충은 의료용 구더기가 되었다. 무엇보다 구더기로 상처를 깨끗이 하는 방법에는 여러 가지 이점이 있다. 대개는 소수의 구더기를 상처에 붙인 채 며칠 동안 놔둔 다음 떼어낸다. 구더기는 노련한 외과의사가 가장 좋은 수술칼로 도려내는 것보다 훨씬 꼼꼼하고 정확하게 죽은 조직과 잔해를 제거해낸다. 구더기는 조직을 녹이는 효소와 항균 작용을 하는 물질을 분비하므로 상처 부위에 자리한 위험할 수 있는 세균의 수를 대폭 줄이기도 한다. 항생제가 등장한 뒤로 구더기 요법의 인기는 많이 줄어들었지만, 근래에는 여러 항생제에 내성을 띠는 세균이 많아지면서 구더기 요법이 다시금 인기를 얻고 있다. 구더기의 분비물은 내성을 띠어서 심각한

문제를 일으키거나 치료하기 힘든 감염증을 일으키는 몇몇 위험한 세균에 효과가 있다는 것이 입증되었다.

파리가 최고야

에리카 맥앨리스터 박사

곤충학자 중에는 다양한 종들을 두루 연구하는 사람이 거의 없다. 대부분 다른 종에는 눈을 돌리지 않고 한 집단에만 초점을 맞춘다. 진정한 파리는 파리목(Diptera)에 속하며, 그들은 런던자연사박물관의 선임 큐레이터인 에리카 맥앨리스터Erica McAlister의 예찬 대상이다. 소셜 미디어에서 그는 '파리 소녀fly girl'라는 애칭으로 불린다.

내가 박물관에서 맥앨리스터를 만났을 때, 그는 한 연구자에게 디지털 대여가 예정된 파리 표본을 사진으로 찍고 있었다. 나는 왜 실제 파리 표본을 대여하는 통상적인 방법 대신 사진을 찍어 보내는지 물었다. 그는 이렇게 설명했다.

"우리 표본은 모든 종의 이름을 붙이는 데 쓴 기준표본이에요. 우리 런던자연사박물관의 곤충 표본은 기재된 생물종의 약 절반에서 4분의 3을 차지해요. 신종이 발견될 때 채집된 것들인데 영구

소장하라고 박물관에 보내진 거죠.

사람들은 이렇게 묻곤 하거든요. '표본을 간직하는 이유는 무엇이고, 계속 채집해서 표본을 만드는 이유는 무엇인가요?' 표본 채집을 가볍게 생각하는 연구자는 아무도 없어요. 우리는 가능한 한 모든 구조적 차이를 살펴볼 수 있어야 해요. 그런 다음 후손들이 참조할 수 있도록 상세한 설명과 그림을 기재해두죠. 18세기에 동물학자 칼 린네Carl Linnaeus와 요한 크리스티안 파브리치우스Johann Christian Fabricius는 종을 기록할 때 그림을 전혀 함께 남기지 않았고, 그들의 종에 관한 묘사는 충격적일 정도로 엉성해요. 집파리는 '센털을 지닌 검은 파리'라고 적혀 있는데, 그 말에 들어맞는 파리만 약 7,000종에 달하죠. 세월이 흐르면서 해설문은 더 상세해졌고 지금은 형태뿐만 아니라 DNA도 살펴보고 있습니다."

박물관에서 일하던 당시 나는 표본을 대여해주어야 할 때면 몹시 심란했다. 기준표본은 으레 전 세계의 연구자들에게 보내지곤 했는데, 받은 사람이 표본을 조심스럽게 다룰지 여부를 전혀 알 수 없었기 때문이다. 그러나 기술 덕분에 상황은 바뀌었다.

"우리는 자동 초점 이동 촬영 장치를 통해 수백 장의 사진을 찍어요. 그러고는 사진들을 합쳐서 파리의 삼차원 이미지를 만들죠. 우리에게는 이 표본들을 유지하고 보완할 책임이 있어요. 그리고 모든 데이터를 필요로 하는 모든 사람에게 제공할 수 있도록 노력도 해야 하고요. 지금 촬영하고 있는 표본 이미지는 대여를 요청한 연구자에게도 가지만, 활용하고 싶어 하는 모든 사람이 이용할 수 있도록 온라인에도 올라가요. 덕분에 연구비가 대폭 줄어들었을 겁니다. 고해상도 이미지를 온라인으로 볼 수 있는데 굳이 많은 돈을 들여서 특정한 표본이 소장된 연구 기관을 방문할 필요는 없으니까요.

모든 정기준표본(한 종을 판단하는 데 기준이 되는 하나의 물리적 표본)을 잘 지키는 일은 아주 중요해요. 의학과 관련 있는 종을 연구할 때는 더욱더 중요하죠. 연구에서 가장 중요하다고 일컫는 모기는 아노펠레스 감비아이(*Anopheles gambiae*)와 아노펠레스 푸네스투스(*Anopheles funestus*)의 복합종이에요. 정기준표본이 있기에 우리는 역사적으로 해당 학명이 처음 붙여진 기준표본을 찾아서 DNA를 분석할 수 있죠. 그럼으로써 아주 비슷해 보이는 모기가 두 종 가운데 어디에 속하는지를 확인할 수 있게 됩니다. 이 기준이 되는 표본이 없었다면 분류는 불가능하겠죠. 따라서 표본을 최선을 다해서 지키는 것이 대단히 중요합니다."

맥앨리스터는 에탄올 병에 보존된 표본들을 몇 점 보여주었다. 병에는 '1935년 럭스턴 희생자들의 몸에서 채집한 구더기. 모펏 살인 사건'이라고 적혀 있었다. 나는 스코틀랜드의 국경 가까이에 있는 소도시 모펏은 아주 잘 알고 있지만, 살인 사건 이야기는 들어본 적이 없었다.

"이 유명한 럭스턴 구더기는 영국 최초의 법의곤충학forensic entomology 사건 수사에 쓰인 거예요. 한 의사가 아내와 가정부를 살해했는데 구더기들이 사건이 언제 일어났는지 알려줌으로써 그에게 불리한 증거를 제공했죠. 구더기의 나이가 어느 정도인지 알아냄으로써 최소 사후 경과 시간을 확인할 수 있었거든요. 즉, 파리가 알을 낳을 수 있었던 때가 시신이 생긴 가장 이른 시점이었을 테니까요. 이 증거를 비롯한 여러 가지 증거들 때문에 그는 살인죄로 교수형을 당했습니다."

그는 낙타거미, 왕지네, 채찍거미 같은 유리병에 보존된 다른 온갖 기이하면서 놀라운 동물들도 보여주었다.

"절지동물의 구조를 보면 정말 경이로울 만큼 다양해요. 저마다 달라도 너무 다르죠. 그래서 저는 정말이지 푹 빠지게 돼요. 반면에 영장류를 한번 보세요. 한 마리면 전부 다 본 거나 마찬가지잖아요."

우리는 박물관의 다른 구역으로 걸어갔다. 이동식 발판 위에 강철 표본장들이 빽빽하게 늘어서 있었다. 우리는 파리매(*Promachus yesonicus*)가 들어 있는 표본장을 열었다. 그리고 서랍마다 줄지어서 깔끔하게 핀에 꽂혀 있는 파리들을 살펴보았다.

"곤충학과는 총 다섯 층을 쓰고 식물학과는 두 층을 써요. 이미 다른 사람들이 모든 표본을 정리해서 표본마다 번호를 매겨놓았어요. 스프레드시트도 작성했고요. 제가 지금 하려는 일은 영국의 표본들을 다 정리해서 바코드를 매기는 거예요. 온라인으로 스프레드시트에 접근할 수 있게 되면 이 모든 표본이 언제 채집되었는지를 하루아침에 다 볼 수 있게 되는 거죠."

파리 분과를 담당하는 직원은 네 명뿐이라는 말에 그 인원으로 충분한지 물었다.

"종수를 생각하면 정말 턱없이 부족하죠. 지금까지 기재된 종은 16만 5,000가지예요. 영국에만 7,000종이 넘게 있죠. 그래도 우리는 운이 좋은 편이에요. 정말로 중요한 표본들이 있고 계속 늘어나고 있으니까요."

나는 그가 처음 곤충에 관심을 갖게 된 것이 언제인지 그리고 늘 파리에 관심을 가졌는지도 궁금했다.

"정확히 언제 관심을 갖게 되었는지 궁금해서 기억을 떠올리려고 애쓰곤 해요. 그런데 다윈처럼 어릴 때 곤충을 잔뜩 채집해서 주머니에 빵빵하게 채워 넣고 다니지는 않았어요. 하지만 꽤 칠칠치 못한 아이였던 것은 분명해요. 자주 넘어지는 바람에 땅바닥에서 꽤 많은 시간을 보냈지요. 아주 어릴 때는 아빠가 현미경을 사주셨어요. 고양이 몸에 붙은 벼룩 같은 것들을 잡아서 들여다보곤 했죠. 얼마 동안은 침대 밑에 포유동물 사체도 넣어두곤 했어요. 과학이라는 이름하에요. 생태계에도 늘 관심이 있었고 어떤 일이 일어나는지 무척 알고 싶어 하기도 했어요. '넌 누구니?' 작은 생물들에게 이렇게 물으면 괜히 멋져 보이잖아요."

그는 자신의 집 뜰에서 번데기로부터 파리가 나오는 모습을 지켜보았던 일을 떠올렸다.

"파리는 구더기에서 이 놀라운 금속 빛깔을 띤 성체로 변신할 때 신체 조직의 대부분이 근본적으로 재편되죠. 그걸 두 눈으로 직접 보았는데 다른 걸 연구할 이유가 있겠어요? 파리는 어디에나 있고 모든 것을 해요. 괴상하고 기이하며 재미있기까지 하죠. 최고의 탐험가이자 의료인이자 청소부인 해양 파리도 있잖아요. 파리는 최고예요. 사랑하지 않을 수가 없는 존재죠."

파리는 대접받지 못하는 곤충 세계의 영웅이지만 그들의 응원단장 역할을 할 수 있는 사람이 있다면 그건 바로 에리카 맥앨리스터다. 그의 열정은 확실히 전염성이 있었다. 나는 앞으로 파리를 훨씬 더 자세히 살펴보겠다고 마음먹으며 박물관을 나섰다.

안전한 것은 없어

내가 옥스퍼드대학교 자연사박물관에서 일을 시작했을 때, 내 주요 업무 중 하나는 엄청나게 많은 곤충 표본을 관리하는 일이었다. 구직 면접을 보기 직전에 학과를 둘러보면서 소장된 표본이 어느 정도인지 대충 감을 잡긴 했다. 아찔했다는 말도 줄여 말한 것이다. 소장품 중 일부는 맞춤 제작한 곤충 표본장에 들어 있었지만, 제작 시기와 보관 상태가 저마다 다른 두꺼운 상자 안에 핀으로 꽂혀 있는 표본들도 상당히 많았다. 골동품이라고 해도 좋을 만한 상자도 있었고, 박물관 건물이 세워진 1859년보다 더 이전에 만들어진 양 보이는 상자들까지도 있었다. 이런 상자들이 당장이라도 와르르 무너질 듯이 위태위태하게 잔뜩 쌓여 있는 방들도 몇 개 있었다. 나는 유달리 적게 쌓인 더미에서 상자 하나를 열어보았다. 나방의 날개에 덮여 있던 비늘들이 한 줄기 돌풍에 휩싸인 듯 확 솟구쳤다. 원래 마른 곤충을 고정시켰을 자리에 표본은 사라지고 달랑 핀만 남아 있는 경우도 많았다. 100여 년 전에 채집해서 조심스럽게 핀으로 꽂았을 많은 표본의 부서진 잔해와 고운 흑갈색 먼지만이 상자 바닥에 쌓여 있곤 했다. 나는 내 손으로 직접 전투를 벌여야 한다는 것을 알았다. 내 적은 모든 종류의 건조된 유기물을 게걸스럽게 먹어 치우는 작은 딱정벌레 유충 군단이었다. 그들은 박물관의 곤충 표본 전부를 깡그리 해치우고도 남았다.

다양한 이름(skin beetle, carpet beettle, museum beetle)으로 불리는

수시렁이과(Dermestidae)는 언제든 옥스퍼드의 생물 표본들을 먼지로 만들 수 있었다. 수시렁이 성충은 몸길이가 겨우 몇 밀리미터에 불과하며 둥그스름한 모양이 특징이다. 자세히 들여다보면 비늘들이 독특한 색깔 무늬를 이루고 있어서 좀 매혹적이기도 하다. 성충은 꽃가루를 먹지만, 긴 털로 빽빽하게 덮여 있어서 흔히 털곰woolly bear이라고 불리는 유충은 청소동물이다. 그래서 부패의 최종 단계에서 중요한 역할을 하지만 모직물, 가죽옷, 털옷, 깃털이나 곤충 표본 가까이에는 절대로 다가오지 못하게 하고 싶다. 집에서 가구의 위치를 바꾸려고 옮겼다가 그 아래 놓여 있던 카펫이 완전히 분해된 것을 보고 깜짝 놀라는 사람들이 많다. 물론 수시렁이는 천연 섬유만 먹으므로 카펫이 아크릴이나 폴리에스터 같은 합성 섬유로 되어 있다면 걱정할 필요가 없다. 창문 안쪽에 수시렁이가 보인다면 집안 어딘가에서 이미 번식을 시작했고 밖으로 나가려 한다는 신호다. 한두 마리쯤이니 별일 아니라고 생각할 수도 있지만, 며칠 사이에 열댓 마리로 늘어날지도 모르며 그러면 문제가 될 수 있다. 친할머니는 내가 공부를 계속하러 남쪽으로 간다는 소식을 듣자마자 아직 헤진 곳이 전혀 없던 내 킬트가 곧 나방 같은 작은 곤충들에게 뜯어 먹히기 십상이니 아주 조심하라고 주의를 주기도 하셨다.

나프탈렌

세월이 흐르는 동안 수시렁이를 방제하기 위해서 온갖 유해한 화학 물질이 쓰였다. 곤충 표본관은 으레 나프탈렌 냄새가 풍기는 곳이 되었다. 콜타르를 증류해서 얻는 유기 화합물인 이 하얀 고체 결정은 독특한 톡 쏘는 냄새를 풍기는데, 옛날에 널리 쓰이던 동그란 방충제를 떠올리면 된다. 현재는 발암 물질이라고 분류되어 40여 년 전부터 방충제나 박물관 방제용으로도 쓰이지 않고 있다. 그래서 지금은 곤충 표본 서랍에 따로 만들어둔 구멍에 나프탈렌을 집어넣는 불쾌한 일을 아무도 하지 않지만, 오래된 나무 표본장에는 여전히 예전에 썼던 나프탈렌 냄새가 배어 남아 있다. 부패의 냄새처럼 나프탈렌의 냄새도 옷과 머리카락에 달라붙는다. 1970년대 초 런던자연사박물관에서 박사 과정을 밟고 있던 시절, 퇴근 시간에 사우스켄싱턴역에서 지하철을 탔던 일이 기억난다. 나는 동료 곤충학자가 같은 칸에 탔다는 것을 즉시 알아차릴 수 있었다.

매우 이상하게도 박물관에는 수시렁이를 좀 좋아하는 부서도 있다. 그들은 척추동물 뼈대를 깨끗이 발라내는 데 수시렁이를 쓴다. 커다란 동물이라면 뼈를 발라내기 전에 살과 창자를 미리 대부분 제거할 수 있지만 새, 박쥐, 물고기 같은 작은 동물에게 수술칼을 들이댔다가는 섬세한 뼈를 훼손할 수도 있다. 그래서 최고 전문가인 수시렁이에게 맡긴다. 표본을 건조시킨 뒤에 수시렁이와 그 애벌레를 고루 뿌린 다음 밀봉된 통에 넣어둔다. 애벌레는 말라붙은 살, 힘줄, 물렁뼈를 깡그리 먹어 치우며, 머리뼈 속과 가장 작은 틈새까지 기어 들어가서 남아 있는 유기물을 모두 없앤다. 물론 그러다가 작은 뼈가 사라지기도 한다. 이런 일을 피하려면 수시렁이 애벌레는 들어갈 수 있지만 크기가 큰 건 빠져나올 수 없는 촘촘한 그물로 된 메시 상자 안에 표본을 넣는 것이 가장 좋다. 수시렁이 애벌레가 일을 마치면 그대로 표본을 꺼내어 기름을 닦아내기만 하면 된다. 멋지고 새하얗게 보이도록 표백할 때도 있다! 더할 나위 없이 완벽한 뼈 표본을 얻는 것이다. 십 대 때 이 방법을 알았더라면…. 당시에 나는 죽은 동물을 냄비에 넣고 펄펄 끓여가며 머리뼈를 얻었다. 늘 지독한 악취를 견디면서 말이다.

한번은 수시렁이가 들끓고 있던 한 박물관의 곤충학과를 방문한 적이 있었다(학예사들의 명예를 위해서 어디인지는 밝히지 않겠다). 어디를 보든 눈에 띄었다. 이유는 금방 알 수 있었다. 동물학과 학예사들은 동물 사체를 건조시키는 방법으로 으레 박물관의 편평한 지붕 위에 그것들을 통째로 펼쳐놓곤 했다. 사체는 대부분 파리와 구더기가 뜯어 먹었다. 몇 주 뒤 남은 잔해에 수시렁이 애벌레들이 몰려들어 바쁘게 뼈를 발라냈는데, 그중 일부가 건물의 틈새를 통해 비처럼 떨어지다가 두 층 아래에 있는 곤충 표본장까지 도달했다. 그곳에서 애벌레들은 더 많은 먹이를 발견하고 말았다. 수시렁이에게는 물렁뼈든 큐티클이든 그저 동급의 먹이다. 물론 세균과 균류도 부패에 중요한 역할을 하지만 사체를 대량으로 분해하는 작업은 이처럼 주로 곤충이 맡는다.

지금까지 죽은 동물의 분해와 재순환을 이야기했지만 식물이 세계 생물량의 80퍼센트 이상을 차지한다는 점을 명심하자. 식물은 탄소를 저장하고 산소를 생산하며, 두 가지 모두 지구의 생명에게 꼭 필요한 물질이다. 또 식물은 엄청난 양의 에너지도 저장한다. 그 에너지의 상당 부분은 셀룰로스cellulose라는 유기 중합체 형태로 저장되는데, 바로 식물의 세포벽을 만드는 물질이다. 살아 있거나 죽은 식물에는 엄청난 양의 셀룰로스가 들어 있는데, 이 셀룰로스를 온전히 이용하는 쪽으로 진화한 곤충 집단이 있다. 바로 대체로 세계의 따뜻한 지역에 분포하는 바퀴의 후손이기도 한 흰개미다. 식물과 죽은 목재(온갖 종이도 포함해서)를 분해하며 흙과 동물의 배설물에 든 유기물도 먹는다. 셀룰로스는 대개 소화하기가 어렵지만 흰개미는 창자에 사는 공생 세균과 단세포 생물 덕분에 소화가 가능하다. 흰개미가 죽은 목재를 재순환시키는 활동을 왕성하게 할 때 수반되는 불행한 부작용 중 하나는 지구 온난화에 기여하는 메탄도 생산된다는 것이다.

그러나 흰개미의 방귀가 지구 온난화를 부추긴다고 비난하기 전에 한마디 해야겠다. 우리가 흰개미보다 훨씬 더 많은 양의 온실가스를 배출하고 있다고 말이다. 아무튼 흰개미는 분명 열대 지역의 주요 생태계 공학자다. 이들은 엄청난 양의 영양소를 재순환시키고, 드넓은 면적에 걸쳐서 흙의 형성과 구조에 영향을 미친다. 게다가 소화 불가능한 물질을 즙이 많은 흰개미 살로 전환한 덕분에 먹히지 않기 위해 최선을 다했음에도 불구하고 흰개미를 잡아

먹는 동물들도 번성하고 있다. 오로지 흰개미만 먹는 개미, 거미, 지네 같은 절지동물과 파충류, 양서류, 조류, 포유류 같은 척추동물도 많다.

이 책의 첫머리에서 사바나에서 별을 보려던 나를 방해했던 땅늑대를 기억하는가? 땅늑대는 끈적거리는 긴 혀로 흰개미를 잡아먹으며, 침팬지 같은 영장류는 풀 줄기를 흰개미 집에 찔러 넣어서 흰개미를 낚는다. 그래도 흰개미는 수가 워낙 많아서 괜찮다. 아무튼 엄청나게 많다. 흰개미를 잡아먹는 쪽으로 고도로 분화한 풀잠자리종도 하나 있다. 유충은 배의 꽁무니를 흰개미의 머리 가까이에 대고 흔들면서 휘발성 물질을 분비해 흰개미를 마비시킨다. 유충의 항문에서 이 물질이 한 번 뿜어질 때마다 흰개미 몇 마리가 즉시 마비될 수 있다. 먹이가 굳어 자신이 충분히 안전해졌다고 생각되면 유충은 평온하게 천천히 흰개미를 뜯어 먹는다. 물론 대중과 언론이 머지않아 그 이야기를 알게 되자 '소리 없이 그러나 치명적인', '치명적인 방귀' 같은 말들이 기사에 으레 등장했다.

삶의 출발점보다 종착점에 훨씬 더 가까워진 나이인지라 나는 내 사체에 어떤 일이 벌어질지를 상상하곤 한다. 나는 화장하는 데 엄청난 양의 에너지가 소비된다는 사실이 마뜩잖기에 티베트의 풍장을 택하고 싶다. 시신을 청소동물, 곤충, 자연력이 알아서 처리하도록 산에 그냥 놔두는 것이다. 그런데 내 시신을 거기까지 옮기기가 쉽지 않을 뿐더러 비용도 만만치 않을 것이다. 학생들이 해부 실력을 닦는 데 쓸 수 있도록 시신을 의대에 기증하거나, 영국에도 사체 농장이 생긴다면 기증할 수도 있을 것이다. 이렇게 저렇게 따져 보니 매장이 가장 가능성이 높아 보인다. 풀들이 웃자라고 주변에 곤충이 많이 있기만 하다면 묘지도 괜찮을 듯하다. 나는 환생하지 않겠지만 내 생애에 걸쳐 쓰였던 원자들은 재순환되어 여러 동식물의 몸을 이루게 될 것이니 말이다.

이쯤이면 곤충이 만물의 체계에서 꽤 중요한 존재임을 깨달았을 것이다. 곤충은 지구 생태계의 생명줄이다. 하지만 여전히 곤충 없이도 우리가 잘 살아갈 수 있다고 여기는 사람이 있다면 아마 다음 장에서는 정말로 생각이 바뀔 것이다.

제7장

곤충이 우리를 위해서 한 일

곤충은 무슨 일을 했을까

탄자니아에서 조사 활동을 하던 어느 날, 크고 화려한 색깔의 노린재가 꽃에 앉아 있는 것이 눈에 띄었다. 나는 자세히 살펴보기 위해서 달려갔는데, 함께 있던 아프리카인 동료들은 움직이지 않은 채 서로 조용히 이야기를 나누기 시작했다. 내가 꽃 앞에 선 채로 위에서 살펴보는데, 1분도 채 지나기 전에 무언가가 내 바지 속으로 들어와 움직이는 것이 느껴졌다. 곧이어 몇 초 뒤 사타구니를 찌르는 강렬한 통증이 느껴지는 바람에 나는 황급히 뒤로 물러났다. 옷을 벗고서야 비로소 행군하던 병정개미 일종인 장님개미driver ant 떼의 한가운데에 서 있다는 것을 알아차렸다. 나는 피부와 속옷에서 사나운 병정개미 수십 마리를 하나하나 떼어내면서 물었다. "왜 경고하지 않은 거야?" 대답은 들려오지 않았다. 동료들은 깔깔 웃어대느라 정신이 없었기 때문이다. 이런 경험을 한 사람은 대개 평생 개미를 멀리할 것이다. 물론 나는 아니었다. 내게 그 일은 개미가 얼마나 놀라운 생물인지를 보여준 또 하나의 경험이 되었을 뿐이다. 팬티 안에 들어갔을 때만 빼고.

나는 곤충이 얼마나 경이로운 존재인지를 사람들에게 알릴 필요가 있다고 늘 느껴왔으며, 이 분야에 진출한 초기만 해도 꽤 수월하다고 생각했다. 대학생은 대체로 곤충을 잘 받아들이고 곤충에게 쉽게 매료된다. 현재 세계 인구의 절반 이상은 자연 세계와 어느 정도 떨어진 도시 지역에 살고 있다. 하지만 그렇다고 해서 결코 마음속에서도 멀어져서는 안 된다. 우리는 자연 세계, 즉 우리 세계를 돌아가게 하는 이 동물들에 관해 예전보다도 더 상세히 알 필요가 있다.

영화 〈라이프 오브 브라이언Life of Brian〉에서 존 클리즈John Cleese가 연기한 유대 전선의 지도자 레그는 묻는다. "로마인들이 우리를 위해 무슨 일을 했는지 압니까?" 그러자 추종자들은 도로, 상수도, 위생 교육, 공공질서, 관개 시설, 포도주 등 모두 엄청난 혜택들이라며 하나둘씩 미적대며 들먹거린다. 레그는 맞다고, 그런 것들은 대체로 좋은 쪽이었다고 조금은 퉁명스럽게 인정한다. 그러나 그는 추종자들에게 계속해서 묻는다. "그것들을 빼고는요? 로마인들이 우리를 위해 무슨 일을 했나요?"

그 질문이 바로 이번 장의 목적을 정확하게 말해주고 있다. 곤충은 우리를 위해 무슨 일을 했을까?

대중에게 물을 때면 나는 다양한 대답이 나올 것이라고 꽤 확신한다. 꽃가루 매개자나 재순환자 또는 지구 대다수 종의 먹이로서 중요한 역할을 하고 있다고 언급하는 학생이 있기 마련이다. 그러나 반대로 곤충의 어두운 측면에 치중하는 이들이 있다고 해도 그리 놀랄 일은 아니다. 어쨌거나 곤충은 동식물을 병들게 하는 많은 생물을 옮기는 매개체로서 수백만 명의 목숨을 앗아왔다.

흑사병

인류의 역사를 바꾼 곤충들도 있다. 1346~1353년 흑사병이 유라시아와 북아프리카를 휩쓸면서 우리에게 엄청난 공포와 죽음을 안겨주었다. 당시에는 온갖 악행을 저지른 인간들을 처벌하기 위해 신이 내린 감염병이라고 믿는 이들도 있었다. 일부 천문학자들은 하늘에서 세 행성이 기이하게 한 줄로 늘어선 것을 보고 그 천체 현상이 어떤 식으로든 악성 미아즈마miasma가 공기 속으로 퍼지도록 손쓴 것이라고 여겼다. 이 감염병, 즉 흑사병은 전 세계에서 그 희생자만 최대 2억 명에 달했을 것이라고 추정하는 역사상 최악의 세계적 유행병이다. 대다수의 크고 작은 도시에서 적어도 주민의 절반이 꽤 단기간에 목숨을 잃었다. 활발한 교역로를 통해서 급속히 퍼져나간 이 질병은 엄청난 공포였을 것이 틀림없다. 돌팔이와 사기꾼은 재빨리 가짜 치료약을 만들어서 팔아댔지만 부당하게 번 돈을 써댈 만큼 오래 살지 못했다. 많은 이가 한꺼번에 죽는 바람에 매장할 겨를도 없어 시신은 도랑에 쌓아놓거나 대충 구덩이를 파서 한꺼번에 쏟아부었다. 개들은 돌아다니면서 얕게 묻힌 시신들을 찾아서 파먹었다. 절실해진 사람들은 보호나 더 나아가 구원을 바라면서 의사와 사제를 찾았다. 도시의 빈민가에 모여 살던 가난

한 이들은 더욱 열악한 상태에 놓였지만, 흑사병은 사회적 지위를 막론하고 모두를 죽였다. 기도도 약물도 지위도 다 무용지물이었다. 상황이 너무나 끔찍했던 만큼 사람들은 세계에 종말이 찾아왔다고 여겼을 것이 확실하다.

지금 우리는 흑사병을 일으킨 원인인 한 세균에 관해 잘 알고 있다. 이 세균에 감염된 쥐 같은 설치류를 벼룩이 물 때 그 세균이 벼룩의 창자로 들어가게 되고, 벼룩이 다른 동물을 물 때 다시 한번 세균은 옮겨진다. 벼룩은 우리가 알아볼 수 있는 형태를 띠고 있다. 이 작고 날개 없는 곤충은 몸길이가 3밀리미터에 불과하고, 특이하게 좌우가 납작한 형태이고 놀라울 정도의 높이뛰기 능력을 지닌다. 벼룩종의 대다수는 육상동물의 피를 빠는 외부 기생충이며, 나머지는 조류종의 피를 빤다. 벼룩은 남북극 지방에서도 적당한 숙주만 찾을 수 있는 곳이라면 살아간다. 수생동물이나 놀라울 만큼 피부가 두꺼운 포유동물만에게만 피해를 입히지 못한다. 코끼리나 코뿔소의 가죽까지 뚫을 수 있는 벼룩이 있다면 나는 결코 만나고 싶지 않다.

예전에 한 생물학자와 함께 산 적이 있는데 그는 고양이 두 마리를 길렀다. 집은 꽤 너저분하고 더러웠으며 고양이들은 벼룩에 감염된 것이 분명해 보였다. 벼룩은 숙주 동물의 잠자리나 집 바닥에 알을 떨구며, 부화한 작은 지렁이 같은 애벌레는 유기물 입자를 먹는다. 말라붙은 피와 벼룩 성충의 배설물도 먹는다. 다 자란 애벌레는 실을 자아서 자잘한 부스러기인 양 위장된 고치를 만들어서 번데기가 된다. 번데기에서 나온 성충은 적당한 숙주를 찾을 때까지 휴면 상태로 버틸 수도 있다. 벼룩에 감염된 애완동물이 함께 사는 집으로 이사해 들어가는 사람은 적당한 숙주가 없어서 성숙한 채로 굶주리던 벼룩 수천 마리에게 한꺼번에 공격당할 수도 있다. 나는 침실에 벼룩이 들어오지 못하도록 무척 애를 썼으며, 욕실에서 샤워를 하고 돌아올 때면 다리를 꼼꼼히 살펴야 했다. 고양이에게서 기생하던 벼룩은 다음 희생자를 찾아서 며칠 동안 시간당 수백 번씩 30센티미터 높이로 뛰어오를 것이 분명했다. 결국 나는 새로운 집을 찾아야만 했다.

흑사병 세균은 주로 설치류를 감염시키지만 숙주가 죽는 바람에 벼룩이 어쩔 수 없이 사람의 피를 빨게 되는 상황에서는 사람에게도 전파될 수 있다. 감염된 시궁쥐나 곰쥐의 피를 빠는 벼룩은 피에 든 세균까지도 빨아들일 수 있다. 세균은 벼룩의 가운데창자에서 증식하며, 때로는 벼룩의 소화계를 완전히 틀어막기도 한다. 벼룩은 창자가 막혀 다음 숙주의 피를 빨아먹을 때 피를 위창자관으로 밀어 넣을 수 없게 된다. 결국 빨기를 멈추면 그동안 식도에 눌리면서 쌓였던 피가 압력과 식도의 탄력으로 거꾸로 뿜어지며 숙주의 몸속으로 밀려 들어간다. 이런 식으로 창자가 막힌 벼룩은 여러 숙주를 감염시키다가 결국 굶어 죽는다.

흑사병에는 세 가지 형태가 있다. 바로 폐렴흑사병pneumonic plague, 폐혈증흑사병septicemic plague, 가래톳흑사병bubonic plague인데, 세균이 희생자를 감염하는 경로에 따라 구분한다. 폐렴흑사병은 폐를 공략하며 감염된 침방울을 흡입함으로써 걸린다. 폐혈증흑사병은 혈액, 가래톳흑사병은 림프계로 감염된다. 가래톳흑사병에 걸리면 사타구니, 목, 겨드랑이의 림프절이 크게 부어오른다. 이렇게 부어오른 멍울을 가래톳bubo이라고 하는데, 가래톳은 터지면서 피, 고름, 세균을 왈칵 뿜어낼 수 있다. 흑사병 환자는 열, 메스꺼움, 구토, 지독한 복통, 발작, 착란, 혼수상태를 겪고, 이윽고 장기가 망가지면서 죽음에 이른다. 피부 조직이 죽으면서 몸의 말단이 검게 변한다. 흑사병이 진정으로 끔찍한 질병이며 지독히 고통스럽고 역겨운 방식으로 죽음을 불러온다는 데는 의문의 여지가 없다.

흑사병은 전쟁보다 훨씬 더 큰 종교적, 사회적, 경제적 격변을 잇달아 불러왔고, 이런 변화는 유럽의 역사에 지대한 영향을 미쳤다. 사람들의 신앙심은 심각하게 뒤흔들렸고, 권위자를 향한 믿음도 역사상 최저 수준으로 떨어졌다. 계속 땅에서 일할 수 있게 된 생존자들은 어디에서 누구를 위해 일할지 고를 수 있게 되었고, 그 결과 임금과 생활 수준은 서서히 향상되었다. 유럽의 인구가 회복되기까지는 거의 2년이 걸렸지만, 세상은 결코 예전으로 돌아갈 수 없었다. 흑사병은 19세기까지 유럽에서 종종 재발했고, 20세기에도 인도, 아시아, 아프리카, 남아메리카 각지에서 소규모로 발생하곤 했다. 지금도 특정한 조건에서는 발생할 수 있다. 그러나 벼룩을 악마라고 비난하기 전에 벼룩 자신도 모르게 매개체가 된 것이고, 쥐와 사람 못지않게 흑사병 세균의 희생자였다는 점을 기억하자.

흡혈 곤충

우리는 모기가 자신의 존재를 알리는 윙윙거리는 소리를 결코 무시할 수가 없다. 잘못 알아들을 리가 없는 불편함을 만드는 고음의 소리는 곧 성가신 일이 벌어질 것임을 시사한다. 나는 여러 열대 국가에서 그 불안하게 만드는 소리를 들으면서 그물 침대에 누워야 했던 날이 얼마나 많았는지 기억조차 다하지 못할 정도다. 정글의 새, 개구리, 원숭이도 얼마든지 시끄러운 소음을 낼 수 있지만 그래도 잠들 수 있었다. 그러나 어둠 속에서 날아다니는 모기 한 마리는 말이 달라진다. 나는 모기장에 그 크기가 얼마나 작든 간에 구멍이나 찢긴 곳이 있는지 구석구석 제곱센티미터 단위로 꼼꼼히 살펴보고, 가장자리를 틈새 하나 없이 꼭꼭 잘 눌러서 여미지 않는 한 꿈나라에 들 수 없으리라는 것을 잘 안다. 모기의 구기는 몇 가닥의 가늘고 긴 침으로 이루어져 있고, 그 침을 부드럽게 톱질하듯이 피부와 살을 뚫고 밀어 넣어서 혈관에 찔러넣는다. 주삿바늘 같은 구조는 혈액이 엉기는 것을 막으며, 이를 통해 통증을 일시적으로 둔감하게 하는 타액을 집어넣은 다음에 맛있는 피를 빨아올린다.

지구에서 가장 위험한 곤충이 모기라는 데는 의문의 여지가 없다. 이 섬세하고 가느다란 다리를 지닌 파리류는 전 세계에 수천 종이 있으며, 포유류, 조류, 파충류, 양서류뿐만 아니라 몇몇 무척추동물까지도 공격해서 피를 빠는 동물로 잘 알려져 있다. 암수 모두 꽃꿀을 빨아 먹어서 에너지원으로 삼으며, 동물의 피를 빠는 것은 암컷뿐이다. 알 수백 개를 만들고 성숙시키려면 피가 필요하기 때문이다. 모기 유충은 수생 생활을 하며 습지, 맹그로브 습지, 늪, 고인 물이나 저염분의 물웅덩이를 포함한 고여 있거나 천천히 움직이는 물에서 발달할 수 있다. 나무의 구멍이든 깡통이든 버려진 타이어든 간에 빗물이 고이는 곳이라면 어디든지 모기의 번식지가 될 수 있다.

모기에게 물리면 엄청나게 가려울 수 있지만 그보다 훨씬 안 좋은 결과는 황열병바이러스, 웨스트나일바이러스, 뎅기열바이러스, 지카바이러스 등 질병을 일으키는 온갖 병원체를 우리 피로 전파할 수 있다는 점이다. 최악의 모기는 말라리아를 일으키는 미생물의 매개체 역할을 하는 얼룩날개모기속(*Anopheles*)의 몇몇 종이다. 1800년대 말에 말라리아를 일으키는 병원체가 말라리아원충(*Plasmodium*)이라는 단세포 생물이며, 이 기생생물의 한살이에서 모기가 어떤 역할을 하는지가 밝혀지면서 예방 가능성이 열렸다. 또 기나나무quinine tree(*Cinchona*)의 껍질 추출물로 이 병을 치료할 수 있다는 사실도 발견되었고, 이윽고 이 추출물로부터 키니네라고도 불리는 퀴닌quinine이라는 강력한 화합물을 분리했다. 퀴닌은 말라리아원충이 헤모글로빈을 대사하지 못하게 방해하며, 현재는 더욱 효과적인 말라리아 약물도 몇 가지가 나와 있다. 말라리아와 맞서 싸우기 위해 사람들은 모기가 번식할 만한 물을 말리거나 기름으로 덮어서 유충을 질식시키거나, 엄청난 양의 살충제를 뿌려서 성충을 죽이곤 했다. 제2차 세계대전 이후에 DDT가 개발되고 대량으로 쓰이면서 많은 나라에서는 말라리아가 거의 사라졌지만, 얼마 지나지 않아 모기가 DDT에 어느 정도 저항성을 띠게 되었다. 또 이 물질을 비롯한 몇몇 살충제는 환경에 오래 잔류하면서 다른 생물들에게도 해를 끼친다는 것이 드러나면서 결국 사용이 금지되었다. 모기 박멸 사업과 모기장 이용은 말라리아 감염자를 줄이는 데 성공을 거두었지만 효과적인 백신이 널리 이용되기 전까지 말라리아를 박멸하는 일은 요원할 것이다.

아마 지금까지 지구에 산 모든 사람 중 약 5퍼센트는 말라리아로 죽었을 것이며, 말라리아는 지금도 여전히 엄청난 피해를 주고 있다. 현재 세계 인구의 약 절반이 말라리아에 걸릴 위험이 있다고 추정되며, 아프리카 사하라 이남 지역에서 주로 환자가 발생하고 있다. 전 세계에서 연간 40만 명 이상이 말라리아로 사망하는데, 그중에서 5세 미만의 아이들이 절반을 넘는다. 그런데도 말라리아 연구에 쓰이는 돈은 다른 치명적이지 않은 질병에 쓰이는 돈보다 훨씬 적다. 나는 말라리아가 북반구의 질병이었다면 이미 박멸되었을지도 모른다는 생각을 한다. 그래도 이 글을 쓰고 있는 현재 아주 유망해 보이는 혁신적 말라리아 백신이 개발되었다는 소식이 들리고 있으니 수십만 명씩 어린 생명이 목숨을 잃는 일이 머지않아 사라지리라 믿어 의심치 않는다.

전쟁터의 곤충

전쟁터에서는 전투로 사망하는 군인보다 곤충이 옮긴 질병으로 사망하는 군인이 훨씬 많다. 비위생적인 과밀 상태와 관련된 (이에 의해 전염되는) 유행성 발진티푸스 같은 질병은 많은 전쟁의 결과에 상당한 영향을 미쳤다. 이 병을 일으키는 병원체는 감염된 이를 통해 전파되는 세균이다. 세균은 이의 창자에서 자란 뒤에 배설물을 통해 빠져나온다. 이 작고 날개 없는 곤충에게 물리면 가렵고, 긁으면 발진티푸스균이 물린 상처 부위로 더 깊게 들어가게 된다. 사망률은 약 40퍼센트였고, 항생제가 나오기 전까지 수백만 명이 목숨을 잃었다. 역설적이게도 살충제를 이용한 곤충 방제와 더 강력한 원격 조종 무기의 등장으로 이제 우리는 곤충보다 훨씬 더 효율적으로 우리 자신을 죽일 수 있게 되었다.

곤충은 굳이 질병을 전파하지 않아도 우리의 목에, 아니 어디를 물든 간에 그 부위에 심한 통증을 안겨줄 수 있다. 피를 빠는 파리류는 세계의 몇몇 지역이 여전히 인구 밀도가 낮은 채로 남아 있는 주된 이유이기도 하다. 나는 이 지면을 빌려서 스코틀랜드의 넓은 땅을 비교적 원시적인 상태로 지켜주는 북방등에모기highland midge (*Culicoides impunctatus*)에게 감사 인사를 전하고 싶다. 이 작은 파리의 사나운 습성이 없었다면 내 고국의 드넓은 땅에는 이미 별장과 골프장이 들어서느라 많은 자연 서식지가 사라졌을 가능성이 매우 높다. 이 북방등에모기는 박멸하기가 무척 어려운데, 유충이 늪지대에서 자라고 성충도 번식지에서 그리 멀리까지 날아가지 못함에도 불구하고 스코틀랜드에는 습한 곳이 아주 많기 때문이다. 오래전 나는 기차로 웨스트 하일랜드 노선을 따라 맬레이그를 향해 가다가 한 나이 지긋한 승객과 이야기를 나누었다. 어쩌다가 북방등에모기 이야기가 나오자 그는 말했다. "어유, 정말 지독한 녀석들이죠." 그러면서 그는 자기 마을에 동네 처녀들에게 추근거리며 말썽을 일으키던 사람의 일화를 들려주었다. 어느 날 밤 화가 난 동네 사람들이 술집에서 그를 끌어내 북방등에모기가 우글거리는 곳으로 데려갔고, 그의 윗도리를 벗긴 채 나무에 묶었다고 했다. "어떻게 되었죠?" 내가 묻자 그는 눈동자를 굴리더니 무척 신나는 어조로 대답했다. "아침에 가서 풀어주니 거의 정신이 나가 있던 걸요."

맛있는 애벌레

곤충의 어두운 측면 이야기는 이 정도로 충분할 듯하다. 이제부터는 많은 긍정적 측면 중에서 몇 가지를 살펴보기로 하자. 제3장에서 나는 곤충이 세계의 먹이라고 말한 바 있다. 많은 척추동물은 전적으로 곤충에 의지하며, 그래서 일부 동물은 속임수에 넘어가 그다지 먹음직스럽지 않은 것까지 먹으려는 시도를 할 수 있다. 플라이 낚시는 깃털, 털, 실, 합성 물질로 곤충처럼 만든 미끼(플라이)를 수면이나 물속에 넣어 물고기를 잡는 방법이다. 미끼를 진짜 곤충처럼 보이게끔 잘 묶는 것도 중요하지만, 플라이 낚시의 성공 비결은 물고기의 행동과 물고기가 먹을지도 모를 미끼인 곤충의 행동을 잘 이해하는 데 있다. 예전에 나는 갑자기 원고에 문제가 생기는 바람에 대타가 필요하다는 출판사의 다급한 요청으로 옥스퍼드 동료인 스티브 심프슨과 함께 《올바른 플라이 낚시법The Right Fly》이라는 얇은 책을 쓴 적이 있다. 마감 시한이 빡빡했지만 크리스마스 휴가가 낀 덕분에 시간을 좀 벌 수 있었고, 몇 주 뒤에 우리는 원고를 완성했다. 플라이 낚시광이었던 심프슨이 낚시와 물고기의 행동을 다룬 절을 쓰고, 나는 송어가 잘 먹는 곤충들의 생물학을 짧게 죽 훑었다. 아주 재미있게 썼다. 책이 나왔을 때 어떤 서평에는 '플라이 낚시광인 옥스퍼드 생물학자들'이 쓴 책이라고 적혔다. 나는 플라이 낚시를 해보기는커녕 평생 낚싯대조차 잡아본 적이 없는 사람이었다. 그래서 심프슨은 지체 없이 서평에 걸맞은 조치를 취해야 한다고 결심했다.

우리는 옥스퍼드셔주의 한 사유지에 자리한 호수로 갔다. 심프슨은 간단하게 요령을 알려주면서 시범을 보였다. 아주 쉬워 보였다. 무엇이든 전문가가 하면 다 만만하게 보이는 법이니까. 심프슨은 내게 혼자 해보라고 말한 뒤, 송어가 올라올 만한 곳을 찾아서 호숫가를 둘러보러 갔다. 나는 낚싯대를 휘두르기 시작했는데 곧 뭔가 커다란 것이 걸렸다. 바로 내 다리였다. 낚싯바늘이 내 바지를 뚫고서 오른쪽 허벅지 위쪽에 틀어박혀 있었다. 나는 소리쳤다. "심프슨, 무언가를 잡은 것 같아." 다가온 심프슨은 내 앞에 무릎을 대고 앉아서 바늘을 살 속으로 죽 밀어 넣어 바늘 끝이 튀어나오게 한 다음 바늘을 잘라낸 뒤 빼냈다. 나중에 그는 우리를 지켜보던 동네 사냥터 관리인이 이렇게 중얼거리며 지나갔다고 전했다. "옥스퍼드 떨거지들이 그렇지, 뭐." 나는 그 뒤로 낚싯대를 잡은 적이 없다.

인류는 고대부터 곤충을 먹어왔다. 풍부하고 늘 존재하고 모으기도 쉬워 우리 조상들의 식단에 으레 들어갔다. 현재 전 세계에서 사람들이 즐겨 먹는 절지동물은 매미와 나방 애벌레, 딱정벌레와 벌, 거미, 전갈을 포함해서 약 1,500종에 달한다. 서양인에게 곤충을 먹는다는 것이 너무나도 낯설고 징그럽게 느껴질지도 모르지만 게, 새우, 바닷가재 같은 일부 해양 절지동물을 비롯해서 아주 다양한 생물을 먹고 있지 않는가. 나는 곤충이 날개 달린 새우와 다를 바 없다고 주장하곤 하지만, 끔찍하다는 듯이 결코 곤충은 먹지 않겠다며 손사래를 치는 이들도 있다. 그들은 곤충이 더럽고 역겹다고 말하는데 물론 모두 다 사실이 아니다. 유럽과 미국에서 곤충을 먹지 않는 진짜 이유는 최적 섭식 이론optimal foraging theory이라는 생태학 개념과 더 관련이 있다. 쉽게 요약하자면 식량으로 섭취하는 에너지와 그 식량을 구하는 데 쓰는 에너지의 차이가 얼마나 되느냐는 것이다. 세계의 선선한 온대 지역에서는 곤충만 잡아먹으면서 생활하고 살아가기에는 무리가 있을 것이다. 반면에 열대 지역에서는 곤충의 크기도 훨씬 크고 엄청난 무리를 짓곤 하므로 곤충을 잡아먹으면서 생활하는 것도 꽤 괜찮다.

서양의 여러 나라에서는 메뚜기, 귀뚜라미, 밀웜을 길러서 파충류, 타란툴라, 그 밖에 별난 반려동물의 먹이로 판매하곤 하며, 이들을 온라인으로 주문하는 반려인들도 많다. 물론 직접 기르기도 쉽다. 나는 예전에 옥스퍼드에서 아이들에게 귀뚜라미를 튀겨 내놓은 적이 있다. 아이들은 와 하더니 모조리 먹어 치웠다. 맛있다며 친구의 것까지 뺏어 먹는 아이들도 있었는데, 한 남자아이의 어머니가 강당 뒤쪽으로 쿵쿵거리면서 나를 찾아오더니 당황한 태도로 소리쳤다. "우리 애가 방금 귀뚜라미를 한 움큼 집어 먹었어요!" 나는 무슨 말을 하는지 이해가 잘 안 돼서 무엇이 문제인지 물었고, 그는 방금 벌어진 일이 도무지 이해가 안 간다는 양 멀뚱멀뚱 나를 쳐다보다가 답했다. "집에서 브로콜리도 안 먹는 애란 말이에요."

언론에서 때때로 관심을 보이곤 했지만 곤충 섭식을 별난 식습관이나 일시적 유행 차원으로 취급하는 시각을 떨쳐내기까지는 시간이 꽤 걸렸다. 곤충 섭식은 어느 쪽도 아니다. 중동의 일부 지역에서는 메뚜기가 풍족해지면 고기 가격이 떨어진다. 잠자리를 잡아서 꼬치에 끼워 구워 먹는 곳도 있다. 멕시코에서는 거저리(*Neatus ventralis*) 유충을 볶아서 만든 가루를 밀가루에 섞어서 토르티야의 단백질 함량을 높인다. 직접 해보고 싶다면 밀가루나 옥수수가루 14그램에 밀웜 가루 1그램의 비율로 섞어서 빵을 만들면 된다. 맛도 아주 좋고 영양가도 높다. 유명 요리사 헤스턴 블루먼솔Heston Blumenthal도 내 밀웜 빵이 맛있다고 선언한 바 있다.

세월이 흐르면서 사람들의 생각도 서서히 바뀌고 있으며, 특정한 곤충을 동물이나 사람의 식량으로 양식하는 것도 더 이상 별나게 여겨지지 않는다. 곧 아메리카동애등에black soldier fly(*Hermetia illucens*) 유충을 가축 사료와 음식물 쓰레기를 재활용한 퇴비 생산용으로 대량 양식하는 시설도 여기저기에 세워질 것이다. 지금 여러분은 곤충을 먹지 않겠다고 생각할지도 모르지만, 곤충 조각이 조금이라도 들어가지 않은 식품을 제조하기란 물류와 유통 측면에서 볼 때 쉽지 않다. 미국식품의약청이 내놓은 〈식품 결함 조치 수준Food Defect Action Levels〉 편람에는 다양한 식품별 이물질 최대 허용 수준이 적혀 있다. 미국인의 주식 중 하나인 땅콩버터 100그램에는 곤충 조각이 평균 약 30개 남짓 혼입되어도 허용된다. 토마토 주스 100그램에는 초파리 알이 평균 약 10개 남짓까지 허용된다. 내가 볼 때 이 '이물질' 허용 수준보다 10배 이상 섞여도 아무런 해가 없을 가능성이 아주 높다. 무슨 일이 있어도 곤충을 먹지 않겠다고 애쓰기보다는 우리의 섭식 습관을 전반적으로 철저히 살펴보는 편이 더 타당해 보인다. 우리가 육류 소비를 줄여야 한다는 것은 분명하지만, 별로 몸을 움직이지 않는다고 해도 사람은 하루에 단백질을 약 50~100그램은 섭취해야 한다. 곤충 양식은 단백질 공급의 대안이 될 수 있다. 여하튼 간에 나는 곤충이 그토록 오랜 세월 식품으로서 높은 평가를 받아왔건만 사람들이 곤충을 먹는다고 하면 왜 이상하게 보는지 도무지 이해가 가지 않는다.

벌의 토사물과 그 밖에 유용한 것들

적어도 8,000년 전으로 거슬러 올라가는 유럽의 몇몇 암벽화에는 야생벌에서 꿀을 채취하는 사람의 모습이 그려져 있고, 꿀은 많은 고대 문헌에도 언급되어 있다. 꿀이 수백만 년 동안 인류와 조상들에게 중요한 식량 자원이었다는 데는 의문의 여지가 없다.

꿀은 먹기에만 좋은 것이 아니다. 전통 의학에서 꿀은 오랫동안 화상과 상처처럼 여러 사소한 질환들을 치료하는 데 사용되었으며, 여러 의식 행사에도 중요하게 쓰였다. 그런데 실제로 꿀은 무엇이고 어떻게 만들어질까? 꿀은 꿀벌이 자신과 자라나는 유충이 먹기 위해 만든 먹이로 밀랍으로 만든 방에 저장된다. 나는 초등학생들에게 꿀이 어디에서 나오는지 아냐고 묻곤 하는데, 꽃에서부터 모은다는 것이 가장 흔한 대답이다. 정답과 꽤 가깝긴 하지만 여기에는 한 가지 중요한 단계가 빠져 있다. 벌은 꽃이 벌을 꾀기 위해서 생산하는 묽고 달콤한 액체인 꽃꿀을 모은다. 벌이 꽃꿀을 빨 때 꽃가루가 몸에 달라붙는데 이는 벌이 이 꽃 저 꽃을 돌아다니는 과정에서 옮겨진다. 꽃가루받이라는 아주 중요한 과정이다. 여기까지는 아이들도 다 아는 내용이다. 벌이 삼키는 꽃꿀은 창자의 첫 부분인 꿀주머니 혹은 밀위honey stomach라는 곳에 저장된다. 꿀주머니가 다 채워지려면 꽃 수백 송이를 들러야 할 수도 있다. 꽃꿀을 모으는 벌의 창자에서는 이 아직 묽은 꽃꿀에 효소를 분비하기 시작하며, 벌은 집으로 돌아와 꿀주머니의 내용물을 게운다. 그렇게 여러 일벌들이 모아 토해낸 꽃꿀이 섞인다. 그런 뒤 꿀벌들은 이 꽃꿀을 다시 삼켰다가 게우는 일을 반복하기 시작한다. 이런 과정이 진행되는 동안 효소는 꽃꿀에 들어 있는 자당을 분해해서 단순당인 과당과 포도당의 혼합물로 바꾼다.

이 과정을 계속하다가 이윽고 벌들은 저장방에 내용물을 게워놓는다. 이 액체도 아직 묽은 상태이기 때문에 증발을 통해 농축시켜야 한다. 벌집 안이 덥고 일벌 수백 마리가 날개로 계속해서 부채질을 하기에 천천히 증발이 일어나면서 꿀은 이윽고 발효되어 상하는 일이 일어나지 않을 만큼 충분히 진해지고 달콤해진다. 이제 저장방은 벌들이 꿀을 필요로 할 때까지 혹은 양봉업자가 꿀벌들이 공들여서 이뤄낸 결실을 취할 때까지 문이 닫힌 채로 꿀을 보관한다. 빵에 꿀을 발라 먹을 때 사실상 우리는 벌의 토사물을 먹고 있는 것이다. 아이들은 이 벌의 토사물을 무척 좋아한다.

현재 한 해에 생산되는 꿀은 약 200만 톤에 달하지만 돈을 벌겠다고 꿀의 품질 같은 것은 개의치 않고 물을 섞거나 다른 당을 섞어 사기를 치는 이들도 있다.

그렇다면 벌집은 어떻게 만들어질까? 벌집의 육각형 모양은 결코 우연히 나온 것이 아니다. 밀랍을 최소한으로 쓰면서 최대한 많은 꿀을 저장할 수 있는 가장 경제적인 모양과 배치로 진화한 결과물이다. 벌집의 각 방은 담긴 꿀이 흘러나오지 않도록 위쪽으로 약 13도 기울어져 있다. 꿀벌은 집을 짓기 시작할 때 공 모양처럼 다닥다닥 모이는데, 그러면 안쪽의 온도가 곧 35도까지 오른다. 이는 밀랍을 생산하는 데 필요한 온도다. 밀랍은 일벌의 배 밑면에 있는 샘 여덟 개에서 생산되는데, 각각의 샘은 얇은 밀랍 조각을 분비하고 벌은 앞다리와 턱으로 그것들을 모아서 모양을 빚어낸다. 야생 꿀벌은 아무것도 없는 상태에서 집을 지어야 하지만, 양봉업자는 순수한 밀랍과 동일한 밀랍판을 철사로 보강해 틀에 끼운 인공 벌집인 채밀판을 벌에게 제공한다. 인류는 오래전부터 밀랍을 연마제, 물감의 재료, 접착제나 윤활제 등 아주 다양한 용도로 사용해 왔다. 그러나 주로 쉬우면서도 깔끔하게 태울 수 있는 초를 만드는 데 가장 많이 쓰였다.

벌이 다양한 식물에서 얻은 즙을 밀랍과 섞어서 만드는 끈적거리는 물질인 프로폴리스propolis는 벌집의 틈새를 메우고 막는 용도로 쓰이지만, 현악기 제조자들은 광택제의 원료로도 써왔다. 프로폴리스가 사람의 질병 치료에 유용하다고 믿는 이들도 있지만, 그런 주장을 뒷받침할 과학적 증거는 전혀 없다. 일부에서 사람의 건강에 유익하다고 주장하는 벌의 산물이 하나 더 있는데 바로 로열 젤리다. 로열 젤리는 양육벌이 여왕이 될 유충에게 먹이기 위해 분비하는 물질인데, 대부분은 물이지만 약간의 단백질, 단순한 당과 지방에다가 소량의 비타민 B, 비타민 C, 몇몇 항균 작용을 하는 화합물이 들어 있다. 벌 유충에게는 좋을지 몰라도 사람에게는 그 어떤 기적 같은 효과도 일으키지 않을 것이다. 아무리 비싸게 주고 사더라도 말이다.

레드코트

인류는 석기 시대가 끝나기 전부터 직물 염색을 했는데, 그 이전부터 했다는 증거도 일부 있다. 염료는 처음에는 광물과 식물 같은 천연 물질에서 얻었지만, 수천 년 전 인류는 특정한 곤충을 이용하면 사람들 사이에서 돋보일 수 있다는 것을 발견했다.

연지벌레cochineal insect(*Dactylopius coccus*)는 2세기부터 카민carmine이라는 붉은 색소를 만드는 데 쓰였다. 한곳에 달라붙어서 수액을 빨아먹는 부드러운 몸을 지닌 이 곤충은 카민산carminic acid이라는 쓴맛이 나는 방어 화합물을 생산함으로써 먹히지 않도록 자신을 보호한다. 사람은 바로 이 물질로부터 염료를 만든다. 연지벌레는 멕시코와 남아메리카의 몇몇 부채선인장종에 살며, 이 벌레로 만든 새빨간 물감은 아즈텍과 마야 문명에서 귀한 상품이었다. 그들은 그냥 선인장에 달라붙어 있는 이 곤충을 훑어 떼어내어 통에 담았다. 그리고 보관할 때 부패하지 않도록 햇볕에 잘 말렸다. 말린 곤충은 내다 팔거나 보관해두었다가 염료를 만드는 데 썼다. 카민은 화장품과 제약 산업에서 색깔을 낼 때도 사용했다. 지금은 카민보다 합성 염료를 더 많이 쓰지만, 최근 들어 천연 염료가 다시 인기를 끌면서 쓰이고 있으며(성분 표시에 E120라고 적혀 있다) 일부 국가에서는 여전히 생산되고 있다.

대학생일 때 나는 카민을 현미경으로 살펴볼 표본을 염색하는 데 썼지만, 당시에는 그 색소가 어디에서 나온 것인지 몰랐다. 게다가 영국군의 군복으로 유명한 '레드코트redcoat'의 선명한 자주색이 깍지벌레scale insect•로부터 추출되었다는 것도 몰랐다. 18세기 말에 영국의 한 해군 장교가 부채선인장과 연지벌레를 호주의 범죄자 정착촌에 들여왔다. 영국이 자주색 색소의 독자적인 공급원을 확보할 수 있기를 바라면서였다. 그러나 일은 원하는 대로 흘러가지 않았다. 곤충은 다 죽어버렸고 선인장은 왕성하게 불어나서 뉴질랜드만 한 면적을 뚫고 들어갈 수 없을 정도로 빽빽하게 뒤덮었다. 끝없이 불어나던 선인장은 나중에 역사상 가장 성공한 생물 방제 사업 중 하나를 통해서 겨우 억제할 수 있었다. 남아프리카에서 들여온 작은 나방이 바로 구원자였다. 이 나방의 애벌레는 선인장을 갉아먹었고, 천적이 전혀 없는 환경에서 마구 불어날 수 있었다. 물론 이 나방은 우연히 또는 교역을 통해서 미국 남부 같은 지역들로도 퍼져나갔고, 그런 곳에서 귀한 토종 선인장에게 위협을 가했을지도 모른다. 우리가 스스로 무슨 일을 하는지 잘 안다고 자신할 때마다 상황은 생각과 다르게 전개되곤 하는 듯하다.

• 연지벌레는 깍지벌레의 일종이다.

곤충이 뱉은 침

우리 피부를 감싸는 데 쓸 수 있는 천 중에서 가장 사치스러운 것도 특정 곤충의 침샘에서 나오는 물질, 아니 더 쉽게 말하자면 곤충이 뱉은 침으로 만든 것이다. 바로 명주실, 즉 실크다.

실크는 거미와 곤충이 먹이를 잡거나 자신을 보호하기 위해 자아내는 단백질 섬유를 말한다. 이 놀라운 물질의 특성을 흉내 내는 인공 섬유를 만들기 위한 연구가 활발히 이루어지고 있다. 그런데 실크라고 할 때 우리가 주로 염두에 두는 것은 누에나방이 자아내는 천연 섬유인 명주실이다. 비단이라고도 하는 부드럽고 광택 있는 천을 만드는 데 쓰이는 바로 그 실이다. 전 세계의 누에나방류는 약 60종인데, 그중 누에나방silk moth (*Bombyx mori*)이 가장 잘 알려져 있다. 누에나방의 애벌레인 누에는 4,500여 년 전에 중국에서 처음 길러지기 시작했고, 역대 왕조는 명주의 생산 비밀이 새어나가지 않도록 철저히 단속했다. 그러나 결국 주변 나라들로 비밀이 새어나갔고, 나라에 따라 다른 종을 써서 명주실을 생산하기도 했다. 중국의 비단 제조법이 서양으로 전해진 것은 550년 경이었다. 두 수도승이 동로마제국 황제 유스타니우스 1세에게 비밀을 제공할 테니 대가를 달라고 요구했다고 전해진다. 황제가 동의하자 그들은 누에나방의 알 몇 개와 누에의 먹이인 뽕나무 씨앗을 속이 빈 지팡이에 숨겨서 로마로 들여왔다. 수도승들이 붙잡혔다면 아마 곤장에 맞아 죽지 않았을까 상상해본다.

이 밀수 덕에 이탈리아는 중요 비단 생산국이 되었고, 생산 지식과 기술은 서서히 프랑스와 스페인으로 퍼졌다. 18세기 중엽에는 영국에도 소규모 실크 산업이 존재했다. 누에나방은 오랜 세월 사람의 손에 길들여지고 선택 교배가 이루어져 온 탓에 이제는 더 이상 야생에서 살아갈 수 없다. 누에는 환기가 잘 되는 큰 통에서 키워지며, 발달 과정에서 엄청난 양의 뽕나무 잎을 먹는다. 다 자라면 실을 자아서 고치를 만들고 그 안에서 번데기가 된다. 이 고치를 모아 끓는 물에 넣고 풀리는 실을 물레에 감는다. 고치 하나에서 길이 수백 미터의 비단실이 나오기도 하며, 이렇게 풀어낸 고치 몇 개의 비단실을 함께 꼬아서 튼튼한 실 한 가닥을 만든다. 옷 한 벌을 지으려면 고치 수천 개의 비단실이 필요할 수도 있다. 고치실을 벗겨낸 번데기는 삶은 뒤 통조림 식품으로 제조한다. 나도 먹어보긴 했지만 그다지 입맛에 맞지는 않았다. 내가 통조림에 중국어로 적힌 요리법을 제대로 이해하지 못했기 때문일 수도 있다.

곤충이 이처럼 우리에게 직접적인 혜택만 제공하는 것은 아니다. 다른 종, 특히 식물과 맺는 관계를 통해서도 인류에게 필수 불가결해진 수많은 화합물이 생성된다.

천연 약물

곤충만큼 오랜 세월을 존속한 동물은 자신의 안전을 위해 온갖 방안을 갖추는 쪽으로 진화해왔다. 개미와 말벌이 척추동물을 겨냥한 독액을 만든다는 것은 잘 알려져 있지만, 곤충도 보이지 않는 미생물 군대의 습격에 맞서서 자신을 지켜야 했다. 물, 흙, 똥, 썩어가는 물질에 사는 곤충 애벌레는 수많은 병원성 바이러스와 세균에 노출될 것이고, 때로는 장시간 그런 상황에 처해 있을 수 있다. 매미 약충이 10년 이상 땅속에서 뿌리 즙을 빨면서 지낸다는 것을 생각해보자.

그런데 우리는 약으로 쓸 수 있는 유용한 화합물을 어떻게 찾아내는 것일까?

페니실린을 발견했을 때도 그랬듯이 공기 중에 떠돌던 곰팡이 홀씨가 한천 배지에 자라는 세균에 내려앉는 것 같은 우연한 사건이 일어나기를 기다릴 수도 있다. 또는 새로운 항생제를 찾아서 '생물탐색bioprospecting'에 나설 수도 있다. 항생제 저항성이 우려할 만큼 커지고 있기에 이런 탐사는 시급한 과제가 되어왔다. 오랫동안 전통 의학 또는 민간요법은 다양한 곤충을 이용해 만든 약재를 썼으며, 그런 약재들이 효과가 있는지를 과학적으로 검사하는 연구도 이루어지고 있다. 곤충의 독액에서는 세포독성 화합물이 발견되었으며, 상당한 항균 작용을 지닌 펩타이드(짧은 아미노산 사슬)라는 화합물도 많이 발견되었다. 썩어가는 물질에 사는 파리 유충은 강력한 항균 펩타이드를 지니며, 곰팡이 감염에 노출되는 습성을 지닌 곤충은 균사를 파괴하고 더 나아가 홀씨의 발아를 억제하는 화합물도 만든다.

흡혈 곤충의 침에 들어 있는 항응고 화합물은 새로운 혈전 용해제를 개발하는 데 이용할 수 있는 비법을 간직하고 있다. 지금까지 우리가 쓰는 항생제는 대부분 흙에서 발견한 것이지만, 최근 들어 새로운 항생제가 발견되는 속도가 느려지고 있다. 이제는 곤충과 그들이 지닌 풍부한 생화학적 물질을 살펴볼 때인 듯하다. 우리는 곤충, 특히 생물학적으로 험한 환경에서 번식하는 곤충이 어떻게 살아가는지 그리고 과연 어떻게 생존할 수 있었는지를 살펴볼 필요가 있다. 앞으로 수십 년 사이에 우리가 먹거나 주사하게 될 약들은 곤충의 몸속에서 진화한 것일 가능성이 높다.

우리는 곤충이 해로운 것들로부터 스스로를 지키기 위해서 어떤 화합물을 만드는지 알아내는 일만 하는 것이 아니다. 식물 등 다른 생물들이 그들을 공격하는 곤충으로부터 스스로를 지키기 위해 어떤 화합물을 만드는지 알아내는 일도 마찬가지로 유용하다. 이스턴뷰티라는 독특한 향미를 지닌 차가 있다. 19세기 말 대만의 한 차 재배 농민은 차나무의 잎눈과 어린잎에 매미충이라는 수액을 빨아먹는 곤충이 잔뜩 달라붙어 있다는 사실을 모른 척했던 모양이다. 그는 차 재배를 포기하기는커녕 그냥 찻잎을 따서 내다 팔았는데, 그 찻잎에서는 익은 과일과 꿀을 떠올리게 하는 유달리 맛이 좋고 흥미로운 향미가 풍겼다. 덕분에 농민은 예상한 것보다 더 비싼 값에 차를 팔 수 있었다. 이 기분 좋은 운명의 전환을 가져온 것이 무엇이었을까? 답은 매미충의 공격에 차나무가 대응해서 특정한 방어 화합물을 생산한다는 데 있었다.

곤충과 식물의 상호작용은 지구에서 가장 중요한 관계 중 하나다. 3억 5000만 년이 넘는 세월 동안 식물은 온갖 굶주린 곤충들에게 빨리고 뜯겨왔다. 고대의 식물들은 곤충이 먹지 못하게끔 더 질긴 잎이나 가시 같은 신체 형질을 갖추는 쪽으로 진화했겠지만 이런 방어 수단을 갖추는 데는 비용이 든다. 자신을 지키는 쪽으로 에너지를 투입할수록 성장과 번식에 들어가는 에너지는 줄어들 수밖에 없다. 대사의 부산물이 운 좋게도 초식동물이 꺼려하거나 먹으면 탈이 나는 것이라면, 그런 부산물을 만들 수 있는 식물은 성공을 거두었을 것이다. 그 결과 현재 식물은 아주 다양한 화학 물질 병기를 갖추게 되었다. 척추동물은 곤충과 거의 동일한 생화학적 경로들을 갖추고 있기 때문에, 식물의 방어 화합물은 우리에게도 비슷한 방식으로 영향을 미칠 것이다. 인류가 수천 년 전부터 식물의 방어 화합물을 독, 약, 향신료, 색소로 활용했다는 증거는 많다. 그러나 그 활성 성분이 무엇인지도 모른 채 써왔다.

세월이 흐르는 동안 곤충도 식물의 방어 체계를 무너뜨리는 대사를 갖추는 쪽으로 진화했고, 이 진화적 군비 경쟁을 통해서 식물은 곤충의 창자, 신경계, 그 밖에 기관을 공격하는 점점 더 복잡한 화합물을 갖추게 되었다. 겨자무(서양고추냉이), 양배추, 겨자에 든 일부 화합물은 우리의 입맛을 돋우지만, 우리는 맛이 더 좋도록 만들기 위해서 이런 방어 화학 물질이 적게 든 작물 품종들도 개발해왔다. 그 결과 곤충의 공격에 취약해지게 되었다. 그러나 다행히도 제충국 같은 국화류의 제충국분(피레트룸)pyrethrum, 님나무의 아자디

라크틴azadirachtin처럼 식물은 천연 살충제도 제공한다.

식물이 곤충을 물리치기 위해 만드는 온갖 화합물은 우리의 삶을 상당히 개선해왔으며, 그중에는 모르핀, 카페인, 니코틴, 퀴닌 등 자주 들어본 물질도 많다. 빈크리스틴vincristine과 빈블라스틴vinblastine 같은 항암제는 마다가스카르가 원산지인 일일초rose periwinkle(*Catharanthus roseus*)라는 꽃식물에서 나왔고, 화학 요법의 주요 약물인 택솔taxol은 주목나무의 껍질에서 발견되었다.

그러나 우리가 아는 것은 겨우 겉핥기에 불과하다. 식물이 어떤 화학 물질을 지니고 그 화학 물질이 어떤 특성을 지니는지 모르는 경우가 부지기수이기 때문이다. 식물과 초식곤충 사이의 길고도 대단히 흥미로운 관계에 아주 해박한 사람을 한 명 꼽자면 바로 필 스티븐슨Phil Stevenson이 되겠다.

4억 년에 걸친 식물 대 곤충 전쟁의 놀라운 양상

필 스티븐슨 교수

대학생 시절, 나는 동물학자가 되고자 했지만 식물학에는 별 관심이 없었다. 지금은 당시의 내 시야가 얼마나 좁았는지를 충분히 깨닫고 있다. 곤충과 식물은 육상에서 가장 큰 규모의 관계를 맺고 있는데, 그들이 상호작용하는 방식은 정말로 흥미진진하다. 나는 큐왕립식물원Kew Gardens에서 필 스티븐슨을 만났다. 먼저 그에게 자신이 하는 일을 설명해달라고 했다.

"식물의 화학 물질을 연구하고 그 물질이 식물과 다른 생물들, 특히 곤충과의 상호작용을 어떻게 매개하는지 살펴보는 일을 해요. 화학적 생태학자라고 부를 수도 있겠어요."

지구에서 가장 중요한 생물 집단 둘을 꼽으라면 그건 바로 식물과 곤충이다. 그들 사이의 믿어지지 않을 만큼 오래도록 지속된 상호작용은 정말로 흥미로운 결과들을 빚어냈다.

"인도의 전통적인 아유르베다ayurveda 의학은 약초를 주로 쓰는데, 수천 년 동안 사람들의 건강에 기여해왔어요. 우리는 그런 식물들이 좋은 효과를 가져오는 이유를 아직 제대로 이해하지 못했지만 전통이 아주 깊죠."

오늘날 우리가 쓰는 약물의 4분의 1가량은 식물이 만드는 물질에서 비롯된 것이다. 스티븐슨은 중요한 생물 목록에 균류까지 포함시킨다면 이 비율이 50퍼센트를 넘게 된다고 말했다. 나는 그에게 식물이 왜 꼭 필요하지도 않은 화합물을 굳이 생산하는 것인지 이유를 물었다.

"생물은 스스로를 지켜야 하기 때문에 이런 화학 물질을 만들어요. 식물은 초식동물이 공격할 때 달아날 수가 없으니까 자신을 지키기 위해 다양한 방법을 개발하죠. 선인장의 가시를 비롯해서 다양한 식물들이 만들어낸 우리에게 친숙한 방법들도 많지만, 식물이 가장 흔히 쓰는 방법은 화학 물질을 이용하는 거예요. 그리고 식물마다 이용하는 화학 물질은 다르고요."

약 4억 년 전 육상식물이 처음 출현했을 때는 스스로를 보호할 수단이 거의 없었기 때문이다. 온갖 곤충이 진화해서 자신들을 먹어대기 시작하리라는 것도 알지 못했을 테니까.

"이 모든 메커니즘은 생존 욕구를 통해서 적응해왔을 거예요. 그리고 진화 과정을 거쳐 놀라울 만큼 다양한 천연 물질이 생성되었죠. 식물만 따져도 35만 종에 5~10만 가지 화학 물질이 들어 있어요. 우리는 이런 화학 물질을 이차대사산물secondary metabolite이라고 합니다. 식물의 생화학적 기능이나 대사에 꼭 필요하지는 않은 화학 물질이라는 거죠. 대부분 사람은 매일 이런 물질을 일부 이용하는데, 가장 잘 알려져 있고 널리 섭취하는 것이 카페인이라는 약물이고요.

카페인은 몇몇 식물 집단이 만들어요. 우리를 아침에 돌아다니게 하기 위해서가 아니라 곤충, 특히 초식동물과 상호작용을 하기 위해서죠. 우리는 카페인이 방어 화학 물질임을 알아요. 커피콩에는 카페인이 아주 많이 들어 있어서(커피콩 무게의 최대 4퍼센트) 그 덕분에 초식동물에게 먹히지 않아요. 차도 마찬가지예요. 생장하는 부위이기 때문에 잎에서 가장 중요한 잎눈에 카페인이 아주 많이 들어 있지요. 카페인은 쓴맛을 내고 곤충에게 독성을 띠기 때문에 차나무는 잎눈에 이렇게 카페인을 잔뜩 넣어요. 하지만 몇몇 곤충은 사실상 이 독성을 견디는 방법을 개발하기 시작했어요.

이게 바로 진화적 군비 경쟁이에요. 식물은 자신을 지키려면 곤충보다 훨씬 더 효과적인 방법을 써야 해요. 곤충은 그냥 달아나는 방법도 쓸 수 있지만 식물은 자신이 뿌리를 내린 곳에서 살아남아야 해요. 그렇지 않으면 죽으니까요. 또 곤충은 다양한 먹이 자원을 놓고 고를 수도 있으니 식물보다 위험도 적고요.

곤충이 풍부하다는 것도 한 요인이 될 수 있어요. 식물은 먹히는 속도보다 더 빨리 자랄 수 있는 만큼 초식을 견뎌낸 시기도 있었어요. 재생 과정은 사실상 방어 방법입니다. 그러나 곤충의 수가 늘어나면서 초식의 세기가 더 심해졌기에 식물들은 가시든 화학 물질이든 무엇이든 간에 다른 방법을 써서 스스로를 지켜야 하는 상황에 처했죠.

하지만 식물이 오로지 먹히지 않는 쪽으로만 에너지를 쓰다가는 많은 씨를 생산할 에너지가 부족해질 수도 있어요. 균형을 잡아야 합니다. 일부 식물은 방어 화학 물질을 필요에 따라 생산하는 방법을 개발했어요. 콩과 식물인 병아리콩은 후무스hummus라는 요리에 쓰이는데, 이 식물은 감염되면 파이토알렉신phytoalexin이라는 화학 물질을 생산해요. 병원균이 침입하면 우리 몸의 면역계가 반응하는 것과 비슷하죠."

가정상비약 중 상당수는 곤충과 식물 사이의 오랜 진화 역사의 산물이다.

"저는 대부분 가정상비약이 침입하는 생물을 막는 과정에서 나온 것이라고 상상하곤 해요. 살리실산salicylic acid은 버드나무가 만드는 화합물이에요. 여기에 아세틸기acetyl group를 붙이면 아스피린이 돼요. 버드나무가 침입하는 생물을 막는 방어 수단으로 생산하는 거예요. 병원에서 가장 중요하게 쓰이는 진통제는 코데인과 모르핀을 비롯한 아편유사제인데 모두 식물에서 나온 것입니다.

현재 가장 관심을 많이 받는 연구 중 하나는 식물에서 얻은 물질로 항암제를 개발하는 일이에요. 그런 물질은 식물이 암에 걸리지 않으려고 만드는 것이 아니라 초식을 막으려고 만드는 거예요. 식물성 물질을 선별 조사하는 과정을 통해서 실제로 우리는 특정한 암에 생물학적 활성을 보이는 것들을 발견해왔어요. 아프리카에 자라는 예쁜 분홍 꽃인 일일초가 가장 잘 알려진 사례에 속해요. 빈크리스틴과 빈블라스틴이라는 아주 복잡한 두 알칼로이드의 원천이죠. 이 물질들이 발견되기 전인 1960년대에는 아이가 백혈병이나 비호지킨 림프종에 걸리면 사망할 확률이 90퍼센트에 달했을 거예요. 지금은 생존 확률이 90퍼센트입니다. 곰팡이를 막는 용도든 곤충을 막는 용도든 간에 이런 식물성 화합물은 식물이 원래 생태적 상호작용을 하기 위해서 만드는 거예요.

우리는 현재 파괴되고 있는 세계 각지에 얼마나 유용한 화학물질들이 있는지 결코 알지 못할 수도 있어요. 우림을 보호해야 한다는 이야기는 주로 우리 숲의 탄소 포획 잠재력을 유지하자는 쪽에 초점이 맞추어져 있죠. 하지만 우리는 숲의 파괴가 미래의 의약품 창고를 없애는 것과 일맥상통한다는 점도 같이 생각해야 해요. 우림에는 온대 지역보다 훨씬 다양한 화합물들이 있어요. 따라서 이 화학적 방어 기구(잠재적 이용 가능성)를 보전할 필요성도 커져야 하고요."

모든 식물성 화합물이 방어만을 위해 진화한 것은 아니다. 다목적 화합물도 있다.

"이런 관계는 상호 적대적이라는 측면뿐만 아니라 호혜적이라는 측면에서도 살펴볼 수 있어요. 적대적 관계라는 범주에는 곤충, 균류, 세균을 넣을 수 있습니다. 호혜적 관계라는 범주에는 나무가 흙 속의 중요한 영양소를 흡수할 수 있도록 돕는 균근이나 꽃가루 매개자가 들어가고요.

아마 하나의 화합물이 보호용으로도 쓰이고 상호작용을 도모하는 데도 쓰이는 사례가 가장 흥미로운 축에 들 거예요. 예를 들어, 대다수 곤충은 먹이에 카페인을 섞어서 주면 쓰다고 느낄 거예요. 즉, 카페인은 기피제나 아주 고농도에서는 살충제 역할을 하지만 이 농도를 아주 낮게 줄이면 놀라운 일이 벌어져요. 예를 들어, 꿀벌은 더 이상 쓴맛을 느끼지 못할 테니 신나게 먹을 것이고, 그러면 일종의 약학적 효과가 나타나서 꿀벌의 기억력이 좋아져요. 카페인이 살짝 들어간 꽃이 어느 것인지 잘 기억하게 되죠. 어떤 꽃이 매혹적인 향기를 풍기는데 꽃꿀에 카페인도 들어 있다면 그 벌은 다음 날까지 그 향기를 더 잘 기억할 수 있어요. 다시 먹이를 구하러 나설 때, 그 향기를 맡은 벌은 곧장 그곳으로 향하게 되죠. 먹이가 있다는 걸 아니까요. 따라서 꽃가루를 옮기는 서비스도 더 잘하게 됩니다.

우리는 그것이 카페인의 의도된 기능인지 아니면 카페인은 원래 기피제 용도로 만들어진 것인지 알지 못해요. 카페인의 또 한 가지 놀라운 점은 벌에게도 약물 효과를 보인다는 거예요. 기력을 심하게 빼앗을 수 있는 미포자충microsporidia 감염을 막는 데 도움을 줘요. 즉, 이 화합물은 생태계에서 다목적 기능을 합니다."

우리는 카페인처럼 자연에 있는 화합물의 혜택을 보기도 하지만, 여기에는 중독성을 띠는 식물성 물질도 있다.

"아주 흥미로운 분야예요. 테트라하이드로칸나비놀tetrahydrocannabinol, THC은 우리가 약학적 특성을 인정하기 시작하면서 의약품 목록에 들어가게 되었어요. 어떤 식물이 만드는 어떤 화합물이 우리 몸에 들어왔을 때 어떤 수용체와 결합할 수 있고, 그 결과 우리가 황홀한 느낌을 받을 수 있다는 사실은 그 자체로 어느 면에서는 놀라운 일이에요."

니코틴은 사람의 건강에 몹시 안 좋으면서 중독성까지 있다고 알려진 식물성 화합물이다.

"니코틴은 곤충에게 강한 독성을 띠어요. 그래서 강력한 살충제이지만 텃밭에 쓰라고 권하지는 않죠. 원래 식물이 곤충의 초식에 맞서 자신을 지키려고 생산한 화합물을 사람이 다른 용도로 쓰는 완벽한 사례인 거예요.

불편한 위장을 달래줄 약을 찾다가 우연히 발견한 식물도 있어요. 제 생각에 원래는 식물을 그냥 삼키거나 씹었을 것 같아요. 세계 여러 지역에서는 지금도 담뱃잎을 씹곤 해요. 남아메리카 사람들은 지금도 코카잎을 씹고요. 중동 사람들은 비슷한 자극 효과를 주는 카트khat 잎을 씹고, 남아시아 사람들은 빈랑나무의 열매인 빈랑과 잎이 든 판paan을 씹어요.

저는 원래 사람들이 질병을 치료하려는 목적으로 여러 식물을 시험해보다가 식물들의 이런저런 효과를 발견했을 거라고 상상해요. 물론 이런 화합물 중에 식물이 암을 치료하거나, 우리에게 환각 효과를 일으키거나, 우리를 각성시키기 위해서 만들어진 것은 전혀 없어요. 모두 식물이 살아남기 위해서 또는 우리가 계속해서 발견하고 있듯이 균근이나 꽃가루 매개자처럼 서로 혜택을 주고받기 위해서 만들어낸 것이죠.

식물은 우리가 상상할 수 없을 정도로 놀라운 화합물들을 제공해왔습니다. 인류가 다양한 화학 물질을 만들려고 얼마나 오랫동안 애썼는지를 생각해보면 우리는 식물을 영원히 따라갈 수 없다는 결론에 이르게 되죠."

스티븐슨은 우리의 비효율적인 경작 방식이 생물 다양성이나 가치 있는 식물종을 멸종 위기로부터 구해내는 데 아무런 도움도 되지 못할 것이라며 걱정한다.

"최근 모형들은 지구 식물의 40퍼센트가 현재 멸종 위험에 처해 있다고 말해요. 이 정보는 점점 상세해지고 있는 세계 각지의 식물 다양성과 분포를 조사한 증거를 토대로 구축한 모형에서 나오는 결과들이고요. 경악할 수준인데 우리는 여전히 그런 위험을 막을 수 없는 것처럼 보이죠.

땅을 보존해야 하는 이유 중 하나는 식량을 더 많이 생산하기 위해서지만, 저는 지금 경작을 위해 사용하는 땅에서 더욱 효율적으로 식량을 생산하는 것이 진정한 도전 과제라고 생각해요. 해마다 중국보다 더 넓은 면적에서 생산되는 식량이 사람의 입으로 들어가지 못한다고 추정돼요. 사라지거나 버려져서요.

하지만 지난 몇 년 사이에 전환점을 돌았다고 생각합니다. 생활 방식을 새롭게 개선하는 데 도움을 주는 과학과 경제를 계속 뒷받침할 수만 있다면 상황이 나아질 것이라고 낙관해요. 현재의 낭비를 많이 줄일 수 있다면, 그만큼 생물 다양성 위기도 대폭 완화될 것이고, 미래에 약물을 제공할지도 모를 식물종이 사라지는 속도를 늦추는 데도 분명 도움이 될 겁니다."

나는 늘 알고 있었지만 스티븐슨과의 대화를 통해 곤충이 우리를 위해 어떤 일을 하는지 전체적으로 다시 살펴볼 수 있었다. 식물과 끊임없이 전쟁을 벌인 결과, 곤충은 우리에게 마시고 먹고 더 나아가 치료하는 데 쓸 온갖 것들을 제공하기에 이르렀다. 그러니 그들에게 고마워하고 또 고마워해야 한다.

역사 기록

사람을 다른 동물들과 구분하는 특징들은 많은데, 우리가 역사를 기록으로 남기는 유일한 종이라는 것도 가장 중요한 차이점에 속할 것이다. 물론 우리가 역사 기록에서 무언가를 배울 수 있느냐 여부는 전혀 다른 문제다. 우리는 막대기를 긁어서 표시를 하고, 젖은 점토판에 무언가를 대고 눌러서 찍고, 바위에 기호를 새기기도 했지만, 역사 기록의 대부분은 잉크를 써서 적은 것이다. 초기 잉크는 검댕을 써서 만들었지만 이후 1,400년 동안 꾸준히 이용되어 왔으며, 지금까지 쓰이는 잉크의 한 종류도 있다. 바로 작은 말벌과 참나무 사이의 복잡한 상호작용에서 나오는 것이다.

나는 윈저대공원 바로 옆에 살고 있는데 이곳은 세계에서 아름드리 참나무가 가장 많이 모여 있는 장소 중 하나다. 공원 내 한 사유지에는 전문가들이 1,300년은 되었다고 추정하는 나무도 서 있다. 8세기의 어느 날 싹이 터서 작은 뿌리를 흙 속으로 내민 도토리가 그 나무로 자랐다는 뜻이다. 놀랍게도 이 나무는 지금도 멀쩡히 살아서 도토리를 맺고 있다. 이런 장수와 내구성 덕분에 참나무는 많은 관심을 받는 종이다. 나는 1536년에도 살았던 참나무들 사이로 걷곤 한다. 헨리 8세가 런던 타워에서 쏘는 대포 소리를 들으려고 공원의 어떤 언덕 꼭대기를 향해 말을 타고 달리면서 지나쳤을 참나무들이다. 앤 불린Anne Boleyn*의 머리가 방금 참수되었다고 알리는 소리였다.

이 참나무는 드넓게 상호 연결된 생명의 그물 한가운데에 자리하고 있으며, 참나무에는 다른 어떤 식물보다 더 많은 종이 기생하고 있다. 참나무를 자세히 들여다보면 눈, 잎, 잔가지, 심지어 도토리에 이르기까지 온갖 기이하게 생긴 종양 같은 것들이 붙어 자라고 있음을 알게 된다. 이것을 벌레혹gall이라고 하는데, 작은 혹벌이 참나무 안에 알을 낳으면 참나무가 반응해서 만드는 것이다. 스팽글 벌레혹spangle gall이라는 작고 다닥다닥하게 붙어 생기는 것도 있는 반면, 작은 사과처럼 크고 살집이 있거나 조약돌처럼 단단한 것도 있다. 벌레혹 생성을 일으키는 종은 많으며, 혹벌의 종에 따라 모양이 다른 독특한 벌레혹이 생기는 이유는 여전히 수수께끼로 남아 있다. 최근에 혹벌이 참나무 세포의 초기 발생에 매우 독특한 방식으로 영향을 미칠 수 있음을 시사하는 연구 결과가 나왔다. 즉, 유충에게 좋은 육아실과 식품 창고를 만들기 위해 참나무 조직의 유전자를 조작한다는 뜻이다.

그런데 참나무 벌레혹 중에는 인류의 역사를 바꾼 것도 있다. 바로 참나무 구슬벌레혹oak marble gall으로 1,000여 년 동안 우리가 거의 모든 공식 문서를 작성할 때 쓴 잉크의 원료였기 때문이다. 이를 가지고 만든 잉크를 아이언갤 잉크iron gall ink라고 부르는데, 벌레혹을 짓이겨서 물, 황산철, 아라비아고무와 섞으면 탄닌이 풍부한

• 헨리 8세의 두 번째 왕비다.

참나무 벌레혹이 값싸고 오래 가는 잉크로 변한다. 중동의 알레포 참나무aleppo oak에 생기는 것 같은 몇몇 종류의 벌레혹은 영국의 구슬벌레혹보다 탄닌 농도가 훨씬 높고, 그런 혹으로 만든 잉크의 품질 역시 더 좋다. 수백 년 동안 캐러밴들은 색소와 잉크 제조에 쓰일 벌레혹이 가득한 주머니를 낙타에 싣고 사막을 오갔다. 참나무 벌레혹으로 색소를 제조하던 시설은 수십 년 전 이란에 마지막까지 남아 있던 공장이 문을 닫으면서 역사 속으로 사라졌다.

그러나 아이언갤 잉크는 완벽하지 않다. 약간 산성을 띠는 특성상 시간이 흐르면서 이 잉크로 쓴 종이뿐만 아니라 동물 가죽으로 만든 양피지까지도 삭게 할 수 있다. 그런데 어떤 문서는 조금의 손상도 없이 오래 가는 반면, 어떤 문서는 심하게 삭아서 완전히 부서지기도 한다. 이유는 성분의 배합과 제조 방식에 따라 아이언갤 잉크를 제조하는 방법이 아주 다양하기 때문이다. 나는 큐에 있는 국립기록물보존소를 방문한 적이 있다. 1,000년이 넘는 영국의 역사를 아이언갤 잉크로 쓴 수백만 장의 문서 형태로 보관하고 있는 곳이다. 그곳에서 화약 음모 사건•의 공모자 중 한 사람으로 가장 잘 알려진 가이 포커스Guy Fawkes의 재판 기록을 읽을 수 있었다. 그는 며칠 동안 고문을 받은 뒤 자백했지만, 처형대에서 발을 헛디뎌 떨어지며 목이 부러지는 바람에 교수형과 말에 끌려서 사지가 찢

• 1605년 박해를 받던 영국 가톨릭 교도들이 국왕을 암살하려고 모의한 사건이다.

겨 죽는 고통을 피할 수 있었다.

아이언갤 잉크는 20세기 후반기까지도 미국의 대통령과 유럽의 정부 관료가 중요한 문서에 서명할 때 쓰였다. 그러니 마그나 카르타, 셰익스피어의 작품, 미국 독립 선언문은 이 별난 진화의 산물 덕분에 나온 셈이다. 우리가 영어로 적힌 가장 오래된 시 중 하나인 〈베오울프beowolf〉의 남아 있는 유일한 사본을 읽을 수 있는 것도, 중세에 적힌 〈가웨인 경과 녹색 기사Gawain and the Green Knight〉의 원고를 읽을 수 있는 것도 모두 이 잉크 덕분이다. 아이언갤 잉크 덕분에 우리는 모차르트, 바흐, 헨델의 음악을 연주하고, 렘브란트 하르먼스 판레인과 레오나르도 다빈치의 그림을 들여다보고, 찰스 다윈의 편지를 읽을 수 있다. 그런데 이 역사 기록물을 어떻게 하면 좀 더 안전하게 보전할 수 있을까? 오늘날 산더미처럼 쌓인 중요한 역사적 문서를 디지털화해서 후대를 위해 보전하려는 노력이 이루어지고 있다. 하지만 과연 전자 저장 매체가 영구적일지를 놓고 새로운 우려가 나오고 있다. 어쨌거나 세상에 영구적인 것은 없다. 우리 행성도 마찬가지다.

모형 생물

곤충은 여러모로 우리에게 유용하지만 그중에서도 가장 중요하게 생각하며 활용하는 분야 중 하나는 바로 과학이다. 유전학과 생리학에서 행동학과 생태학에 이르기까지, 생물학에서 우리가 알고 있는 지식의 상당량은 곤충의 삶을 연구해서 밝혀낸 것이다. 학생 시절에 나는 메뚜기와 바퀴뿐만 아니라 쥐와 돔발상어도 해부했지만, 지금은 해부칼을 손에 쥐기를 꺼려하는 학생이 많다. 나는 동물 해부학 기초 지식을 직접 접하며 얻지 못한 상태인 그들이 과연 앞으로 얼마나 일을 잘 해낼 수 있을지 우려스럽다. 옥스퍼드대학교에서 학생들을 가르칠 때도 그런 친구들을 몇 명 만났는데 나로서는 도무지 이해가 가지 않았다. 생물학을 전공하겠다면서 해부는 하고 싶지 않다니? "책에 다 나와 있잖아요." 그들은 주장했지만 그 논리에는 결함이 있었다. 직접 해부를 하며 얻는 지식과 경험은 그 어떤 것으로도 대신할 수 없다. 그들의 논리대로라면 우리의 생물학 지식은 부정확한 도판과 결함 있는 묘사에 토대를 둔 중세 수준에 여전히 머물러 있어야 한다.

우리의 생명에 관한 이해 수준은 생명체 자체의 분자인 DNA 구조가 발견되면서 극적으로 변했다. 그 뒤로 짧은 기간에, 한마디로 내가 살아가는 동안에 그 발견은 생명 의학을 혁신시켰다.

말이 길어진 김에 덧붙이자면, 여기까지 쓴 뒤에 나는 한 시간째 한 단어도 쓰지 못하고 있었다. 커피를 타러 갔다가 바람에 떨어진 사과 몇 개를 주워 담아놓은 곳에 몰려든 작은 파리들에 정신이 팔렸기 때문이다. 그러니 내 초등학교 선생님이 했던 말은 지금도 옳았다. 나는 무슨 일을 하고 있든 간에 파리가 지나가면 그쪽으로 정신이 팔리는 사람이었다! 이 파리들은 과일 바구니에 마법처럼 출현하는데, '전성기'가 한참 지난 과일들에 몰려든다. 이 파리가 속한 과에는 4,000종이 넘는 파리가 있는데, 이를 묶어서 초파리 또는 식초파리라고 한다. 나는 전 세계에 퍼져 있는 종인 노랑초파리(*Drosophila melanogaster*)일 것이라고 확신했다. 몸길이가 3밀리미터가 안 되고 황갈색 몸에 새빨간 눈이 특징인 종이다. 나는 한 마리를 골라 근접 촬영을 하려고 했는데 조심해야 했다. 초파리의 몸에 난 미세한 털은 공기의 흐름에 아주 민감한 탓에 아주 살짝만 흔들려도 날아가 버리기 때문이다. 언뜻 보면 별 특징 없는 작은 파리라고 생각할 수도 있다. 집 안에서 사람을 짜증 나게 만드는 존재일 뿐이라고 말이다. 그러나 노랑초파리는 인류 역사에서 가장 중요한 곤충종이라고 주장할 수 있다.

DNA에는 생물이 살아가고 번식하는 데 필요한 모든 정보가 담겨 있다. 사람들은 우리와 초파리가 전혀 다른 동물이라고 생각할지도 모르지만 그 생각은 틀렸다. 초파리가 지닌 유전자 중 약 60퍼센트는 사람에게도 있다. 누가 뭐래도 동물은 동물이고 동물 세포는 동물 세포인 듯하다. 즉, 모두 공통 조상의 후손이며 상당한 수준까지 동일한 방식으로 작동한다.

과일 바구니에 몰려드는 초파리가 과학 실험실에 살기 시작한 것은 100여 년 전부터였다. 현재는 모형 생물로서 확고히 자리를 잡았다. 20세기가 시작될 때 생물학자들은 토끼, 쥐, 생쥐 같은 포유동물 대신 유전의 특성을 연구하는 데 쓸 만한 적합한 동물이 있는지 찾고 있었다. 포유동물은 연구하는 데 비용이 많이 들고 시간도 오래 걸릴 뿐만 아니라, 실험실에서는 근친 교배가 이루어지다 보니 금방 형질이 나빠졌다. 그런데 연구자들은 초파리는 배양이 가능하면서 동시에 여러 세대 동안 근친 교배가 이루어져도 건강에 아무런 문제가 없다는 것을 알아차렸다. 또한 적은 비용으로 쉽게 번식시킬 수 있었고 공간도 많이 차지하지 않았다. 게다가 한 세대의 길이가 2주도 안 되므로, 1년 사이에 25세대까지 번식시킬 수 있었다. 덕분에 할 수 있는 연구의 양이 대폭 늘어났다. 초파리는 화학 물질이나 방사선을 써서 돌연변이를 일으킬 수 있었고, 머지않아 많은 돌연변이가 발견되자 염색체의 어느 부위 때문에 돌연변이가 나타나는지도 알아낼 수 있었다.

게다가 생쥐는 염색체가 20쌍인 반면 초파리는 네 쌍에 불과해 살펴보기도 쉬웠다. 2000년에 유전자 약 15,000개를 포함해서 초파리 유전체 전체가 해독되었다. 현재 우리는 유전자를 켜거나 끄고 바꿀 수 있는 온갖 분자 도구를 갖고 있다. 초파리는 사람에게 암을 일으킬 수 있는 거의 모든 유전자를 지니고 있으므로 연구자들은 초파리의 세포 안에서 벌어지는 복잡한 생화학 경로들을 연구해서 암이 어떤 식으로 생기는지 밝혀왔다. 이 작은 파리는 파킨슨병, 알츠하이머병, 근육퇴행위축병 같은 사람의 질병을 연구하고 면역, 당뇨, 노화의 기본 과정을 밝혀내는 데 이루 말할 수 없이 중요한 역할을 하고 있다.

다음과 같은 장면을 상상해보자. 어느 여름날 저녁 지중해 연안의 어느 야외에서 한 부부가 낭만적인 분위기 속에서 저녁 식사를 하고 있다. 중년에 들어선 지 꽤 되었어도 식탁 위에서 은은하게 빛나는 촛불에 비친 서로가 매력적으로 보인다. 아내는 실크 드레스 차림에 빨간 메리노 숄을 걸치고 있다. 남편은 잘 다린 리넨 양복을 입고 있다. 주변의 덤불 속에서는 귀뚜라미가 부드럽게 울어대고 반딧불이가 반짝거리면서 천연의 음향과 조명 효과를 제공한다. 그들은 애호박과 토마토를 곁들인 송어 구이를 먹을 것이다. 남편은 후식으로 꿀에 재운 무화과를 고르고, 아내는 서양배든 복숭아든 살구든 간에 과일을 원할 것이다. 마실 커피나 차, 마카다미아와 초콜릿도 나올 것이다. 여생 동안 기억에 남을 최고의 멋진 저녁이 될 것이다. 아내는 자신의 암이 사실상 완전히 사라졌다는 소식을 막 들은 참이다. 그는 남편을 바라보면서 웃음을 띤 채 손을 내민다. 마구 떨리던 남편의 손은 어느새 알아차릴 수 없을 정도로 안정을 찾았다.

모두 곤충 덕분에 가능해진 일이다. 그러니까 곤충에게 감사하기를!

제8장

다친 세계 치유하기

종말의 시작일까

나는 지금까지 사람의 발길이 전혀 닿지 않은 곳을 방문할 기회가 몇 번 있었다. 한번은 탐사된 적이 없는 동굴계cave system에 누워서 휴식을 취한 적이 있는데, 내가 그 차갑고 축축한 동굴 벽을 만진 최초의 사람임이 분명했다. 물론 결코 살고 싶은 곳은 아니었다. 그 지하의 어둠 속에서 손전등 불빛만으로 일주일을 지내고 나와서 바깥세상을 보는 순간 정말로 이루 말할 수 없는 감동이 밀려들었다. 기어 나온 바위 턱 아래로 드넓게 펼쳐진 숲의 초록색이 정말로 강렬하게 눈으로 쏟아져 들어왔다.

그러나 그런 곳은 드물고 가기도 쉽지 않으며, 동굴계라면 그 이유도 명백하다. 인류는 출현한 뒤 놀라울 만큼 짧은 기간에 지구 전체로 퍼져서 생존 가능한 모든 곳에 정착했다. 우리는 '저 너머에 무엇이 있는지'를 알고 싶은 뿌리 깊은 욕구가 있다. 우리 중 12명은 달 표면을 걸었고, 지구에서 마지막으로 남은, 아직 탐사되지 않은 변두리 땅인 심해저 평원까지 내려간 이들도 있었다. 그러나 우리는 이런 독특한 곳들을 단순히 존재만 아는 것으로는 만족하지 않는 듯하다. 캐내고 파내고 얻을 수 있는 것이라면 무엇이든 채취하기를 원한다.

현재 우리는 자연에서 멀리 떨어진 곳에 사는 듯하다. 우리가 지구에 미쳐온 영향은 우주에서도 한눈에 들어오는데, 자연 세계는 난타당해 왔다. 아마 농경이 등장하면서 모든 변화가 시작되었을 것이다. 인류 역사에서 자연이 꺼리고 길들여야 하는 대상으로 변한 것은 바로 이때부터였을 것이다. 약 1만 년 전에 벼, 기장, 옥수수 같은 작물을 기르고 돼지, 소, 양 같은 동물을 길들이면서 농경은 삶의 방식 하나로 퍼져나가고 있었다. 식단이 개선되고 인구가 늘어남에 따라서 더욱 넓은 경작지가 필요해졌다. 종교는 자연이 우리가 정복할 대상이라는 견해를 부추겼고 우리는 받아들였다. 창세기 1장 28절(공동번역성서)에는 이렇게 적혀 있다. “하느님께서는 그들에게 복을 내려주시며 말씀하셨다. 자식을 낳고 번성하여 온 땅에 퍼져서 땅을 정복하여라. 바다의 고기와 공중의 새와 땅 위를 돌아다니는 모든 짐승을 부려라!” 분명히 우리는 이 모든 일을 해왔다. 인류가 마음 내키는 대로 이 모든 일을 할 권리를 지닌다는 믿음은 대대로 이어졌고 지금도 여전히 남아 있다. 물론 그런 단어들은 우리가 쓴 것이고, 아마 살아가는 데 꽤 합리적인 방법처럼 보였을 것이다. 우리가 계속 원하는 방식으로 자연 세계를 대할 수 있다는 생각, 결과가 어찌 되든 상관없이 원하는 대로 계속 빼앗을 수 있다는 생각은 전적으로 어리석기 그지없다. 이 2,000년 된 사고방식은 궁극적으로 실패할 수밖에 없다. 자연 세계가 있기에 우리가 존재할 수 있으니까.

나는 생물학계에 진출한 이래로 언제나 불안한 마음으로 살아 왔기에 생물학이 아닌 다른 분야에 끌렸으면 더 좋지 않았을까 하는 생각을 종종 한다. 1930년대에 미국 생태학자이자 환경보전론자인 알도 레오폴드는 이렇게 말했다. "생태 교육의 형벌 중 하나는 다친 세계에서 홀로 살아간다는 것이다. 땅에 입힌 피해 중 상당수는 모르는 사람에게는 거의 보이지 않는다." 현재 그 피해는 너무나 명백하게 드러나 있으며, 지난 50년 동안 아주 뻔히 보였음에도 우리는 이제야 겨우 무언가 조치를 취해야 한다는 사실을 깨닫기 시작하고 있다.

너무나도 안 좋은 소식은 지구의 모든 생물과 그 유전자 전체를 가리키는 생물 다양성이 줄어들어 왔으며, 지금도 우려할 속도로 계속 줄고 있다는 점이다. 현재 포유류종의 4분의 1과 대략 조류의 5분의 1을 비롯해서 37,000종 이상이 멸종 위험에 처해 있다고 추정된다. 전체적으로 모든 육상 척추동물의 약 3분의 1은 개체수가 상당히 줄어들었고, 결국 멸종할 수도 있다. 우리가 속한 동물 집단인 영장류도 4분의 3이 멸종 위기에 처해 있다. 우리가 포유류와 조류, 아니 우리가 속한 생물과biological family조차 돌볼 수 없게 된다면, 감히 곤충을 돌본다는 것이 가능하기나 할까?

반려동물에 달라붙은 벼룩을 죽이기 위해서 뿌리지만 결국에는 수도로 흘러 들어가는 화학 물질부터 불필요하게 밝은 거리 조명에 이르기까지 우리가 하는 거의 모든 일은 곤충 집단, 즉 생태계에 상당한 영향을 미치는 듯하다. 하지만 꼭 그래야 할까? 중요한 것은 우리의 방식이 잘못되었다고 말하는 확고한 증거가 나왔다면 우리가 행동을 바꿔야 한다는 점이다. 오래된 습관은 바꾸는 게 정말로 어렵다. 하지만 우리가 바꾸지 않는다면 곤충은 물론이고 우리까지도 위험에 처하게 된다. 우리는 왜 이런 엉망진창인 상황을 자초한 것일까? 그 원인이 무엇일까? 앞으로는 어떻게 될까? 지구 온난화는 인류가 없는 세계를 점점 더 상상하기 쉽게 만들고 있다. 그렇다면 곤충은 어떻게 될까? 더 나아가 생명 전체는 어떻게 될까? 이 책에서 내가 보여주고자 했던 대로 곤충이 믿어지지 않을 수준의 적응력과 회복력을 지닌 지구 최강의 생물이라면, 우리 인류가 어떤 변화를 일으키든 상관없이 더 잘 살아갈 수 있지 않을까? 아니면 지구의 다른 모든 생물과 함께 곤충도 종국에 멸종하는 날이 찾아올까?

그 많던 곤충은 다 어디로 갔을까

여러 계통의 증거들은 내 생애 동안 곤충의 수가 대폭 줄었음을 시사한다. 외면하고 싶겠지만 그런 일을 저지른 것은 바로 우리인 듯하다. 곤충이 이처럼 간과되곤 하는 데는 여러 가지 이유가 있다. 곤충은 작고, 아름다움과 베풂 덕분에 널리 사랑받는 나비와 꿀벌을 제외하고는 대중의 상상 속에서 유행병 및 기근과 으레 연관되기 때문이다. 청중 앞에서 곤충 이야기를 할 때면 나는 이 질문을 아주 많이 받는다. "내가 본 적도 들어본 적도 없는 곤충종이 사라지든 말든 왜 신경을 써야 하나요?" 짧게 요약해서 대답할 수 없는 질문이다. 생물 다양성과 생태계는 대단히 복잡하며, 어쨌거나 우리는 지구의 생명이 어떻게 활동하는지를 이제야 겨우 이해하기 시작했기 때문이다. 1911년 스코틀랜드의 선구적인 생태학자 존 뮤어John Muir는 이렇게 말했다. "우리가 무언가 하나를 집어올리려고 하면 우주의 다른 모든 것이 따라 올라온다는 것을 알게 된다."

어린시절에는 자동차를 타고 가다 보면 차 앞쪽이 금방 죽은 곤충으로 새까맣게 덮이곤 했고, 대부분의 집 차고에는 전조등과 앞쪽에 말라붙은 곤충 잔해를 제거하는 데 쓰는 물품들이 으레 놓여 있었다. 내 동년배나 더 나이 든 어른에게 물으면 누구라도 같은 이야기를 들려줄 것이다. 나는 1975년 스코틀랜드를 떠난 뒤로 잉글랜드 남부에서 죽 살았다. 이곳은 대체로 더 따듯하지만 이제는 6~8월에도 자동차 앞쪽에 곤충이 달라붙는 모습을 보기가 어려운 듯하다. 무언가 엄청나게 중요한 변화가 일어났지만, 너무나 천천히 바뀐 바람에 변화가 일어나고 있었다는 것을 알아차린 사람이 거의 없었다. 이런 현상을 일컬어 기준점 이동 증후군shifting baseline syndrome이라고 한다. 무언가가 풍부할수록 그렇지 않을 때도 있으리라는 상상을 아무도 하지 못하는 현상이다. 예전에 지구에서 가장 수가 많은 새라고 여겼던 여행비둘기passenger pigeon조차 너무나 쉽게 사라졌고, 다른 많은 종도 마찬가지였다. 흔히 보였던 무언가가 하룻밤 사이에 사라진다면, 또는 다음 봄이 왔을 때 벌이 한 마리도 보이지 않는다면 사람들은 벌떡 일어나서 관심을 보일 것이다. 그러나 서서히 꾸준이 줄어드는 상황에 경고음이 울리는 일은 없을 것이다. 수가 절반 이상 줄어든다고 해도 서서히 진행된다면 알아차리지 못하기가 쉽다. 해마다 기준점은 조금씩 왼쪽으로 옮겨지며 '새로운 정상'이 된다. 이 현상은 지극히 보편적이다.

몇몇 연구는 곤충종의 40퍼센트 이상이 멸종 위험에 처해 있으며, 멸종률이 포유류, 조류, 파충류의 여덟 배에 달할 수도 있음을 시사한다. 그러나 언론의 몇몇 섬뜩한 경고가 시사하듯이 정말로 곤충 전체가 멸종을 향해 가고 있을까? 최근에는 '곤충 수 급감 뒤의 생태적 아마겟돈', '곤충의 대규모 상실이 일어남을 심각하게 경고하는 연구 결과가 나오다' 등의 기사 제목들까지도 나왔다. 나는 이 문제가 언론의 전면에 등장해서 기쁘지만, 크나큰 주장에는 뒷받침하는 많은 자료가 있어야 한다고 보았다. 곧 몇몇 연구가 주목을 받게 되었지만 아무튼 그래도 믿기 어려웠다.

이런 제목에 언급된 연구가 방법론 면에서 결함이 있다는 주장도 나올 수 있지만, 전체적으로 전 세계 곤충 집단에서 전반적으로 암울한 일이 벌어지고 있으며, 나는 그렇지 않다고 시사하는 연구 논문을 단 한 편도 접한 적이 없다. 곤충의 수가 50년이나 100년 전과 비교해 훨씬 줄었다는 점은 더 이상 의문의 여지가 없다. 그렇다면 곤충이 아예 완전히 멸종하는 일도 과연 가능해질까?

대량 멸종

지구 역사를 보면 많은 종이 비교적 빠르게 사라진 주요 사건들이 벌어진 시기가 있다. 이때를 5대 생물 대량 멸종 시기라고 부르는데, 그 중에서도 2억 5000만 년 전 페름기permian period 말에 일어난 대량 멸종 사건이 가장 규모가 컸다. 페름기는 포유류와 비슷한 특징을 지닌 파충류, 즉 우리 조상이 출현한 시대로 페름기 대멸종 때 생물 종의 상당히 많은 비율이 사라졌다. 원인이 아직 완전히 밝혀진 것은 아니지만 많은 화산 분출로 대기 내 이산화탄소 증가와 산소 농도 감소 및 대양의 산성화가 결합된 결과로 보고 있다. 이 격변 이후에 생명은 수백만 년에 걸쳐 회복되었다. 지금은 페름기 이전에 출현해서 다양해졌던 곤충이 크기가 큰 종에 비해 대량 멸종의 영향을 덜 받았을 것이라고 본다. 그리고 많은 곤충종이 멸종하긴 했지만 그만큼 많은 종이 새로 출현했다. 곤충이 큰 동물보다 환경 위기를 훨씬 더 잘 버티는 것도 놀랄 일은 아니다. 곤충은 크기도 작고, 살아가는 데 필요한 먹이와 서식 공간도 적고, 아주 빨리 번식하는 타고난 생존자들이기 때문이다.

인류의 시대

생물학자들은 지금이 대량 멸종이 일어나는 시기라는 데 대체로 의견이 일치한다. 바로 전적으로 인류가 일으키고 있는 대량 멸종 때문이다. 인류 활동이 그토록 상당한 변화를 불러일으키는 데 큰 기여를 한 만큼, 우리의 관여로 변화가 야기된 지구 역사 속 이 시대를 인류세anthropocene라고 불러야 마땅하다고 본다. 바로 인류의 시대다. 이 시대가 시작되었음을 알리는 일관적이고 뚜렷한 표지라고 할 만한 것이 무엇인지를 놓고 많은 논의가 이루어지고 있다. 아마 농경의 출현, 원자력 기술에 따른 방사성 수치 증가, 갑작스러운 대량의 플라스틱 중합체 출현 등을 들 수 있을 것이다. 그리고 그것이 무엇이든 간에 나는 인류세가 지질 기록에 얇은 띠로 나타날 것이라고 본다.

곤충을 비롯한 대다수의 육상종을 급감시키는 가장 중요한 원인은 아주 단순하다. 바로 자연 서식지의 상실, 파괴, 파편화다. 야생 환경을 이용하기 위해 우리가 파괴하고 있기 때문이다. 대략 50년 전 동물학을 공부하기 시작하던 때, 나는 생물 다양성이 얼마나 감소하고 있는지 생각조차 한 적이 없으며, 지금 우리가 던지는 다음과 같은 질문들도 품어본 적이 없다. 앞으로 얼마나 더 많은 종을 잃게 될까? 더 가치 있는 종도 있지 않을까? 무슨 일이 있어도 반드시 지켜야 할 종이 있을까? 이런 질문들은 우리가 이미 포기한 것처럼 들린다. 할 수 있는 일이 그리 많지 않으며 빈곤해진 세계에서 살아남는 것에 치중하는 방법밖에 없다고 이미 받아들인 것 같다. 진화적으로 독특하거나 세계적으로 위험에 처한 종을 우선시해야 한다고 말하는 이들도 있다. 바로 생명의 나무에 가까이 놓인 친척이 거의 또는 전혀 없는 종들, 말 그대로 유일무이한 종들 말이다. 예를 들어, 포유동물의 한 목에서 유일하게 살아남은 종인 땅돼지aardvark(*Orycteropus afer*)가 멸종한다면 생쥐나 사슴 한 종을 잃는 것보다 더 가치 있는 종을 잃는 것이다. 응급실에서 다수의 사상자를 중증도에 따라 분류하는 과정처럼 우리도 죽어가는 수많은 종을 살리기 위해서는 우선 순위를 정해야 하는데, 그 목록의 상위에 곤충이 여럿 놓일 가능성이란 그리 높지 않은 게 현실이다.

드러난 곤충 사랑

앨리슨 스테드먼 배우

어릴 때 자연을 돌아다니면서 이런저런 발견을 하는 경험은 나중에 어떤 직업을 갖게 되든 간에 자연 세계와 친근한 어른이 되는 데 아주 중요한 역할을 한다. 나는 사랑받는 영국 배우이자 런던야생생물재단London Wildlife Trust의 홍보 대사인 앨리슨 스테드먼Alison Steadman과 대화를 나눌 기회를 얻어서 무척 기뻤다. 자연을 향한 그의 사랑이 우리 대화의 주제였다.

나는 텔레비전으로 스테드먼을 많이 보긴 했지만, 그가 작은 생물들을 아주 좋아한다는 사실을 최근에야 알았다. 그가 어떻게 곤충을 사랑하게 되었는지 알고 싶었다.

"저는 리버풀 교외 지역에서 자랐어요. 우리 집 식구들, 특히 아빠는 정원 가꾸기에 열심이었던지라 아름다운 정원이 늘 함께했죠. 그래서 정원 여기저기를 기어다니는 것을 좋아했어요. 아빠는 대황rhubarb을 길렀는데, 거기에는 늘 모충이 달라붙어 있었고 저는 그것들을 찾아내면서 시간을 보내곤 했어요.

갈색 털투성이인 모충을 보고는 홀딱 빠졌던 일도 기억나요. 당시 우리 정원 울타리를 수리해주던 굉장한 아저씨가 있었는데, 그 애벌레를 보여드리니 이렇게 말씀하시더라고요. '아프리카에서는 이런 게 스카프만 해. 사람들이 스카프로 두르고 다니지.' 저는 이렇게 생각했죠. '스카프? 진짜로?' 그런 내게 아저씨는 이렇게 말했고요. '저 대황을 보렴. 아프리카에서는 아주 크게 자라서 우산으로도 쓰고 다녀. 그냥 머리에 대황 잎을 얹어놓고 돌아다니지.' 정말 즐거운 기억으로 남아 있죠.

어릴 때 곤충을 보고 흠칫했던 일이 딱 한 번 있는데 목욕을 할 때였어요. 엄마가 혼자 씻어보라고 샤워 타월을 건네주셨거든요. 그런데 그 샤워 타월을 물에 담구니까 그 안에서 집게벌레가 기어 나와서는 물에 둥둥 뜬 채로 헤엄치는 거예요. 저는 집게벌레는 좋아하지 않았거든요. 아주 무섭잖아요. 그나저나 당시에는 아주 흔한 친구였는데 지금은 아예 보이질 않네요.

집게벌레는 가장 놀라운 곤충 중 하나예요. 새끼를 지극정성으로 돌보죠. 흙에 적은 수의 알을 한 무더기 낳은 뒤 곰팡이 홀씨가 달라붙지 않도록 매일 핥아줘요. 집게벌레가 날 수 있다는 사실을 모르는 사람이 많은데, 앞날개 밑에 아름다운 반원형 뒷날개가 들어 있어요. 약 네 번 접혀 있거든요. 그렇게 접어 넣기란 정말 쉬운 일이 아닐 텐데 말이죠."

나는 널리 찬사를 받는 여배우인 스테드먼이 과학에 관심을 가진 적이 있었는지, 아니면 늘 배우를 꿈꾸었는지도 궁금했다.

"늘 연기하는 걸 좋아했어요. 옷을 꾸며 입고서 다른 사람인 척하면서요. 학교에서 미술도 좋아했고요. 동물도 무척 좋아했으니까 수의사가 될 생각도 했겠죠. 물론 어릴 때니까 세상을 잘 몰라 하던 생각들이었어요. 아무튼 어릴 때부터 늘 동물을 사랑했다는 건 맞아요."

스테드먼은 어릴 때 딱정벌레, 민달팽이, 거미, 그 밖에 작은 곤충들을 어떻게 채집했는지를 설명했다.

"채집하면 병이나 상자에 담은 뒤 헛간에 넣어놓곤 했어요. 집 안으로 가져가진 않았어요. 제가 어릴 때는 야생동물이 어디에나 가득했으니까요."

나는 부모나 집안에 곤충에 관심이 많은 사람이 있어서 그들이 흥미를 갖도록 북돋았는지도 물었다.

"딱히 없었고 숙모 한 분이 계시긴 했어요. 숙모에게 커다란 어항이 있었는데 그 안에 살던 물달팽이들이 돌아다니면서 어항을 청소했죠. 숙모는 물달팽이가 유리를 기어다니면서 어항을 청소하는 일을 좋아한다고 설명했어요. 또 숙모는 다친 새를 데려오기도 하셨는데, 제가 치료를 돕곤 했어요. 숙모의 집에서는 많은 일이 있었지만 부모님은 딱히 곤충에 관심이 없으셨던 것 같아요."

그는 런던야생생물재단의 홍보 대사로서 어떤 일을 하고 있는지 이야기했다.

"정말로 감탄할 만한 일을 하는 곳이라고 생각해요. 저는 시간이 날 때마다 자연 보전 구역을 들르려고 해요. 처음 재단에서 만나자는 요청을 해왔을 때 저는 이렇게 생각했죠. '음, 좋은 일을 하는 곳에 조금이라도 도움을 줄 수 있겠네. 그렇다면 기꺼이 동참해야지.'"

스테드먼은 《거미다!Spider》라는 멋진 어린이책도 썼다. 거미를 싫어하는 남자아이의 이야기로 아이는 거미가 나쁜 동물이 아니라는 것을 깨닫는다. 나는 그에게 책을 쓴 동기를 물었다.

"아이든 어른이든 간에 제가 만나는 사람의 80퍼센트는 '난 거미가 싫어. 보기도 싫어'라고 말할 거예요. 저는 늘 그 점이 아주 이상하다고 생각했죠. 호주에는 흉측하고 무시무시한 거미도 좀 있다고 하니 그곳에 산다면 그럴 수 있어요. 그런데 영국에는 사람을 무는 거미도 찾아보기 힘들 뿐더러 거미에 물려 죽을 일은 아예 없으니까요."

사실 영국에는 실제로 피부를 찢을 수 있을 만큼 크거나 힘센 턱을 지녀서 괴롭히 다가는 물릴 수 있는 거미가 10~12종밖에 안 된다. 그런데도 거미를 겁내는 모습을 놀라울 정도로 흔하게 보곤 한다. 다가가서 성가시게 굴기라도 하면 곧바로 침을 쏠 태세인 말벌을 제외하면 우리는 꽤 평온한 지역에 살고 있다.

"저는 생물에 관한 새로운 사실을 접할 때마다 감탄한다니까요. 집안 화장실에서 으레 보는 이 평범한 작은 동물을 다룬 책을 펼치면 정말로 놀라운 사실들을 알게 되잖아요.

한번은 동료 여배우가 일곱 살 생일을 맞이한 자신의 아들을 촬영장을 구경시켜주려고 데리고 온 적이 있었어요. 제 장면을 찍기 위해 대기하고 있었는데 이 꼬마가 혼자 옆에 있더군요. 좀 수줍은 성격처럼 보여서 제가 먼저 말을 걸었죠. '안녕, 너 거미 좋아하니?" 아이는 고개를 저었어요. '아니요, 거미 싫어요. 전에 우리 집 텔레비전 옆에서 거미가 나온 적이 있는데 아빠가 잡으려고 하자마자 달아났어요.' '저런, 거미를 죽이지 않아서 다행이야.' 그래도 거미에 관해 조금 알고 있는 듯해 말을 꺼내기 시작했어요. '거미가 암컷인지 수컷인지 구별할 수 있어? 권투 장갑처럼 보이면 수컷이야. 그리고 거미는 허물벗기를 해.'

다음 날 아이 엄마인 동료가 제게 말하더군요. '라파엘에게 잘해주셔서 너무 감사해요. 아들이 '엄마, 거미를 죽여서는 안 돼. 존중해야 해.', '엄마, 이 거미 알아? 그럼 이거는?' 하고 말하더라고요.' 아이는 제가 떠들어댈 때 그냥 입을 꾹 다물고 있었거든요. 그런데 제가 한 말을 모두 받아들였던 거예요. 정말 감명받았죠. 그리고 생각했어요. 맙소사, 한 명 한 명과 이런 대화가 가능하다면, 책을 통해서는 더 많은 아이가 거미를 겁내지 않도록 영향력을 미칠 수도 있지 않을까?

저는 아이들이 부모가 거미를 무서워하는 걸 보고 따라하는 거라고 생각해요. 예전에 박물관에서 일할 때 그런 광경을 많이 봤거든요. 통 안에 살아 있는 거미를 넣은 전시였는데, 엄마들이 이런 말을 하는 게 들리곤 했어요. '윽, 건드리지 마. 쳐다보지도 마.' 그럴 때면 생각했죠. '아니, 유리 안에 들어 있는데 거미가 무슨 해를 끼친다는 거지? 손바닥에 올려놓아도 아무 일이 없을 텐데.'

사람들이 거미를 제대로 보고 거미의 이모저모를 알 수 있게만 한다면 금방 거미에 관심을 보이기 시작할 거예요. 우리가 아이에게 거미를 긍정적으로 다룬 텔레비전 프로그램을 보여주거나 거미에 관해 긍정적인 이야기를 해준다면 그때마다 다리가 네 개를 넘는 것들은 모두 위험한 존재라는 이 터무니없는 생각은 설 자리를 잃어가겠죠."

나는 스테드먼이 쓴 책을 읽고서 곤충을 바라보는 관점이 바뀌었다고 말한 사람이 있었는지 물었다.

"책이 나온 뒤에 꽤 좋은 반응들을 접했어요. 정말 큰 도움이 되었다고 말해준 어른들도 많았습니다. 흐뭇했죠."

많은 사람은 우리가 스스로 존재할 수 있다고 생각하는 듯하다. 그래서 마치 자연계를 필요하지 않다거나 우리 외부에 존재하는 것 정도로 여긴다. 우리가 자연의 일부가 아니라고 보는 관점인 것이다. 나는 그에게 이런 견해가 현재 우리가 처한 문제의 근본 원인이라고 생각하는지도 물었다.

"학교에서 우리 행성과 야생생물에 관해 더 많이 가르치고, 야생생물이 없다면 우리도 살 수 없다는 사실을 아이들이 많이 배웠으면 해요. 우리가 어릴 때는 자연에 관해서 꽤 많이 배웠잖아요. 자연 관찰을 하러 다니곤 하던 일이 떠올라요. 그래머스쿨•에 들어갔을 때 가장 먼저 받은 수업도 자연 관찰이었는데, 나무들이 저마다 얼마나 다른 모습인지 살펴보는 시간이었죠. 그런 수업이 다시 생겼으면 해요."

나는 우리가 어린 시절 누렸던 자유를 누리지 못하는 지금의 아이들이 너무나 안타깝다. 스테드먼 역시 동의했다.

"어릴 때 집 근처에 마음껏 뛰어놀 수 있는 공터가 있었어요. 제가 좋아하는 곳이었죠. 또 우리 정원에는 늘 새들의 노래가 울려 퍼졌고요. 저보다 12살 많은 언니는 가까운 사우스리버풀에 살고

• 대학 입시를 대비하는 영국의 7년제 인문계 중등학교다.

있는데, 언니네 정원에도 멋진 새 소리가 울려 퍼졌어요. 세월이 지난 지금은 그 집 정원에서 새 소리를 거의 들을 수 없지만요. 비둘기와 이따금 들르는 까치의 소리만 빼고요. 완전히 달라졌어요."

내가 에든버러에서 자라던 시절, 달리는 차 앞쪽에 곤충이 새까맣게 달라붙곤 하던 때로부터 60년이 흘렀다. 지금은 옥스퍼드셔주에서 여름 내내 차를 몰고 돌아다녀도 차체에 곤충 한 마리 달라붙어 있지 않다.

"맞아요. 우리 시아주버니 집이 그레이트야머스에 있었거든요. 해마다 두 번, 휴가 때면 놀러오곤 하시는데 그때마다 차 앞 유리창에 곤충이 잔뜩 달라붙어 있었던 게 기억나요. 지금은 그럴 일이 없지만요."

이유는 서식지 상실과 우리가 저렴하게 식량을 생산하기 위해 쓰는 엄청난 양의 농약 때문이다. 짧은 기간에 엄청난 영향을 미쳤다.

"저는 꽃 시장이나 종묘장에 가서 모든 식물을 하나하나 들여다보면서 돌아다니는 걸 좋아해요. 그러다가 매점과 마주치게 되죠. 담쟁이든 쥐든 해충이든 간에 원하는 것을 죽일 수 있는 제품을 파는 곳 말이에요. 그런 것들을 관리하는 일이 어렵다는 걸 잘 알지만, 달팽이나 민달팽이에게 독을 뿌리면 그들을 잡아먹는 고슴도치는 물론이고, 그 고슴도치를 먹는 동물도 중독되겠죠. 아무 곳에

나 마음 내키는 대로 농약을 치는 대신에 이런 문제를 현명하게 대처할 방법들을 찾아야 합니다."

스텐드먼은 자신이 어떻게 정원을 관리하고 있는지도 설명했다.

"저는 런던의 연립 주택에 살고 있어요. 빅토리아양식 건물 두 채에 여덟 가구가 사는데 뒤쪽에 멋진 공동 정원이 있는 곳이죠. 그 바로 옆에는 작은 숲도 있고요. 새 모이를 놔두면 많은 새가 몰려드는데, 보고 있으면 무척 기분이 좋아져요. 창밖으로 새들이 모이를 먹으러 오는 광경을 볼 수 없는 곳에서는 도저히 살 수 없을 것 같아요."

스테드먼은 조류 관찰자인 양 새를 관찰하는 데 재능이 있는 듯했다. 그래서 자세히 들려달라고 했다.

"전 결코 전문가는 아니지만 우리 정원에 오는 새들은 다 알아요. 영국왕립조류보호협회The Royal Society for the Protection of Birds가 작년에 탐조 행사를 열었을 때, 저와 반려자는 모이통을 자주 찾는 새 15종류를 관찰했어요. 이미 도시에서는 꽤 많이 본 친구들인 거죠. 한번은 오색방울새european goldfinch(*Carduelis carduelis*)도 왔어요. 마이클은 벌떡 일어나서 두 팔을 흔들면서 소리쳤죠. '오색방울새다!' 저는 말렸어요. '제발 그만. 놀라서 달아날 수 있어!' 우리는 깔깔거리며 웃어댔죠.

모이를 먹으러 오는 새들을 관찰하는 일은 아주 재밌어요. 차를 마시고 싶다는 생각도 들지 않고 여기저기 신경을 쓸 필요도 없으니까요. 그냥 새를 지켜보는 일에만 집중하면 돼요. 한번은 오목눈이가 불쑥 나타났어요. 그것도 여섯 마리나요. 약 6개월 동안 본 적이 없는 친구라서 이번에도 우리는 너무나도 기뻤죠. 또 언젠가는 제가 새 모이를 줘야 하는 차례에 집을 비우면서 일주일이나 밥을 챙겨주지 못했어요. 돌아와서 모이통을 열다가 깜짝 놀랐어요. 제 발치에서 개똥지빠귀dusky thrush가 저를 올려다보고 있더군요. '어디 갔었어? 배고파, 빨리 밥 줘!'라고 말하는 것 같았어요."

그럴 때 우리는 몰입을 경험한다. 야생생물에 온 정신이 쏠려 주변의 다른 모든 것을 잊는 그런 순간 말이다. 나는 어떤 일 때문에 침울하거나 기분이 안 좋을 때면 숲으로 간다. 3킬로미터 남짓 걷고 나면 원인이 무엇이었든지 간에 돌아올 때면 기분이 한결 좋아져 있다. 스테드먼도 사람들이 서로 만나기를 조심하던 지난 2년 동안 자연 세계와 다시 연결된 이들이 많다는 데 동의했다.

"사람들이 자연과의 연결을 다시 유지하고 끊지 않았으면 합니다. 저는 뒷마당과 테라스와 정원이 내다보이는 저의 작은 방에서 대사를 외우곤 해요. 그 방에는 제 책상이 있고 반려자의 책상도 있어요. 우리는 각자의 자리에 앉아서 일을 하는데 때로는 대사를 외우다가 너무 피곤해지곤 해요. 나이를 먹으니 더욱 그래요. 그러다가 더는 대사가 머리에 들어오지 않거나, 더 이상은 못 하겠다고 느끼는 순간이 오죠. 그럴 때마다 그냥 이렇게 말합니다. 그만하자. 그러고는 쌍안경을 들고 20분 동안 새들을 관찰해요. 그러면 다시 차분해지고 기운이 나서 책상 앞으로 돌아오게 되더라고요. 제게는 그곳이 낙원인 셈이죠."

나는 가장 중요한 질문을 던졌다. 당신이 좋아하는 곤충은 무엇인가요?

"아주 많지만 특히 무당벌레가 좋아요. 아주 예쁘고 종마다 반점의 개수도 다르잖아요. 정말 아름다운 생물이거든요."

고갈된 자연

생물 다양성이 얼마나 온전히 남아 있는가라는 관점에서 볼 때, 영국은 세계에서 몇 번째쯤 될까? 상위 10퍼센트? 절레절레. 그러면 상위 25퍼센트? 아니다. 그러면 상위 50퍼센트에는 분명히 들지 않을까? 안타깝게도 그렇지 않다. 영국이 여전히 푸르고 쾌적한 땅을 가지고 있다고 여기는 사람이 있다면 이만 손을 내리기를 바란다. 최근 한 분석에 따르면 하위 12퍼센트에 속한다고 한다. 사실 영국은 세계에서 가장 자연이 고갈된 나라로 최하위 등급에 속한다. 달리 표현하자면, 자연 세계를 얼마나 돌보지 않았는지를 보여주는 쪽으로 앞장선 나라다. 영국에서는 많은 숲이 사라졌다. 야생화가 가득했던 풀밭도 거의 사라지고 없다. 지금도 조류 사냥을 즐기기 위해 황야에 불을 지르는 행위가 벌어지고 있다. 탄소를 가두는 역할을 하기 때문에 보존해야 할 이탄늪을 개간하겠다며 물을 빼는 일을 계속하고 있으며, 남아 있는 자연 서식지조차 점점 잠식되고 있다.

두 세대 전만 해도 흔했던 많은 동물은 현재 보기 힘들어졌다. 집약 농법과 교통량 증가, 소비자 수요, 도시 개발에 밀려 야생 공간과 이곳에 사는 종들이 심각한 피해를 입어왔다. 많은 이가 이런 끔찍한 상황을 우려하는 목소리를 내왔으며, 내가 이 마지막 장을 마무리 지을 즈음에 영국 환경법이 의회를 통과했다. 자연환경을 개선하고 2030년까지 종의 감소를 막는 것을 목표로 한 법이지만,

10년도 채 안 되는 기간에 무언가를 이루어내려면 정말 많은 노력을 해야 할 것이다. 자연 서식지를 돌보고 사라진 서식지를 복원한다면 곤충을 비롯한 동물들도 자연스레 번성하게 될 것이다. 그러지 못한다면 곤충의 수는 계속 줄어들 것이고, 먹이 그물의 모든 영역에서 그 영향이 나타나 결국 회복력을 지녔던 종들의 군집까지 파괴되고 말 것이다.

쌈지 정원으로

동네의 쌈지 정원•은 많은 사람이 처음으로 만나는 서식지일 것이다. 나는 열두 살 때 처음으로 생물학 숙제를 하게 되었는데, 에든버러의 쌈지 정원 지도를 만들고 그곳에 어떤 동물들이 사는지 알아내고 싶었다. 식물 대부분은 어떤 종인지 알아낼 수 있었지만 동물의 세계는 그 규모가 엄청나다는 것을 깨달았다. 결국 동물의 수만 대략적으로 확인하고 마무리해야 했고, 그 자료는 지금도 내 서가 한 켠에 자리하고 있다. 훨씬 뒤에 제니퍼 오언Jennifer Owen이라는 자연사학자가 레스터셔주의 한 교외 정원에서 제대로 된 조사

• 담배, 돈, 부시 따위를 가지고 다니는 작은 주머니란 뜻의 우리말 '쌈지'와 한자어 '정원'의 합성어로 쌈지 정원은 작은 정원을 뜻한다. 도심 속에 작은 규모로 조성되며 일반 대중에게 상시 개방되어 있다.

를 시행했다. 집계하는 데만 무려 35년이 걸렸는데 그 수가 총 2,673종이었다. 식물이 474종, 척추동물이 64종으로 조류가 대부분이었다. 그리고 그 공원에서 발견된 종의 80퍼센트, 정확히 2,135종은 곤충을 비롯한 무척추동물이었다.

정원이라는 개념은 혼돈 속에서 어떻게든 질서와 아름다움을 도출해야 한다는 견해에 뿌리를 두고 있다. 정원의 영어 단어 '가든garden'은 어원상으로는 일종의 에워싸기를 의미하지만, 실질적으로는 울타리로 에워싸서 자연의 침입을 막는 곳이라는 의미다. 이런 상상력의 결과물인 창조물은 자연으로 되돌아갈 수 있는 항상 존재하는 위험으로부터 보호되어야 했다. 풀을 뜯는 동물을 막기 위해 울타리와 담을 쳐야 했고, '해충'과 '잡초'라고 여기는 것을 어떤 수단을 써서라도 박멸하는 것이 정원사의 삶이자 일에서 큰 부분을 차지하게 되었다.

오늘날 우리는 인공 잔디가 넓게 깔린 무자연non-natural 정원이 등장하는 것을 목격하고 있다. 오래전에 나는 내가 일했던 옥스퍼드대학교 자연사박물관 앞쪽 잔디밭에 작은 동물이 얼마나 많이 사는지 알아보려 한 적이 있다. 진공 채집기를 써서 일정한 면적의 풀에 있는 개체들을 빨아들인 다음, 촘촘한 채집망 주머니에 넣었다. 잔디밭 곳곳을 무작위로 골라 많은 표본을 채집하려고 애썼다. 그렇게 채집한 것들을 에탄올 병에 넣은 뒤에는 입체 실체 현미경으로 몇 시간씩 들여다보면서 잡은 것들의 종을 알아내고 개체수를 셌다.

계산해보니 잔디밭에는 무척추동물이 적게 잡아도 1000만 마리나 살고 있었다. 대부분은 작은 톡토기, 파리, 기타 작은 곤충들이었다. 깎지 않아서 길고 무성하게 자란 잔디밭에는 얼마나 더 많은 동물이 살고 있을지 상상해보자. 현미경을 들여다보던 그때 어릴 적에 본 〈펀치punch〉 잡지에 실렸던 만화가 생각났다. 미래에 사는 한 가족이 등장하는 만화로 아빠가 인공 잔디를 진공청소기로 청소하고 있었다. 당시 나는 말도 안 되는 이야기라고 생각했지만 이제는 현실이 되었다. 심지어 인조 잔디밭 전용 샴푸를 사서 칙칙 뿌리면 막 깎은 풀의 향긋한 냄새와 비슷한 합성 향까지도 맡을 수 있다. 하지만 나는 모조품 위를 걷느니 오래된 참나무의 굵은 가지 아래 앉아 있거나 곤충들이 윙윙거리고 웅얼거리는 소리를 들으면서 야생화 풀밭에 누워 있고 싶다. 곤충 없는 정원은 즐거움은커녕 어떤 의욕도 생기지 않는 곳이다.

죽은 나무

유년 시절을 보낸 스코틀랜드에서 나는 유럽사슴벌레european stag beetle (*Lucanus cervus*)를 한 번도 본 적이 없었다. 20대에 남쪽으로 이사한 뒤에야 볼 수 있었는데, 영국의 딱정벌레는 대개 발견했다고 호들갑을 떨 일이 없는 작고 숨어 다니는 동물이지만, 이와 반대로 사슴벌레는 크고 매우 인상적이다. 수컷은 수사슴의 뿔과 똑같은 모양의 아주 커다란 턱을 갖고 있으며, 암컷을 차지하기 위해 이 뿔을 들이대며 서로 싸운다. 이들은 3~7년에 이르는 기나긴 한살이의 대부분을 땅속에서 지낸다. 애벌레 단계에서는 썩어가는 나무를 먹고 사는데, 5~6월에 성충은 땅 위로 올라와 짝짓기를 하며 그 뒤에 암컷은 흙 속으로 파고들어 알을 낳는다. 멀리 돌아다니지 않는 사슴벌레 특성상 암컷이 보인다면 가까운 흙에서 나왔을 가능성이 매우 높다. 사슴벌레는 분명히 깃대종flagship species•이며, 영국뿐만 아니라 유럽 전역에서 점점 희귀해졌다. 현재 영국에서는 남부와 남동부에만 남아 있을 정도로 지난 40년 동안 개체수가 꾸준히 줄어들었다. 그들이 사는 숲 서식지가 대부분 사라졌고, 남은 숲마저도 강박적일 만큼 깔끔하게 정리하겠다며 그들의 먹이가 되는 나무 그루터기와 죽은 나무까지 전부 제거했기 때문이다. 지금은 죽은 나무가 엄청난 생태적 가치를 지니며, 그 자리에서 자연히 썩도록 놔두는 것이 큰 도움이 된다는 사실이 받아들여지고 있다. 무엇보다 사슴벌레에게만 도움이 되는 것이 아니다. 죽은 나무를 그대로 놔두는 것만으로도 유럽에서 가장 희귀한 곤충종들의 3분의 1은 생존할 수 있을 것이다.

말쑥함에 집착하는 태도는 봄에 나오는 벌을 비롯한 여러 곤충들에게도 피해를 입히고 있다. 해마다 도로 가장자리에서 자라

• 한 지역의 생태계를 대표한다고 보는 상징적인 종이다.

는 풀들을 가차 없이 주기적으로 깎아냄으로써 민들레를 비롯한 먹이 자원을 제거하기 때문이다. 영국의 헐벗은 경관에서 중요한 피신처이자 야생동물 이동 통로 역할을 하고 있는 산울타리 중 절반은 제2차 세계대전이 끝난 뒤로 사라졌다. 이후 남아 있는 산울타리는 바람에 날려온 농약에 피해를 입거나 기계에 휘둘려 1인치 정도로 아주 간신히 남을 만큼 바짝 깎이고 있다.

자선 활동이 가정에서 시작된다면 보전 활동도 가정에서 시작되어야 한다. 영국 내 정원은 국립자연보전구역을 더한 것보다 그 면적이 다섯 배 이상 넓으므로, 곤충을 돌보는 일은 우리 모두에게 달려 있다. 우리를 지금의 자리까지 이끈 것은 대규모 사업만이 아니었다. 우리 모두가 변화를 불러온 당사자들이라는 점을 알아야 한다. 우리는 여러 가지 면에서 살충제의 소비자다. 또한 이탄의 구매자이기도 하다. 나무에 달라붙은 담쟁이 줄기를 잘라 가을 꽃꿀이란 중요한 자원을 수백만 마리의 곤충에게서 빼앗아 가는 사람들이다.

전면적인 파괴

운 좋게도 나는 열대 우림에서 시간을 보낼 기회가 있었고, 그 생물학적 풍요를 내 눈으로 직접 볼 수 있었다. 세 대륙의 적도 지역에 자리한 이 복잡한 서식지들은 지구의 어느 곳보다도 생물 다양성이 높다. 그리고 그중 상당수는 아직까지 알려지지 않은 종들이다. 우림에 사는 생물의 비율이 정확히 얼마라고 말하기는 어렵지만, 연구자들은 적어도 50퍼센트를 넘으며 75퍼센트에 달할 수 있다고 보기까지 한다. 이렇게 대단히 중요한 우림이 사라질 수도 있다는 생각을 하는 것 자체가 끔찍해야만 하지만 실상은 그렇지 않은 듯하다. 우림은 육지 총 면적의 12퍼센트에서 감소하여 이제는 절반인 6퍼센트에도 못 미치는 것이 사실이다. 2020년 8월에서 2021년 7월 사이에 브라질은 런던 대도시권의 일곱 배가 넘는 면적의 우림을 없앴다. 소 방목지, 목재, 채광, 환금 작물 경작지를 조성하기 위해서 우림을 베고 불태우고 개간했다.

요즘 특히 많이 재배하는 작물 하나가 있다. 인류는 수천 년 전부터 야자유를 이용했지만, 현재 이 식물성 기름은 수많은 가공식품뿐만 아니라 화장품, 비누, 샴푸에도 사용되며 그 수요가 엄청나게 늘었다. 세계의 야자유 총 생산량은 약 7500만 톤이지만 2050년에는 세 배 이상 늘어날 것으로 예상된다. 경제 성장을 위해서, 즉 자동차의 연료, 건강하지 못한 식품, 아이스크림과 로션을 만들기 위해서 드넓은 우림을 베고 태워 기름야자 농장을 조성하는 것이다. 미국 곤충학자 에드워드 윌슨Edward Wilson이 말했듯이 돈을 벌겠다고 우림을 파괴하는 일은 '음식을 요리하겠다고 르네상스 그림을 태우는 것과 같다.' 그러나 모든 미술 작품은 사람이 만든 비교적 사소한 것으로 정확히 똑같은 물질을 사용해 모든 세세한 부분까지 복제가 가능하다. 전 세계의 모든 미술관에 있는 작품들을 잔뜩 쌓아 올린다고 해도 온전한 우림에 비하면 결코 아무것도 아니다.

열대 우림의 파괴는 대부분 지난 100년 사이에 일어났으며, 남은 열대 우림이라도 보존하기 위해 우리가 정신을 차릴 수 있을지는 여전히 미지수다. 우림은 세계적으로 중요한 핵심 자원이라고 여겨지며 실제로도 분명히 그러하다. 따라서 마땅히 보호해야 하며 우림이 있는 나라에 충분한 경제적 지원을 뒷받침해야 한다. 비용을 부담할 생각은 없으면서 중요하다고 말로만 떠드는 건 아무 소용이 없다. 우리 모두가 책임져야 한다.

해가 거듭할수록 자신이 한 행위에 무슨 의미가 담겨 있었는지 몰랐다고 주장할 사람들도 분명히 있을 것이다. 재앙이 벌어지고 있다는 말을 들어본 적 없다고 핑계 댈 것도 분명하다. 그렇다고 해서 죄가 씻기지는 않을 것이다. 인류는 석기 시대 말부터 죽 생존을 위해 숲을 베고 태우기 시작했고, 오늘날까지도 계속 반복하고 있다. 오히려 놀라울 정도의 빠른 속도로 진행되고 있으며, 다음 세기 안으로 세계의 모든 우림을 파괴할 수도 있는 상황에까지 이르렀다. 그렇게 되면 세계 생물종의 적어도 절반이 사라져 있을 것이다. 곤충의 운명에 초점을 맞춰 우리가 정확히 무엇을 잃고 있는지를 보여주고 싶었던 나는 학계를 떠나 텔레비전 프로그램의 진행자가 되었다.

나방 대공습

나는 파푸아뉴기니의 오지에서 키 작은 식생 위로 하얀 천을 조심스럽게 펼쳤다. 1킬로미터쯤 떨어진 곳에서 헬기가 날고 있다는 것을 어렴풋이 알 수 있었다. 날개가 돌아가는 소리가 들릴락 말락 했지만, 감독이 무전기로 알려준 바람에 무엇을 해야 하는지 알았다. '좋아요, 맥개빈. 천을 다 펼쳤으면 뒤로 물러나 서서 주위를 둘러봐요.' BBC의 〈잃어버린 화산의 땅Lost Land of the Volcano〉이라는 텔레비전 탐사 프로그램을 찍는 중이었다. 헬기에서는 항공 촬영 기사가 무진동 받침대에 고정한 고배율 망원 렌즈가 달린 고화질 카메라로 촬영을 하고 있었다. 초기 인류가 탄생지인 아프리카를 떠나서 지구 전체로 퍼지기 시작한 20만 년 전에 마지막으로 분화한 화산인 보사비산의 분화구 가장자리에 서 있는 내가 얼마나 작은 존재인지를 보여줄 터였다. 내가 하얀 천을 펼쳤을 때 내 모습이 화면에 꽉 차도록 찍은 뒤, 내가 물러서면 카메라는 서서히 배율을 낮추어서 내가 화면에 하나의 점으로 줄어들 때까지 점점 더 넓은 풍경을 담을 것이었다. 지름이 4킬로미터에 이르는 분화구와 그 주변의 드넓은 우림이 한눈에 들어오도록 말이다.

진정으로 경이로운 작품이 될 것 같았는데 그날 밤 비가 내리기 시작했다. 평소 내리는 비가 아니라 재앙 수준의 폭우였다. 하늘은 댐을 무너뜨릴 만큼 엄청난 양의 비를 퍼부었다. 우리는 이 하얀 천에 세계의 절반을 도는 동안 계속 사용했음에도 불구하고 멀쩡한 강력한 자외선 램프를 비추어서 나방을 꾈 예정이었는데, 나는 계획이 완전히 망했다고 확신했다. 제정신이 박힌 나방이라면 이런 밤에 쏘다니지 않을 것이 확실했다. 하지만 오랜 경험을 쌓은 침착한 전문가인 감독은 나를 따로 불러서 나방 불러들이기 일정을 취소하지 않을 것이고, 내일 골짜기 아래의 베이스캠프로 돌아가야 하니 오늘 밤 '피투성이 나방들'을 찍지 않는다면 많은 돈을 들여서 찍은 공중 촬영 장면을 그냥 버리게 될 것이라고 단호하게 말했다. 몸을 돌리면서 쳐다보는 표정이 꼭 '난, 분명히 경고했어요'라고 말하는 듯했다. 나는 전구를 감쌀 만한 것을 찾기 위해 장비들을 뒤져야 했다.

조명을 켤 때까지도 내 기분은 나아지지 않았다. 그런데 30분이 채 지나기도 전에 나는 엄청난 흥분에 휩싸였다. 악조건이었음에도 우리 주변이 온통 나방으로 가득했다. 수천 마리가 파닥거리면서 여기저기 날아다니고 있었다. 날개폭이 내 손바닥만 한 것부터 쌀알만 한 것까지 종류도 다양했다. 나방들이 파드득거리며 천과 내 옷, 얼굴 위를 기어다닐 때, 카메라 밖에 있는 누군가가 나방들을 내게 양동이째 퍼붓는 것처럼 느껴졌다. 나는 카메라를 향해 이 상황을 설명해야 했다. "도저히 믿어지지 않는 광경입니다. 이 다양성을 보세요. 엄청납니다!" 나는 입에서 나오는 대로 말을 내뱉었다. 정말로 그랬다.

여기서 기억해야 할 중요한 점은 나방을 꾀는 데 쓴 자외선 전구의 불빛이 멀리까지 비치지 않는다는 사실이다. 즉, 불빛에 끌려

온 나방 대부분은 200미터 이내에서 날아왔을 것이다. 그 밤에 몰려든 나방들은 모두 길어야 15분이라는 비교적 짧은 거리를 날아온 것들이라는 뜻이다. 날씨가 가장 안 좋은 밤에 파푸아뉴기니의 사화산 가장자리에 펼쳐진, 이끼로 뒤덮인 고지대 숲에서 그토록 많은 나방종이 날아다니던 광경은 내가 촬영하면서 경험한 가장 기억에 남는 순간에 속한다. 그날 밤 늦게 잠자리에 누웠을 때, 아드레날린이 계속 솟구치는 바람에 나는 약 한 시간 동안 잠을 이루지 못했다. 쏟아지는 비는 방수포 지붕을 계속 귀가 멀 듯이 시끄럽게 두드려댔고, 침낭에 들어가서야 카메라를 향해 했어야 할 말들이 떠올랐다.

보사비산에서 찍은 나방 불러들이기 영상은 대박을 쳤고, 나는 강연 때마다 그 영상을 써먹었다. 나방의 수를 기준으로 삼는다면 보사비산 같은 곳은 정말로 특별하다. 그러나 놀라울 만큼 취약한 곳이기도 하다. 높은 산에 사는 동식물은 차갑고 습한 기후에 적응해 있는 만큼 낮은 고도에서는 살지 않는 종이 많다. 고산 지대가 저지대보다 면적 면에서도 훨씬 좁은 만큼 이런 서식지는 아주 희귀하다. 고지대에 사는 종들에게 가장 큰 위협을 가하고 있는 것은 바로 지구 온난화다. 저지대의 기온이 올라가면서 점점 건조해질수록 그곳에 살던 종들은 높은 곳을 향해 이동할 것이다. 그러나 올라가면 올라갈수록 서식 가능한 면적은 점점 줄어들게 된다. 그렇다면 이미 고지대에 살고 있던 종들은 어떻게 될까? 결국 갈 곳이 없어 영원히 사라지게 될 것이다. 그날 밤 밝은 빛에 몰려든 나방종의 상당수는 과학계에 전혀 알려지지 않은 것들이었다. 결국 우리 다큐멘터리에 잠깐 모습을 비추었던 것이 그들이 존재했다는 유일한 증거가 될 가능성이 너무나 높은 현실이다.

지구 중독시키기

드넓은 규모로 상당히 많은 서식지가 상실된 것과 별개로 최근 들어 곤충이 감소하게 된 한 가지 주된 원인은 식품을 산업 규모로 더욱 값싸게 생산하기 위해 사용하는 유독한 화학 물질이다. 우리가 작물을 대량으로 재배하기 시작하자마자 곤충의 수는 자연스레 줄어들었다. 초기 농부들은 섞어짓기와 돌려짓기 등 해충과 맞서는 다양한 방법들을 알고 있었다. 또한 농약도 알고 있었다. 그들은 적어도 4,000년 전부터 해충을 막기 위해 황화합물을 썼다. 천연 살충제인 피레트린pyrethrin은 몇몇 국화종의 말린 꽃에서 추출했는데, 적어도 2,000년 동안 쓰였고 현대의 많은 살충제처럼 곤충의 신경계 활동을 방해함으로써 마비와 죽음을 불러온다. 시간이 흐르면서 인류는 더 많은 수확량을 보장하면서도 영양가까지 높은 품종들을 개발했다. 우리에게 좋은 작물은 당연히 곤충들에게도 좋았다. 그리하여 곤충을 향한 화학전이 시작되었다.

빅토리아시대 곤충학자인 엘리너 오머로드Eleanor Ormerod는 독학을 통해 전성기에는 작물 해충의 방제 연구로 찬사를 받았고, '농사와 과일의 수호자'라고 불리기도 했다. 인간의 작물을 먹는 모든 대상이 적이었다. 그는 참새도 대량 학살을 해야 한다고 했으며, 과수원의 해충에는 파리스 그린paris green을 써야 한다고 적극적으로 주장하기까지 했다. 구리와 비소의 화합물인 파리스 그린은 19세기 초 화가용 초록 물감으로 개발되었지만 독성이 아주 강해 곧 다른 용도로 쓰이게 되었다. 북아메리카의 로키산맥에 사는 콜로라도감자잎벌레colorado potato beetle(*Leptinotarsa decemlineata*) 방제에 쓰인 사례가 가장 유명하다. 이 잎벌레는 원래 가시가지(*Solanum rostratum*)라는 가시 투성이 식물을 먹었는데, 사람들이 재배하는 감자가 훨씬 더 맛이 좋다는 것을 알아차렸다.

제2차 세계대전 이후에 경작의 규모가 커지고 기계화가 이루어짐에 따라서 합성 살충제도 더 많이 개발되었다. 처음에 사람들은 이런 화학 물질이 어떤 해를 끼치는지에는 관심이 없었지만, 결국 우리의 건강에 피해를 주고 환경에도 위험하다는 것이 명백해졌다. 게다가 다른 요인들도 작용했다. 20세기에 곤충은 악당이 되었고, 인간에게 닥칠 수 있는 모든 악과 공포를 가리키는 비유로 쓰였다. 초기의 공포 영화와 과학 공상 영화에는 세계 정복에 나서려는 거대한 곤충이 종종 등장했다. 살을 뜯어 먹는 벌도 나왔다. 이런 영화는 이 외계 괴물처럼 보이는 동물들을 두려워해야 하고 무슨 일이 있어도 박멸해야 한다는 인식을 널리 심어주었을 가능성이 높다. 어처구니없는 생각이라고? 1957년에 개봉한 영화 〈죽음의 사마귀The Deadly Mantis〉가 이 사고방식을 아주 잘 보여준다. 북극 얼음 속에 수백만 년 동안 갇혀 있던 길이 60미터의 거대한 사마귀가 근처에서 터진 화산 덕분에 갑자기 얼음에서 풀려났다. 사마귀는 당연히 배가 엄청 고팠다. 사마귀는 사람들을 보이는 족족 집어삼키면서 큰 혼란을 일으켰다. 이윽고 워싱턴까지 내려온 사마귀는 새로운 사냥터를 훑어보러 당연히 워싱턴 기념비를 기어올랐다. 육군과 공군은 이 거대한 동물에게 엄청난 화력을 쏟아부었지만 아무 소용이 없었다. 그때 과학이 구원자로 등장했고, 살충제 폭탄으로 이 거대한 괴물을 해치울 수 있었다. 만세삼창! 그 뒤로 살충제는 불티나게 팔렸다.

치명적인 결함

살충제 사용의 주된 문제점 중 하나는 모든 곤충을 죽인다는 것이다. 해충뿐만 아니라 무당벌레나 꿀벌 같은 이로운 곤충까지도 무차별적으로 죽인다. 1980년대에 네오니코티노이드neonicotinoid라는 새로운 살충제가 등장했다. 여러 살충제처럼 네오니코티노이드도 곤충의 신경계에서 신호 전달을 차단함으로써 효과를 낸다. 이런 신경 독소를 식물에 흡수시킨다면, 그 식물을 먹는 모든 곤충에게 효과가 나타날 것이었다. 획기적인 살충제라고 여겨졌다. 효과적인 살충제이긴 했지만 상당량은 식물에 흡수되지 않은 채 흙에 사는 동물들에게 피해를 입혔고, 하천으로 흘러들어 수생 곤충들에게도 피해를 입혔다. 2017년 영국 내 16개 강을 조사한 결과 절반이 만성적으로 네오니코티노이드에 오염되어 있거나 때때로 오염되곤 한다는 사실이 드러났다. 네오니코티노이드 처리를 한 식물은 꽃가루와 꽃꿀에도 이 독소가 들어 있으며, 미량이 들어 있다고 해도 꽃가루를 옮기는 동물, 특히 벌에게 지대한 영향을 미쳤다. 순수하다고 여겨지는 벌꿀조차 이 살충제에 오염되었다. 최근 조사에 따르면 전 세계에서 채취한 꿀 시료의 4분의 3에 네오니코티노이드가 측정 가능한 수준으로 들어 있다는 결과가 나왔다. 실제로 분석한 시료의 절반에는 이러한 화학 물질이 두 종류 이상 포함되어 있음 역시 밝혀졌다.

온갖 노력에도 불구하고 우리는 가장 중요한 곤충 일부를 지키는 데 유독 실패를 거듭하고 있다. 최악의 사례는 아프지 않은 가축에게 항생제를 지나치게 사용하는 것과 마찬가지로 네오니코티노이드도 실제 곤충의 공격에 대처하는 용도가 아니라 '예방 차원'으로 쓰이곤 할 때가 많다는 점이다. 2000년대 중반에 네오니코티노이드 사용량이 대폭 증가했는데, 대부분 '만일을 대비'하는 차원에서 종자 처리제 용도로 사용했기 때문이다.

농화학업계는 연도별 비교를 통해 지난 20년 동안 작물에 쓰인 살충제의 양이 대폭 줄어들었다고 자신 있게 말할 수 있다. 그럴 수도 있다. 그러나 현재 쓰이는 살충제의 상당수가 예전의 것과 비교했을 때 수천 배까지는 아니더라도 적어도 수백 배 더 독성이 강하다는 점을 잊지 말아야 한다. 환경이 화학 물질의 끊임없는 공격에 시달리고 있다는 과학적 증거도 점점 늘어나고 있다. 경작지에 나타나는 조류종이 계속 줄어들고 있으며, 벌을 비롯한 꽃가루 매개자들도 화학 물질에 중독되고 있다. 살충제를 비롯한 농약들은 아주 넓게 퍼져서 민물에서도 발견되고 있으며, 우리가 먹는 식품이나 우리가 들이마시는 공기에도 들어 있을 지경에 이르렀다. 현재 인류 대다수의 살과 장기에는 수십 종류의 합성 화학 물질이 측정 가능한 수준으로 잔류하고 있지만 우리에게 어떤 영향을 미칠지는 아는 바가 손에 꼽을 정도로 없어 놀라울 정도다. 미국인을 대상으로 유기 염소 화합물인 DDT의 인체 잔류 여부를 공식적으로 조사한 결과 무려 85퍼센트가 화학적 표지를 지니고 있었다. 심지어 사용이 금지된 지 50년이 지났음에도 말이다. 신뢰할 만한 통계 자료가 전혀 없는 탓에 살충제에 노출되어 직접적으로 피해를 입은 사람이 정확히 얼마나 되는지는 파악하기 힘들지만(관련 안전 법규가 느슨하거나 아예 없는 나라들은 더욱 심각하다) 수십만 명에 달할 가능성이 높다.

2017년 유엔인권위원회United Nations Commission on Human Rights는 세계적 농약 제조사들이 '농약 규제를 마비시키고 개혁을 막기 위해서' 비윤리적인 방법으로 홍보와 로비 활동을 펼치고 있음을 강하게 비판한 보고서를 냈다. 이 지점에서 우리는 다음과 같은 문제에 직면하게 된다. 세계 인구를 먹여 살리려면 이 모든 화학 물질이 정말 다 필요한가? 농화학 산업은 그렇다고 말하지만 세계보건기구World Health Organization는 생산된 식량 중 30퍼센트는 이미 버려지고 있으며, 이런 행태는 대부분 선진국에서 이뤄지고 있다고 밝혔다. 해마다 유럽이나 북아메리카에서 버려지는 식량은 1인당 약 100킬로그램으로 추정되는데 이는 저개발국에 비해 열 배나 많은 수치다. 아무튼 식량 생산량 증가는 세계의 굶주림을 제거하는 데는 성공하지 못한 듯하다. 너무 많이 먹는 탓에 심장동맥 질환, 제2형 당뇨병, 뇌졸중, 일부 암으로 괴로워하는 이들이 굶주림에 시달리다 죽은 사람 못지않게 많은 것이 현실이다. 또한 음식물 쓰레기가 세계의 온실가스 배출량의 6퍼센트를 차지한다고 하면 충격을 받을지도 모르겠다. 이는 항공기가 내뿜는 배출량의 세 배에 달하는 수치다.

그러나 이 이야기는 훨씬 더 폭넓은 이야기의 일부에 불과하다. 서식지 파괴와 종 상실 우려에 관한 이야기를 하려면 지구 온난화 이야기를 하지 않을 수가 없다.

뜨거워지는 세계

과학기술이 발달하기 전까지 우리는 어쩌다 이곳저곳에서 이상 현상이 일어날 때를 제외하면 기후가 꽤 안정적이라고 믿었다. 그러나 곧 그 생각은 틀렸음이 드러났다. 더 큰 규모에서 보면 진실과 거리가 멀다. 기후는 지금보다 훨씬 더웠을 때도 있었고 훨씬 추웠을 때도 있었다. 지구는 지구의 대부분이 춥고 건조하고 해수면이 낮았던 시기인 빙하기를 여러 번 겪었다. 마지막 빙하기에 속하는 20,000~25,000년 전에는 빙원의 면적이 최대에 달했다가 약 10,000년 전에 빙하가 물러났다. 얼음이 녹으면서 해수면도 다시 상승했다. 인류는 몇몇 고립된 지역에 살다가 지구 이곳저곳으로 퍼져나갔고, 기후가 따뜻해지면서 농경과 최초의 문명이 출현했다. 내가 어렸을 때만 해도 다음 빙하기가 곧 찾아올 것이라는 말이 진지하게 논의되곤 했지만 지금으로서는 대지가 다시금 얼음에 뒤덮일 시기가 계속해서 뒤로 미루어지고 있는 양 보인다.

석탄과 석유의 발견과 이용은 모든 것을 바꾸었다. 수백만 년 동안 갇혀 있던 엄청난 양의 탄소를 갑작스럽게 (지질학적으로 말해서) 태우기 시작하면서 산업 혁명이 촉발되었다. 그러면서 지구의 대기도 바뀌었다. 우리가 계속 목재만 사용하고 채취와 복원 사이의 균형을 유지했다면 지구 온난화를 피했을 수도 있지만, 지금처럼 기술적으로 발달한 종이 되지는 못했을 것이다. 우리는 100년 넘게 대기로 점점 많은 양의 이산화탄소를 뿜어내다 보면 어떤 결과가 빚어질지 예측할 수 있었어야 했다.

이 궁지에 몰린 상황에서 우리는 소설《데이비드 코퍼필드David Copperfield》속 미코바처럼 매시간 어떤 특별한 일이 일어나서 문제가 해결되기만을 바라고 있다. 우리가 화석 연료의 사용을 완전히 포기하지 않은 탓에 그 여파에 장기간 시달려야 할 가능성이 높아 보인다. 인류는 이미 심각한 피해를 겪고 있으며 앞으로는 열파, 산불, 가뭄뿐만 아니라 태풍, 사이클론, 홍수 같은 극단적인 날씨에 따른 사건, 사고가 일어나는 빈도도 증가할 것이다. 만년빙이 녹으면서 해수면이 상승할 것이고, 저지대는 완전히 물에 잠길 것이다. 우리의 편리한 에너지원이 더 이상 대안이 되지 못한다는 사실에 겁먹은 우리는 이제 '녹색 황금green gold'이라고 부르는 바이오연료 작물을 심겠다고 우림을 베어내고 있다. 미친 짓이다. 대기에 이산화탄소를 지나칠 정도로 꽉꽉 채워넣고도 모자르다는 듯이 이제는 우리를 구원할 마지막 희망까지도 스스로 없애고 있다. 늘 그래왔듯이 우리는 세계를 재편할 것이고, 우리의 행동이 우리 자신의 미래를 결정지을 것이다.

우리의 성공이 자연 세계의 엄청난 희생을 대가로 이루어졌다는 점은 분명하다. 이런 상황에서 나를 정말로 짜증 나게 하는 문구가 있는데, 무수한 현수막, 티셔츠, 배지에 인쇄된 '지구를 구하자'라는 말이다. 지구는 구할 필요가 없다. 지구는 45억 년 동안 존속해왔으며, 아마 앞으로도 그만큼 긴 세월을 존속할 것이다. 물론 우리는 '지구를 구하자'라는 말을 '지구의 생명을 구하자'라는 의미로 쓰지만 그 의미도 별 뜻이 없다는 점에서는 다를 바 없다. 지구의 생명은 기나긴 역사를 거치는 동안 온갖 격변과 재앙을 겪고도 회복될 수 있음을, 끈질기게 살아남을 수 있음을 보여주었다. 우리 행성과 생명 전체는 우리가 있든 없든 간에 분명히 존속할 것이다. 곤충은 살아남아서 미래의 어느 시기든 간에 지구의 주된 특징을 이룰 것이다. '지구를 구하자'라고 말할 때, 이 말이 진정으로 의미하는 바는 '우리 자신을 구하자'다. 그리고 그 일은 우리 자신만이

해낼 수 있다.

나는 사람들에게 자연 세계를 돌봐야 한다고 촉구하는 일을 계속하고 있지만 으레 허망함을 느끼곤 하는데, 내 뒤를 따르는 많은 이도 같은 심경에 처할 것이라고 본다. 그렇다면 대체 어떻게 해야 우리의 생존이 엄청난 위험에 처해 있음을 사람들이 깨닫도록 할 수 있을까? 이 위협은 지금까지 우리가 직면한 그 어떤 위협보다도 크고 상상할 수 있는 차원을 넘어서기에 그저 말로 설명하려고 애쓰는 것밖에 할 수 있는 일이 없다. 최근 들어서 환경 쪽으로는 안 좋은 뉴스만이 끝없이 쏟아지고 있으며, 듣고 있다 보면 더할 나위 없이 침울해진다. 그렇다고 해서 무력하게 손을 놓고 있을 수는 없다. 너무나 많은 것이 걸려 있기에 무슨 일이 벌어지는지 지켜보면서 멍하니 앉아만 있을 수 없는 것이 현실이다.

숲의 파괴를 예로 들어보자. 우리는 세상에 나무가 필요하다는 것을 안다. 나무는 그늘을 드리워서 지구를 식히며, 엄청난 양의 탄소를 저장하고 지구의 물 순환을 조절하며, 지구 생물 다양성의 절반 이상을 차지하는 생물 군집을 조성한다. 그러나 우리가 일으킨 문제를 해결해보겠다며 지금 당장 수백만 그루씩 나무를 심겠다고 나서는 대신 실천할 수 있는 방안에는 어떤 것들이 있는지 살펴보자. 생장 속도가 빠른 소수의 종을 심어서 가꾼 숲은 자연림과 전혀 다르다. 탄소를 저장하는 역할은 동일하겠지만 너무 서두르다가는 자칫 대처는커녕 잘못된 일을 반복해 저지르게 될 수도 있다. 그러니 우리는 시간을 들여서 숲이 재생되도록 해야 한다. 숲을 베는 일을 중단해야 한다. 그냥 두면 숲은 우리가 생각하는 것보다 훨씬 더 빨리 원래대로 돌아올 것이다. 재생된 이차 열대림은 수십 년 사이에 원래의 특징적인 속성들을 상당 부분 되찾을 것이고 채 100년이 지나지 않아서 파괴되기 이전의 상태로 되돌아올 것이 분명하다.

성장과 침체

우리가 걱정해야 할까? 관점에 따라 다르다. 지금까지 지구에 살았던 생물종의 99퍼센트는 멸종했고, 대량 멸종 사건들이 있었기에 인류의 조상인 동물들이 출현할 길이 열렸다. 그러나 기나긴 세월을 살아온 곤충의 입장에서 보면 우리는 이제 막 나타난 새내기일 뿐이다. 인류종이 지금까지 해왔던 대로 행동하는 편이 나을지 아니면 다르게 살아가도록 시도해야 할지, 과연 어느 쪽이 더 나은 방향인지 판단이 서지 않을 때도 많다. 그저 우리 인류의 생존 기간을 늘린다는 차원에서는 우리가 할 수 있는 일이 많으며, 우리는 그에 필요한 지식을 충분히 갖추고 있다. 지금 우리가 반드시 해야 할 일 중 하나는 자연 세계를 지금보다 훨씬 더 이해하고 돌보는 것이다. 그러려면 곤충에 관해서도 깊은 이해가 필요하다.

우리가 지구를 떠나서 새로운 행성에 터를 잡아야 할 때가 올 것이라고 말하는 이들도 있다. 이 개념은 대중 공상 과학 소설에서

줄거리를 엮는 데 으레 쓰인다. 이 지구에서 우리가 무슨 짓을 벌이든 간에 다른 어딘가로 떠나기만 하면 어떻게든 살아남을 수 있다는 가정이 밑바탕에 깔리기 때문이다. 그러나 지구를 떠난다면 우리는 식량, 원료, 재순환 서비스의 안정적인 공급이 이루어질 수 있도록 많은 동식물도 함께 데려가야 할 필요성을 느낄 것이다. 우리는 본래 속하지 않은 곳에 외래종을 들이는 어리석은 짓을 저질렀을 때 어떤 일이 벌어질지 이미 잘 알고 있지만, 그럼에도 용감한 개척자들은 우리가 이 지구에서 당연하게 여기는 생명 유지 체계가 제공되도록 자족적인 생태 피라미드를 구축해야 할 것이다. 생각할 가치가 있는 일임에는 분명하다.

1987~1991년 애리조나주에 건설된 바이오스피어2는 이 구상을 실현시켰다. 통째로 격리한 공간에 여러 서식지 또는 생물군계를 연결해서 조성한 이 시설에 여덟 명이 들어가 살아가는 실험이 시작되었다. 햇빛을 제외하고 외부로부터의 입력이 전혀 필요 없이 자족적으로 유지되도록 고안된 체계였다. 우주 공간 속 닫힌 생태계에서도 사람들이 삶을 지탱할 수 있는지 알아보자는 의도로 고안된 것이었다. 놀라울 만치 대담한 계획이었고, 기술적으로나 심리적으로나 관계자들을 극한까지 내몰았다. 선발된 인원이 처음 이 격리된 시설에 들어가서 지내기 시작했을 때는 별 문제가 없었다. 그러나 얼마 뒤 대기 산소 농도가 떨어지기 시작했고, 바닷물이 심하게 산성을 띠기 시작했고, 식량 생산량이 줄어들었다. 처음에 들여놓은 곤충들은 대부분 제대로 번식하지 못한 반면, 바퀴와 개

미 같은 보편종들은 제 세상을 만난 양 마구 불어났다. 게다가 생활하는 사람들 사이에 갈등이 벌어지면서 하나가 되기 위해 협력하기는커녕 서로 파벌을 조성해서 으르렁거렸다. 우리 자신을 떠올리게 하지 않는가?

세균과 달리 우리는 은하 개척자가 되기에는 부적합할 것이다. 자신의 배설물조차 효율적으로 처리할 수 없는 종이 과연 우주를 떠돌 수 있을지 의구심이 든다. 다른 행성을 난장판으로 만들 생각을 하기 전에, 나는 우리 고향인 이 지구의 상황부터 바로잡을 생각을 하는 편이 훨씬 더 합리적이라고 생각한다. 인류가 우주 공간 먼 곳까지 나아가서 생명이 진화한 다른 어떤 암석 행성을 방문할 날이 올 수도 있다. 그러나 지금까지 찾아낸 행성 후보지는 가깝다고 해도 그 거리가 수조 킬로미터나 떨어져 있다. 나도 아프리카의 따뜻한 사바나에 누워서 별이 빛나는 밤하늘의 경이로움을 만끽하며 그런 생각을 해본 적이 있다. 나는 지금도 우리가 과연 다른 행성에 정착할 수 있을지 의구심을 품곤 한다. 물론 결코 불가능할 것이라고는 말하지 않을 테다. 우리가 다세포 생물로 진화한 생명이 살고 있는 다른 어떤 행성에 가서 정착한다면, 나는 그곳에도 곤충처럼 보이는 생물들이 있을 것이라고 장담한다. 내 주장이 옳다는 것을 입증할 날이 올 때까지 살지 못하는 것이 안타까울 따름이다. 나는 죽음을 맞이할 때 영화 〈2001: 스페이스 오디세이〉에서처럼 거석을 남기고 싶다. 지구에서 가장 단단한 물질 위에 '내 말이 맞았지'라고 새기고 싶다. 그 아래에는 딱정벌레 그림과 함께 말이다.

아픈 세계를 치유하는 일은 쉽지 않겠지만 해양 보전에 앞장선 프랑스의 환경운동가 자크 쿠스토Jacques Cousteau가 한 말이 있다. "우리가 지금처럼 계속 행동한다면 우리는 탐욕의 대가를 치르게 될 것이고, 우리가 바꾸려는 의지를 발휘하지 않는다면 우리는 지구에서 사라지고 그 자리를 곤충이 차지할 것이다." 아마 폐위된다는 말이 적절할 듯하다. 곤충은 우리가 출현하기 오래전부터 이곳에 있었다. 곤충은 이미 몇 차례의 지구 격변에도 살아남았으며 앞으로도 그럴 것이다.

이번 장을 마치기 전에 여러분에게 단순한 과제 하나를 남기고 싶다. 작은 숲이나 풀밭이나 산울타리를 찾아가서 바닥에 앉아보자. 그리고 눈앞에 보이는 작은 서식지를 바라보자. 다른 모든 것들에 신경을 끄고 그저 가만히 지켜보자. 곧 딱정벌레와 파리를 비롯한 온갖 작은 곤충들이 기어다니고 날아다니는 모습이 눈에 들어올 것이다. 물고기처럼 생긴 우리의 원시 조상이 얕은 물에서 지느러미처럼 생긴 다리로 일어서서 수면 위로 머리를 내밀고 마른 땅을 바라보기 훨씬 이전부터 곤충은 이 지구에 살고 있었음을 잊지 말자. 그리고 곤충과 그 친척들은 우리가 사라진 뒤에도 여전히 살아가리라는 것도. 우리가 영리하다는 점에는 의문의 여지가 없다. 그렇다면 오히려 문제가 될 것은 다음일 터다. 과연 우리는 충분히 영리한 존재들인가?

에필로그

우리는 급격한 발전을 이루어왔다. 갈릴레오가 망원경을 하늘을 향해서 가리키며 맨눈으로는 볼 수 없었던 많은 별이 있음을 처음으로 목격한 이래로 겨우 400년밖에 흐르지 않은 짧은 기간에 말이다. 나는 그가 언제나 하늘을 바라본 것은 아니었고, 때로 자신이 개척한 광학 기술을 써서 더욱 선명하게 곤충들을 보곤 했다는 말을 할 수 있어서 기쁘다. 물론 지금은 우주로 발사되어 지구로부터 약 150만 킬로미터나 떨어진 거리에서 돌고 있는 엄청나게 복잡하면서 비싼 제임스웹 우주 망원경도 있다. 덕분에 수십억 년 동안 우주를 가로질러 온 가장 멀리 떨어진 별과 은하에서 오는 빛도 볼 수 있게 되었다. 예전보다 더욱 멀리 떨어진 시간까지도 거슬러 올라가서 볼 수 있게 되었다. 그러나 나는 우주 망원경에 감탄하는 와중에도 우리가 지구의 생물을 계속 멸종시킨다면 과연 우리에게 어떤 혜택이 돌아올까 같은 생각을 도저히 떨칠 수가 없다. 우리는 지구가 우주의 중심에 있다고 믿었던 시대로부터 멀리까지 나아왔다. 그러니 우리가 자신이 상상하는 것만큼 그리 중요한 존재가 아닐 수 있다는 점도 이제 깨달을 때가 된 듯하다.

세균이나 곰팡이가 가장 중요한 생물이라고 주장할 이들도 있으며 그 말이 옳을 수도 있다. 그러나 나는 평생을 곤충을 조사하면서 보냈고, 확대경을 손에서 놓는 날까지 계속 곤충의 옹호자로 살아갈 것이다. 요즘 들어 사람들에게 곤충에 관한 이야기를 하기가 조금 수월해지고는 있지만, 우리가 곤충에게 엄청난 빚을 지고 있다는 사실을 좀 더 널리 알릴 필요가 있다. 곤충은 환경 변화에 적응하는 능력이 뛰어나다. 우리가 어떤 변화를 일으키든 간에 달라진 미래에 곤충이 생존할 확률은 우리보다 수십 또는 수백 배 더 클 것이 자명하다. 그들이 어떤 동물보다도 미래가 보장된 존재라는 점만으로도 내게는 큰 위안이 된다.

감사의 말

생물학자로서 살아오는 동안 나를 이끌고 내 삶을 풍성하게 해준 두 분이 있다. 늘 엄청난 빚을 지고 있는 두 분께 특별히 감사 인사를 드리고 싶다. 바로 에든버러대학교 학부 시절 스승이었던 헨리 베넷클라크Henry Bennet-Clark와 박사 논문 지도 교수였던 리처드 사우스우드Richard Southwood다. 게다가 나중에 옥스퍼드대학교에서 두 분의 동료로 일하기까지 했으니 나는 이중으로 운이 좋은 사람이다.

또 시간을 내어 기꺼이 인터뷰에 응해준 데이비드 애튼버러 경, 스티븐 심프슨, 헬렌 로이, 카림 바헤드, 에리카 맥앨리스터, 필 스티븐슨, 앨리슨 스테드먼에게도 감사드린다. 원고를 꼼꼼히 읽고 조언해준 훠피데일자연사학자협회Wharfedale Naturalists의 앤 라일리Anne Riley에게도 고맙다는 말을 전한다.

역자의 말

곤충의 세계는 정말로 신기하다. 곤충 책을 여러 권 번역하긴 했지만, 매번 새 책을 펼칠 때마다 새로운 내용을 접하게 된다. 좀 안다는 자만심이 솟구칠 때마다 다시금 고개를 숙이게 만든다고 할까. 곤충은 우리의 시야가 얼마나 좁은지를 새삼스럽게 깨닫게 해준다. 이 책에는 우리가 몰랐거나 어설프게 알고 있던 곤충들의 모습이 생생하게 담겨 있다. 흔히 접하는 매미와 귀뚜라미뿐만 아니라 거의 들어보지 못한 종류에 이르기까지, 다양한 곤충의 놀라운 이야기를 들을 수 있다. 곤충학자이자 다큐멘터리 진행자인 저자는 우리 눈에 잘 띄지 않는 숨겨진 곤충의 세계를 흥미진진하게 들려준다. 자신이 겪은 재미있는 일화와 저명한 곤충 연구자 등의 이야기도 곁들여서 즐겁게 들을 수 있다.

이 책의 가장 놀라운 점은 전문 용어가 거의 등장하지 않는다는 것이다. 사실 곤충을 이야기할 때면 곤충의 각 신체 부위를 가리키는 온갖 학술 용어가 나올 수밖에 없다. 더듬이와 애벌레 같은 쉬운 용어도 있지만, 곤충이 워낙 다양하고 저마다 독특한 모습을 하고 있기에 각 부위를 가리키는 들어본 적이 거의 없고 뜻도 잘 모를 온갖 용어가 등장하기 마련이다.

하지만 이 책에서는 그런 용어를 찾아보기 힘들다. 곤충의 입을 가리키는 구기 정도가 그나마 전문 용어라고 할 수 있겠다. 곤충 다큐멘터리 제작과 다양한 아동 도서를 저술한 저자답게 아주 쉬우면서도 흥미진진하게 온갖 곤충의 놀라운 삶을 들려준다. 게다가 찬찬히 뜯어보면 쉬운 문장 속에 놀라울 만치 많은 지식이 압축되어 들어 있다. 풀어 쓰면 몇 단락은 너끈히 될 내용이 한 문장에 담겨 있기도 한다. 그럼에도 쉽게 알아들을 수 있다.

이 책은 곤충의 숨은 이야기를 들려주면서, 곤충이 우리에게 얼마나 중요한 존재인지를 서서히 깨닫게 한다. 우리가 일으킨 환경 변화로 곤충들이 알게 모르게 사라지고 있고, 그 여파로 우리 인류에게 어떤 문제가 닥칠지를 알려준다. 늘 듣고 있는 말일지라도, 각 곤충의 사례를 통해 듣고 있자면 안타까움과 슬픔이 저절로 솟구친다. 물론 저자는 우리가 상황을 되돌리려고 노력할 때 나타나는 긍정적인 사례도 들려준다. 그것이 바로 저자가 궁극적으로 하고 싶은 말일 것이다.

저자가 말하는 일화 중에 특히 와닿는 것이 있다. 수십 년 전만 해도 차를 몰고 갈 때면 앞 유리창에 온갖 곤충이 잔뜩 달라붙어 와이퍼를 작동시키거나 차를 세우고 닦아내야 했다는 이야기다. 정말로 그런 일을 겪었던 일이 떠오른다. 지금은 수백 킬로미터를 달려도 날벌레 한 마리 달라붙을까 말까다. 그 생각을 하면, 이 세상에 곤충이 얼마나 줄어들었는지 실감하게 된다.

2024년 겨울

이한음

함께 읽으면 좋은 책

여러분이 곤충의 생물학, 분류 그리고 존재의 중요성을 더욱 심도 있게 살펴볼 수 있도록 다음의 책 몇 권을 추천해본다.

1. 《침묵의 지구: 당신의 눈앞에서 펼쳐지는 가장 작은 종말들》(까치, 2022), 데이브 굴슨 지음, 이한음 옮김
2. Chapman, R.F., Simpson, S.J. and Douglas, A.E. (2013). *The Insects: Structure and Function* (5th edn.). Cambridge University Press.
3. Chittka, L. (2022). *The Mind of a Bee*. Princeton University Press.
4. Leather, S. (2022). *Insects: A Very Short Introduction*. Oxford University Press.
5. McGavin, G.C. and Davranoglou, L.R. (2022). *Essential Entomology* (2nd edn.). Oxford University Press.
6. Sumner, S. (2022). *Endless Forms: The Secret World of Wasps*. William Collins.

숨겨진 세계
보이지 않는 곳에서 세상을 움직이는 곤충들의 비밀스러운 삶

초판 1쇄 발행 2024년 12월 26일

지은이 조지 맥개빈
옮긴이 이한음

발행인 정동훈
편집인 여영아
편집국장 최유성
책임편집 김지용
편집 양정희 김혜정 조은별
디자인 스튜디오 글리

발행처 (주)학산문화사
등록 1995년 7월 1일
등록번호 제3-632호
주소 서울특별시 동작구 상도로 282
전화 편집부 02-828-8833 마케팅 02-828-8832
인스타그램 @allez_pub

ISBN 979-11-411-5425-7 (03400)

값은 뒤표지에 있습니다.
알레는 (주)학산문화사의 단행본 임프린트 브랜드입니다.